ReBecca Béguin
Die Hälfte des Himmels

SERIE PIPER

Zu diesem Buch

Im August 1929 findet in den USA das erste Wettfliegen für Frauen statt, das »First National Women's Air Derby«, an dem vierzehn junge Frauen teilnehmen, die Spitzenfliegerinnen ihrer Zeit. Sie fliegen eingeführte, neue und sogar bis dato gänzlich unbekannte Flugzeuge. Die Presse belächelt das Unternehmen, die Männerwelt spricht verächtlich vom »Puderquasten-Derby«, doch die tollkühnen Frauen in ihren Kisten lassen sich nicht einschüchtern. Die Anspannung steigt vor dem ersten Start, die Fliegerinnen werden zunehmend nervös, und immer neue technische Probleme verbessern auch nicht die Stimmung. Mißgunst, Spionage und Korruption scheinen an der Tagesordnung des Wettkampfes zu sein. Dann endlich der große Tag, in Santa Monica der Start zur ersten Etappe. Als eine der Pilotinnen abstürzt, wird der Wettkampf zum tödlichen Ernst, und die Fliegerinnen versuchen herauszubekommen, wer sie sabotiert. – ReBecca Béguin hat aus diesem spannenden Stoff einen kenntnisreichen und lebendigen Roman gemacht, in dem man das Abenteuer der frühen Luftfahrt hautnah miterlebt.

ReBecca Béguin ist Lektorin im amerikanischen Frauenverlag New Victoria. Sie hat sich auf Frauengeschichte spezialisiert. Auf deutsch erschien außerdem 1999 ihr Krimi »Im roten Bereich«.

ReBecca Béguin
Die Hälfte des Himmels

Roman

Aus dem Amerikanischen von
Birgit Albrecht

Piper München Zürich

Für Normajane

Ungekürzte Taschenbuchausgabe
Piper Verlag GmbH, München
Juli 2001

Titel der amerikanischen Originalausgabe:
»Hers Was The Sky«

Umschlag: Büro Hamburg
Stefanie Oberbeck, Isabel Bünermann
Foto Umschlagvorderseite: Hulton Getty/Tony Stone
Satz: Steinhardt, Berlin
Druck und Bindung: Clausen & Bosse, Leck
Printed in Germany ISBN 3-492-23341-4

Wettkampfteilnehmerinnen

Alphabetische Liste mit freundlicher Genehmigung von Eleanor Wilson
Flugzeugklassen: Leichtgewicht = CW; Schwergewicht = DW

1. Marsha Banfill
   Alter: 23. US-Reklamefliegerin im Auftrag von Mortons Damenbekleidung – zeitgemäße Ausstattung für die moderne Frau.
   Flugzeugtyp: grün-rot-goldene Spartan.
   Registriernummer: C-99-8
   Gewichtsklasse: DW
   Leistung: 190 Einzelflugstunden.

2. Madelyn Burnett-Eades
   Alter: 25. Australische Pilotin, Fluglehrerin.
   Flugzeugtyp: blaugrau-weiße Eaglerock Bullett.
   Reg.-Nr.: C-708-8
   Gewichtsklasse: CW
   Leistung: Überflog als Navigatorin Australien von Perth nach Sydney.

3. Pamela Christy
   Alter: 24. US-Schauspielerin und Stuntfliegerin.
   Flugzeugtyp: rote Bellanca CH
   Reg.-Nr.: C-106-8
   Gewichtsklasse: DW
   Leistung: 300 Einzelflugstunden. Versuch einer Atlantiküberquerung; mußte geborgen werden.

4. Louise Gibeau
   Alter: 27. Kanadische Stuntfliegerin.
   Flugzeugtyp: gelbbraun-grüne de Havilland Gypsy Moth
   Reg.-Nr.: NC-425-8
   Gewichtsklasse: CW
   Leistung: Expertin für Präzisionsflugmanöver.

5. Ruth »Stevie« Lamb
Alter: 24. Leiterin einer Flugzeugwartungs- und Reparaturfirma, USA.
Flugzeugtyp: schwarz-goldene Golden Eagle Chief
Reg.-Nr.: C-56-C
Gewichtsklasse: CW
Leistung: Maschinenbauingenieurin, zunächst in der Kraftfahrzeug-, dann in der Luftfahrzeugtechnik.

6. Alexis Laraway
Alter: 25. Postfliegerin aus Alaska.
Flugzeugtyp: weiß-rote Travel *Arctic*
Reg.-Nr.: NC-0505-8
Gewichtsklasse: DW
Leistung: 180 Einzelflugstunden in Alaska.

7. Hannah Meyer
Alter: 28. Mitglied der New Yorker High Society.
Flugzeugtyp: grün-goldene Travel Air
Reg.-Nr.: NC-0401-8
Gewichtsklasse: DW
Leistung: Besaß als erste Frau eines der umstrittenen Flugzeuge vom Typ Beech Whirlwind; gründete eine Lobby und einen Fonds für Wettfliegen von Frauen.

8. Sarah Morris-Newton
Alter: 21. Arbeitet mit ihrem Mann als Reklameflieger-Team.
Flugzeugtyp: blau-weiße Waco Taperwing
Reg.-Nr.: NC-073-8
Gewichtsklasse: DW
Leistung: Hilfs- und Rettungseinsätze in den USA.
Hat rechtzeitig die zur Teilnahme erforderlichen 120 Einzelflugstunden absolviert.

9. Hazel Preston
Alter: 26. US-Handelsvertreterin der Flugzeugfirma Beech Aircraft, West Coast.
Flugzeugtyp: blau-goldene Travel Zephyr
Reg.-Nr.: NC-0415-8
Gewichtsklasse: DW
Leistung: Erste Pilotin, die drei Rekorde gleichzeitig hält;
Höhe: 16700 Fuß; Geschwindigkeit: 156 Meilen pro Stunde;
Dauer: 22 Std., 52 Min.
Non-stop-Einzelflug.

10. Jo (Josephine) Russell
Alter: 29. Fluglehrerin. Selbständige Handelsvertreterin. USA.
Flugzeugtyp: weiß-braune Rearwyn
Reg.-Nr.: C-1103-8
Gewichtsklasse: DW
Leistung: 336 Einzelflugstunden. Verfechterin von Flugsicherheitsmaßnahmen, einschließlich Training in Fallschirmspringen.

11. Nancy Saunders
Alter: 27. Geschäftsführerin eines Schreibbüros. Leidenschaftliche Sportlerin. Unterrichtet Fallschirmspringen. USA.
Flugzeugtyp: braun-blaue American Eagle Wright
Reg.-Nr.: C-395-8
Gewichtsklasse: CW
Leistung: Setzt sich für Frauen im kommerziellen Fluggeschäft ein. Von allen Teilnehmerinnnen die meisten Fallschirmabsprünge: 10.

12. Maxie (Maxine) Schulz
Alter: 27. US-Rancherin. Selbständige Handelsvertreterin.
Flugzeugtyp: schwarz-silberne Curtiss Robin »Miss Mary Mack«
Reg.-Nr.: C-010-8
Gewichtsklasse: DW
Leistung: 175 Einzelflugstunden; aussichtsreiche Laufbahn in der Luftüberwachung.

13. Lila Wilczynski
Alter: 23. Arbeitet mit ihrem Mann als Reklameflieger-Team. USA.
Flugzeugtyp: grün-weiße Monocoupe
Reg.-Nr.: C-441-8
Gewichtsklasse: CW
Leistung: Flog allein und mit ihrem Mann Rettungseinsätze entlang des Ohio-Flusses bei der Flutkatastrophe von 1927. Bekannt als Verfechterin der Sache der Frauen in der Luftfahrt, zusätzlich motiviert durch ihre geringe Körpergröße (1,49 m).

14. Eleanor Wilson
Alter: 27. Handelsvertreterin bei der Lockheed Company, USA. Journalistin, berichtet schwerpunktmäßig über nationale Flugereignisse.
Flugzeugtyp: kastanienbraune Lockheed Vega
Reg.-Nr.: NC-353-8
Gewichtsklasse: DW
Leistung: 225 Einzelflugstunden. Setzt sich für Frauen als Pilotinnen in der kommerziellen Luftfahrt ein; errichtete einen Fonds für Wettkämpfe. Trainiert für eine geplante Atlantik-Überquerung.

Geschichtliche Anmerkung: Im August 1929 fand in den USA tatsächlich ein »First National Women's Air Derby« statt, an dem viele Spitzenfliegerinnen jener Zeit teilnahmen. Einige von ihnen waren damals Berühmtheiten (wie z.B. Louise Thaden, Ruth Nichols, Pancho Barnes) und sind doch heute weitgehend unbekannt. Sie flogen eingeführte, neue und sogar bis dato gänzlich ungetestete Flugzeuge. Die Modelle, die in dieser Geschichte vorkommen, sind willkürlich zusammengestellt, entsprechen aber realen Flugzeugtypen der damaligen Zeit. Das gleiche gilt für die Flugroute, die dem Binnenflugverkehr der Vereinigten Staaten von Ost nach West neues Terrain eröffnete. Geschilderte Unfälle und technische Probleme beruhen auf historischen Fakten, wohingegen sämtliche Orte und Ereignisse frei nach der Phantasie verwendet sind. Alle Personen sind erfunden. Ihre gemeinsamen Anstrengungen und die auf der Teilnehmerinnenliste verzeichneten Leistungen entsprechen jedoch dem, was Pilotinnen jener Zeit tatsächlich vollbrachten.

Für historische Daten siehe:
Kathleen L. Brooks-Pazmany, United States Women in Aviation 1919-1929. Hg. von der Smithsonian Institution, 1983.

Ich habe wirklich gestrichen die Nase voll von Zeitungsleuten, die wissen wollen, ob wir dieses Wettfliegen machen, um zu beweisen, daß wir so gut sind wie die Jungs. Wir fliegen, weil wir verflucht gute Pilotinnen sind, und es wird verflucht nochmal Zeit, daß wir ein gutes Wettfliegen machen.
Und das können Sie gern wörtlich zitieren mit Fluchen und allem.

Maxie Schulz
aus den Notizen für eine Reportage, Eleanor Wilson

1

Flugplatz Santa Monica, Kalifornien, August 1929

Hazel Preston stapfte mit langen Schritten über den Flugplatz. Sie steckte in einem Hemd voller Ölflecken, ausgebeulten Reithosen und knöchelhohen festen Schnürstiefeln. Ihr suchender Blick erfaßte die Reihe der still dastehenden Flugzeuge – wie die auf Hochglanz polierten Flächen im frühen Morgenlicht funkelten, wie die vom Pazifik herüberwehende Brise mit den Seitenrudern spielte.

Aber Jo Russells braun-weiße Rearwyn war nicht da. Ihr leerer Platz in der Reihe wirkte auf Hazel wie eine frische Zahnlücke in einem makellosen Gebiß. Der Umriß war noch als trockener Fleck auf dem taufeuchten Boden zu sehen. Hazel schritt die sechs Meter zwischen den Enden der nicht vorhandenen Tragflächen ab, klatschte erbost mit einer zusammengefalteten Straßenkarte gegen ihren Oberschenkel und starrte die Furchen an, die die Räder auf der Rollbahn hinterlassen hatten. »Verdammt!« fluchte sie leise und fuhr sich mit den Fingern durchs kurze, dunkle Haar. Jo hatte sich ausdrücklich für sieben Uhr mit ihr verabredet, um die Flugrouten durchzugehen. Jetzt war es schon nach sieben. Warum machte Jo um diese Zeit einen Testflug, wenn nicht als Ausweichmanöver?

»Hallo«, grüßte eine melodische Stimme. »Sie sehen mehr nach einer mißmutigen Reiterin ohne Pferd aus als nach der besten Fliegerin des Landes!«

Hazel fuhr herum und mußte feststellen, daß direkt vor ihrer Beech Travel Air, einem Zephir-Doppeldecker, ein Stativ samt Kamera aufgebaut wurde. Ausgerechnet eine Photographin. Schlank, Bubikopf, modischer topfartiger Hut (einer von denen, über die Hazel sonst gern höhnte – aber irgendwie sah er an dieser Frau klasse aus) und Baumwollkleid mit tief angesetzter Taille.

Die Frau kam mit ausgestreckter Hand auf sie zu. »Hazel Preston, richtig?«

Alles, was Hazel als Antwort einfiel, war: »Was zum...?«

Aber sie schüttelte die Hand und registrierte die leicht schrägen grünen Augen mit feinen Lachfältchen ringsherum, die runden Wangen und das ausgeprägte Grübchen am Kinn. Dann faßte sich Hazel und sagte knapp, wie mechanisch: »Ich habe ein paar Rekorde aufgestellt, das ist alles. Und andere sind entschlossen, sie zu brechen.«

»Natürlich! – Ist das nicht Ihr Standardspruch für die Presse? Mein Name ist Vera Davis. Ich bin Photographin –«

»Also, ich lasse mich nicht gern –«, begann Hazel schroff.

»Ja, ich weiß. Aber ich bin für Eleanor Wilson hier, sie braucht ein Photo für den Artikel über Sie. Sie hat mich ganz unverblümt vor Ihrer Abneigung gegen Photographen gewarnt.« Vera Davis prüfte ihren Belichtungsmesser. »Warum? Warum sind Sie kamerascheu, Miss Preston?«

Befangen rieb Hazel ihren knubbeligen Nasenrücken mit Daumen und Zeigefinger und zuckte die Achseln. »Wohl wegen meiner Nase. Ich hatte mal einen Zusammenstoß mit etwas Hartem.«

»Ach, wissen Sie – ich habe mir alle Photos von Ihnen angeschaut, die ich finden konnte, und die Lösung ist ganz klar. Keine Profilaufnahmen – und erst recht kein Halbprofil. Hazel – darf ich Sie Hazel nennen? Oder hören Sie lieber auf ›H.P.‹? Das steht für Horse Power, Pferdestärke, nicht?« Vera Davis ging zurück zu ihrer Kamera und stellte sie ein, während sie weiterredete. »Sie schämen sich also wegen Ihrer gebrochenen Nase – ein Unfall, der nicht mal beim Fliegen passiert ist, sondern während Ihrer Mädchenjahre auf dem Lande, richtig?«

Hazel wandte sich ab. Die Mutmaßungen dieser Frau, ihre Aufdringlichkeit war ihr unangenehm, und es erschreckte sie, wieviel die Fremde wußte. Es machte nur allzu deutlich, daß dieser Tage viel über sie geschrieben und geredet wurde. Der Preis des Ruhms, dachte sie finster.

Vera justierte die Kamera, überging Hazels Schweigen und redete weiter, als hätte es keine Pause gegeben. »Ich meine aber, daß eine Frontalaufnahme, ja genau, wo Sie direkt in die

Kamera schauen, durchaus schmeichelhaft wäre. Das ist alles, was ich will. Schließlich ist es meine Aufgabe, Sie gut aussehen zu lassen.«

»Na ja, wenn es für Eleanor ist, sollte ich wohl...« Hazel bewegte sich keinen Schritt in Richtung Kamera. »Aber nur Eleanor nennt mich ›H.P.‹«

»Oh, dann möchte ich mich entschuldigen... Bitte«, Vera Davis machte eine ausladende Handbewegung, »genau dorthin – vielleicht mit einer Hand gegen den schnittigen Anstellwinkel Ihres Propellers.«

Widerwillig kam Hazel den Anweisungen nach.

»Ja, das Licht ist ideal.« Vornübergebeugt spähte Vera durch ihren Sucher. »Auf dem Kopf und reizend... Sie meinte nämlich, ich sollte versuchen, Sie frühmorgens zu erwischen, bevor der tägliche Kleinkram Sie ganz in Anspruch nimmt. Sie müssen Ihre Schultern entspannen. Und die Verkrampfung in Ihrem Kiefer lockern.. Hören Sie, ich bin nur hier, um Ihre Karriere anzuschieben, vielleicht könnten Sie mir ein bißchen helfen, damit auch meine nicht leidet.«

»Ich, oh –« Entgeistert versuchte Hazel stillzustehen. Noch nie war ihr jemand so gekommen, nicht so, nicht einmal die männlichen Photographen, die dauernd über sie herfielen. Sie kam sich linkisch und fehl am Platz vor.

»Übrigens«, Vera blickte unvermittelt auf, ein Schmunzeln betonte ihre Wangen, »erklären Sie mir doch mal, was ist ein ›Lappen‹? Als ich auf dem Weg hierher war und meine ganze Ausrüstung mitschleppte, haben zwei Männer in Overalls höhnische Bemerkungen gemacht. Mechaniker, glaube ich. Sie sagten ›Hey, noch so 'n Lappen‹ und lachten. Sie fragten sich, ob das hier mein tragbares Flugzeug sein soll und ob ich mir wohl einbilde, es in die Luft zu kriegen.«

Hazel lächelte leicht, ohne es zu merken. »Lappen? – Ach, das ist ein Ausdruck der Bodencrew. Wir müssen mit denen irgendwie auskommen. Sie sind das unberechenbare Element im bevorstehenden Derby. Auf unsere Begleitcrew können wir uns verlassen, aber die Flugplätze wimmeln leider von schmierigen Typen, bei denen Frauen nicht gerade hoch im Kurs stehen. Besonders Frauen, die fliegen oder erwarten, daß man sich um ihre Flugzeuge kümmert. ›Lappen‹ ist der Jargon-Ausdruck für Leute, die von nichts eine Ahnung haben, also werden natürlich speziell Frauen so genannt. Aber es wird langsam besser. ›Lappen‹ kann auch Putzlappen bedeuten, oder Windel.« Hazel wurde rot. »Als Anspielung auf unsere monatliche...«

»Ja, ich verstehe. Ich vermute, die Dinge haben sich in den letzten paar Jahren geändert, jetzt, wo mehr und mehr Frauen fliegen... Ich hatte den Ausdruck noch nie gehört. So, wie wäre es, klettern Sie jetzt mal auf den Rand Ihres Cockpits?«

»Moment mal! Haben Sie etwa ein Photo von mir gemacht?«

»Ganz recht.« Vera Davis stellte bereits das Stativ um und blinzelte in die Sonne. Erst jetzt bemerkte Hazel das Kabel und den Auslöser in ihrer Hand. »Genau, schwingen Sie sich hoch und bleiben Sie dann so, ja, mit einem Bein überm Rand.«

»Ich steige nie von dieser Seite –«

»Stop! Ja, genau so! Das Licht kommt von dieser Seite. Ich kann das Bild später umdrehen, wenn Sie möchten. Was halten Sie vom Fliegen im offenen Cockpit, wo doch der Trend zum geschlossenen geht?«

»Ich bevorzuge ein offenes Cockpit. Das gehört einfach zum Vergnügen beim Fliegen – ich spüre dann den Himmel.«

Hoch oben thronend, blickte Hazel auf diese Person hinunter, aus der sie nicht recht schlau wurde. Einerseits war sie fasziniert, andererseits hatte sie das dumpfe Gefühl, zum Narren gehalten zu werden.

»Ja, bleiben Sie so, aber schauen Sie aufs Meer hinaus. Zeigen Sie mir, *wie* Sie den Himmel spüren. Wie ist das bei schlechtem Wetter – mögen Sie den Himmel dann auch? Gut, gut. Richten Sie Ihren Blick auf einen dieser wundervollen Eukalyptusbäume. Jetzt kommen Sie wieder runter. Und deuten Sie doch mal auf dieses frisch aufgemalte Wettkampflogo auf dem Rumpf von Ihrem Flugzeug... ja.«

Innerlich kochte Hazel. So ein Quatsch, diese Frau macht sich über mich lustig. Äußerlich fügte sie sich, ihre Hand berührte die weißen kreisförmig angeordneten Worte auf dem Blau ihrer Zephir: *Gemeinsam zu Diensten, National Air Exchange.* »Das Motto überbetont den reinen Nutzeneffekt dieses Unterfangens«, knurrte sie, »aber ich bin dagegen, zuzugeben, daß das, was wir tun, gefährlich ist – das ist jetzt übrigens nicht für die Öffentlichkeit bestimmt. Den Reportern erkläre ich meistens, die Veranstaltung soll demonstrieren, daß wir Frauen uns als Berufspilotinnen eignen.«

Vera sprach plötzlich hastig und atemlos. »Und deshalb ist es höchst wichtig, daß dieses Derby dokumentiert wird. Wissen Sie, ich hatte gehofft, die Teilnehmerinnen während der ganzen Strecke photographieren zu können. Vielleicht für einen Zeitschriftenartikel, aber noch lieber wäre mir ein Buch. Wenn ich nur wüßte, wie. Sie haben wohl keinen Platz mehr an Bord, was?«

»Ich?« Wieder stutzte Hazel, unangenehm berührt von dieser Anmaßung. »Das ist ein Einsitzer! Außerdem ist es gegen die Vorschriften.«

Vera lachte laut mit zurückgeworfenem Kopf. »Nein, nein. Ich meinte in einer der Begleitmaschinen.«

»Jeder Platz ist genau berechnet. Die Eskorte besteht aus einer Crew mit Mechanikerfahrung. Von allem nur das Nötigste ...«

»Natürlich. Eleanor hat schon alles probiert. Aber ich gebe nicht auf. Ich finde, das muß dokumentiert werden – was Sie alle hier tun wollen – vierzehn Frauen, die den allerersten ausschließlich weiblich besetzten Wettkampf bestreiten. Und nicht zu vergessen, daß Sie einen völlig neuen Kurs planen, von Westen nach Osten. Ich würde das zu gerne aufnehmen, die gesamte Strecke. Es ist mein Traum. Wenn ich doch ein Flugzeug klauen und mitmachen könnte!«

»Sie können fliegen?« Überrascht und neugierig näherte sich Hazel der Kamera.

Vera grinste. »Ja. Außerdem bin ich eine erfahrene Tragflächenakrobatin.«

»Meine Güte«, sagte Hazel nicht ohne Anerkennung. »Ist das nicht ein bißchen überholt heutzutage?«

Vera stand nah genug, um Hazels Unterarm packen zu können. »Schauen Sie mich an. Ich bin gut zehn Jahre älter als Sie. Das war es eben, was verrückte junge Mädchen damals taten. Wir kletterten auf den Tragflächen herum, denn wir wollten fliegen. Aber wir hatten weder die Mittel noch die Maschinen! Ich bändelte mit einem jungen Mann an, der im Krieg Pilot geworden war. Er nahm mich zu Provinzveranstaltungen mit. Damit verdienten wir unsere Brötchen. Als Teil der Abmachung mußte er mir Flugunterricht geben. Ich habe hundert Flugstunden! Mir fehlen nur zwanzig Stunden für diesen Wettkampf. Aber ich habe weder ein Flugzeug, noch konnte ich mein Training fortsetzen, nur ganz sporadisch. Sie verstehen, ich muß das nicht weiter erklären. Mein junger Mann verunglückte. Ich weiß, daß Sie das verstehen, das gleiche ist ja auch Ihrem Bruder passiert.«

Hazel fuhr zusammen – wegen der schmerzlichen Erinnerung, und weil Vera Davis schon wieder in ihrem Privatleben kramte. »Aber nicht bei Ihrer gemeinsamen Vorführung?«

»Nein. Mein Auftritt sollte als nächster kommen. Er machte immer zuerst die Flugakrobatik.« Vera sprach ohne Selbstmitleid und auch ohne Befangenheit. »Das ist über zehn Jahre her. Aber jetzt sind Sie an der Reihe, Sie und die anderen jungen Frauen. Und wie jung Sie alle sind! Sie sind eine der ältesten, und sind Sie nicht erst sechsundzwanzig? Auf den richtigen Zeitpunkt kommt es an. Wir haben den Weg geebnet, aber ich schwöre Ihnen, die meisten von uns, die da rauskletterten und auf den Tragflächen Handstand machten – mitten in der Luft, was für ein Irrsinn! –, wollten in Wirklichkeit *das*.« Vera wies auf die Flugzeuge, dann wandte sie sich ab. »Aber ich habe jetzt ein anderes Metier. Mein Vater war Photograph. Ich half ihm schon, als ich noch klein war. Er bildete mich aus – brachte mir die Kniffe bei. Also mache ich jetzt das, und ich mache es gut. Ich photographiere Flugzeuge, Piloten, den Himmel und Wolken. Ich steige auf Berge, um Photos zu machen, weil ich sie nicht von einem Flugzeug aus machen kann – noch nicht. Denn das ist es, was ich liebe.« Vera wandte sich um und begann ihre Kamera abzubauen. »Danke. Ich glaube, die Bilder werden Ihnen gefallen. Ich werde mein Bestes tun.«

Hazel war erschüttert, aufgewühlt von Veras Geschichte, hatte ihre Verärgerung von vorhin vergessen. Am liebsten hätte sie gesagt: Komm mit mir, ich will dich auf meinen Flügeln mitnehmen; gleichzeitig schämte sie sich, fand den Gedanken absurd und ihre Gefühle auch. Ihr war unklar, wie diese Frau sie so schnell und nachdrücklich hatte bezirzen können. »Warten Sie«, setzte sie an und streckte eine Hand aus. Da holte das ferne Dröhnen eines Flugzeuges sie in die Realität zurück. Jo, die von Westen her in einem Bogen über den Ozean anflog. Hazel schirmte mit der Hand ihre Augen ab und sah zu.

»Wer kommt denn da? Eine Rearwyn, ja? Dann muß es Jo Russel sein.«

Hazel warf Vera einen Seitenblick zu. »Sie kennen uns also alle?«

Die Photographin erwiderte ihren Blick nicht, sondern legte den Kopf in den Nacken, um die Landung zu beobachten. »Ja, ich kenne Sie alle. Weiß, welche Maschinen Sie fliegen, was für Träume und Ziele Sie haben.« Sie nickte kurz. »Die da – ich weiß, daß sie Ihnen beim Auftanken in der Luft geholfen hat, als Sie im Alleingang zweiundzwanzig Stunden über Florida flogen. Und ich weiß, daß sie Sie besiegen will. Und daß sie einen Schinder als Sponsor hat, der genau das von ihr erwartet.« Ein verständnisvolles Lächeln um die vollen Lippen, fügte sie hinzu: »Es ist sicher nicht leicht für Sie, Hazel Preston, in einem Wettkampf gegen die beste Freundin anzutreten.«

Innerlich schnappte Hazel nach Luft. Woher weiß sie von uns? *Was* weiß sie über uns? Hat Eleanor ihr etwas gesagt? Oder liest sie zwischen den Zeilen? Jo fällt tot um, wenn sie erfährt, was diese Fremde ahnt. Jo war so besorgt, was das Privatleben betraf – ihr gemeinsames Privatleben. Hazel konnte nur murmeln: »Nein, ist es nicht. Es wird nicht –«

»Und da kommt sie, eine weiche, saubere Landung. Ich werde Sie wiedersehen, da bin ich sicher. Wir planen ein Gruppenbild, morgen, bevor Sie alle losfliegen. Bis dann.« Vera Davis wandte sich zum Gehen, das schwere hölzerne Stativ auf der rechten Schulter. Die große Kamera hatte sie in einer Art Picknickkorb verstaut, der sperrig über ihrer linken hing.

»Hören Sie, Vera! Darf ich Sie Vera nennen?«

Vera wandte den Kopf und lächelte ihr über die Schulter zu.

»Ich werde sehen, was ich tun kann ... um Sie mitzunehmen. In Ordnung?«

»Das wäre großartig. Übrigens, ich bin ein echter ›Öllappen‹. Ich kann Öl wechseln, auftanken und die vor dem Flug nötigen Checks durchführen.«

Die braun-weiße Rearwyn kam mit einem Stottern zum Stehen. Jo Russel schwenkte sie in Position, so daß die Bodencrew sie nachher in die Reihe zurückschieben konnte. Sie nahm Helm und Schutzbrille ab, schüttelte den Kopf, daß ihre blonden Locken tanzten, und schwang sich aus dem Cockpit, während Hazel herbeieilte, um ihr herunterzuhelfen.

»Ich war um sieben hier!« setzte Hazel an, und fuchtelte mit der Straßenkarte in ihrer Hand. Der Ärger von vorhin stieg wieder in ihr hoch.

»Ich weiß, ich weiß. Ich war ja nicht lange weg, oder? Es war die letzte Gelegenheit. Der Rest des Tages ist mit Arbeit ausgebucht, und ich werde langsam nervös ...« Jo zog nacheinander an den einzelnen Fingern ihrer Lederhandschuhe, bis sie von ihren Händen glitten – eine Geste, bei der Hazel jedesmal vor Verlangen weiche Knie bekam. Hazel umschlang sie und hauchte, alles verzeihend, einen Kuß auf Jos Lippen. Jo verkrampfte sich und stieß sie von sich. Nervös um sich blickend zischte sie: »Um Himmels willen, nicht hier, Haze! Das letzte, was ich jetzt gebrauchen kann, sind Gerüchte in der Bodencrew.«

»Mir ist das egal«, sagte Hazel mißmutig und fühlte sich plötzlich kleiner als ihre zierliche Gefährtin. »Ich bin einfach glücklich, daß wir zusammen dabeisind.«

So viele Nächte hatten sie gemeinsam geträumt und Pläne geschmiedet, um am Morgen getrennt in unterschiedliche Teile des Landes, zu unterschiedlichen Tätigkeiten aufzubrechen. Alles, um dieses Wettfliegen möglich zu machen. Hazel fand es aufregend, daß sie einige Zeit zusammen verbringen konnten, ihre beruflichen Wege in seltener Parallelität. Die Aussicht auf mehrere Nächte hintereinander mit Jo neben sich entzückte sie.

»Wo ist überhaupt die Bodencrew?« Jo ließ den Blick über das Flugfeld schweifen, wobei sie sich eine Haarsträhne aus dem Gesicht strich. »Sie sollten doch hier sein, um meine Maschine aus dem Weg zu schaffen.«

»Ich glaube nicht, daß sie vor acht Uhr einen Finger rühren werden. Wie wär's mit Frühstück? Dabei können wir uns die Karten anschauen.«

Jo wandte sich schroff ab und inspizierte die Landeklappen der Rearwyn. »Hör zu, Haze, es ist mir sehr unangenehm, aber Taggart möchte nicht, daß ich mich mit irgend jemandem bespreche. Er hat die Flugroute schon fertig für mich ausgearbeitet.«

Bei der Erwähnung von Jos Sponsor erstarrte Hazel zur Salzsäule. »*Was* will er? Aber wir waren uns doch einig. Wir haben ständig mögliche Koordinaten diskutiert, bei jedem Treffen. Das sind Informationen für uns alle.«

Jo seufzte. »Es steht nirgendwo in den Regeln, daß wir unseren Flugplan besprechen müssen. Taggart hat das gestern klargestellt. Nirgendwo steht, daß er nicht von mir verlangen kann, einen eigenen, geheimen Plan zu verfolgen.«

»Geheim! Jo, ich glaub' es einfach nicht! *Wir sind diejenigen, die die Regeln aufgestellt haben!* Es steht nichts davon in den Regeln, weil wir uns immer ausgetauscht haben. Hier herrscht ein Geist der Zusammenarbeit. Und das bedeutet Sicherheit.

Bist du nicht die große Verfechterin von Sicherheitsmaßnahmen? Bist du nicht diejenige, die auf Fallschirme und Sprungtraining bestanden hat? Ich kapiere das nicht ...«

»Es ist nicht meine Entscheidung!« schrie Jo. »Es ist der Wunsch meines Sponsors. Ich bin ihm eben verpflichtet. Es ist *sein* gottverdammtes Flugzeug!« Sie schlug mit der Faust gegen den braunen Flugzeugrumpf. »Nicht jede kann sich in einer solchen Unabhängigkeit aalen wie du bei der Beech Aircraft Company, du Handelsvertreterin! Du und Eleanor bei Lockheed, ihr seid die einzigen, die ein solches Privileg genießen. Einige von uns müssen buckeln und Kratzfüße machen, um zu kriegen, was wir brauchen. Einige, Stevie zum Beispiel und Maxie – oh, nein nicht Maxie, sie hat ja Geld wie Heu – aber Nancy, Louise und Madelyn würden verstehen, in welcher Klemme ich bin.«

»Jo, Liebling ...«, flüsterte Hazel.

Jo lehnte sich an eine Tragfläche und verschränkte grimmig die Arme. »Komm mir jetzt nicht mit Liebling. Ich meine es ernst. Meinst du vielleicht, ich wäre nicht auch gerne Beechs ›Goldmädchen‹? Glaubst du, es gefällt mir, Taggart als Sponsor zu haben? Glaubst du, es ist leicht, mit ihm zu arbeiten? Meinst du, ich weiß nicht, was die Leute über ihn sagen? Ja, er ist ziemlich taktlos und macht sich nicht die Mühe, seine Verachtung für Fliegerinnen zu verbergen. Ja, er macht uns mit seinen Witzen lächerlich. Ja, wir sind alle Putzlappen oder Puderquasten. Viele Leute denken so – einschließlich der Bodencrew an jedem verdammten Zwischenstop. Aber er ist ein Einzelgänger, und das bin ich auch, wirklich. Und er war der einzige, der auf mich zukam, um mir ein Flugzeug anzubieten. Hätte ich das ablehnen können, nach all den Monaten der Suche und all den Möglichkeiten, die mir durch die Lappen gegangen sind? Ich tue, was ich kann. Aber wie dem auch sei, er meint, daß Straßenkarten so gut wie nutzlos sind.«

»Warum?« Hazel schaute auf die Karte, die sie in ihren Händen drehte.

»Er benutzt Schienenvermessungskarten, weil die Bodenerhebungen darauf sehr sorgfältig eingezeichnet sind, und fast alle Hauptstrecken führen entweder von Osten nach Westen oder von Norden nach Süden. Jede Strecke, die über einen Bergpaß führt, bildet einen leicht erkennbaren Orientierungspunkt. Da, schon hab' ich zuviel gesagt. Es handelt sich schließlich um einen Wettkampf, falls du dich erinnerst! Frag Gus, ob du eine Karte für dein Treffen kriegen kannst – das bleibt dir unbenommen. Zusammenarbeit ist ja gut und schön, aber ich bin auch dafür verantwortlich, mit seinem Flugzeug eine gute Leistung zu bringen. Tagg ist ein ziemliches Risiko eingegangen, mich für seine neue Gesellschaft fliegen zu lassen. Für ihn steht eine Menge auf dem Spiel. Jeder Pfennig ist in seine Startflotte geflossen. Lumpige zwei Flugzeuge! Er muß seinen Investoren zeigen, was sein Prototyp leisten kann. Wenn ich gut bin, macht er ein Geschäft, und ich kriege eine Karriere, wie du sie bei Beech gemacht hast. Es ist Platz für mehr als eine wie dich. Wenn ich nicht außergewöhnlich gut bin, tja, dann bestätige ich, *daß* wir Puderquasten sind, und obendrein verliere ich meinen Job. Ich muß einfach sehr gut sein, Haze, um es auf den Punkt zu bringen, ich muß dich schlagen, wenn ich kann. Und glaub nicht, daß ich es nicht versuchen werde. Er hat mir eine Maschine gegeben, die genau das schaffen könnte. Sozusagen eine ebenbürtige –«

»Bitte, komm jetzt nicht wieder *damit*«, setzte Hazel an, versuchte dann aber ihren Ton zu mildern und sagte vorsichtig: »Es bereitet mir Sorgen, daß du versuchst, schneller zu sein als meine Zephir. Ich will nicht über die Rearwyn spotten, aber es wäre dir gegenüber fairer von Taggart gewesen, wenn er sie in der CW-Klasse gelassen hätte.«

Bei Hazels Erwähnung der Leichtgewicht-Flugzeuge, einer gänzlich anderen Wettkampfklasse, schnaubte Jo verächtlich, wobei sie die Haare, die ihr wieder ins Gesicht gefallen waren, wegpustete. »Du weißt sehr gut, daß der ernstzunehmende Wettkampf nicht unter den CW-Maschinen ausgetragen wird.

Leichtgewicht ist eben nur das: *Leichtgewicht!* Er ist nicht daran interessiert, ein Sportflugzeug zu verkaufen, sondern eine echte, funktionstüchtige Verkehrsmaschine, die letztlich in der Lage ist, Passagiere oder Frachtgut zu transportieren. Wir mußten uns als DW melden, das steht außer Frage, mit einem kraftvolleren Motor, der stärkere Winde, größere Höhen, schlechtere Witterungsverhältnisse aushält – ein Arbeitstier. Der Rumpf und die Verstrebungen sind mit einer Metallegierung verstärkt, um den stärkeren Motorvibrationen standhalten zu können und gleichzeitig das Gesamtgewicht minimal zu halten. Die Rearwyn ist jeder Beech durchaus ebenbürtig. Er glaubt an seine Konstruktion. Er muß es. Ich muß es.«

Hazel wollte die Spannung zwischen ihnen vertreiben, wollte zärtlich Jo das Haar aus der Stirn streichen und die Kampfansage, die in ihrem Blick lag, wegküssen. Statt dessen sagte sie: »Das Problem ist nur, Schatz: Wie könnte ich wirklich mit dir in Konkurrenz treten? Meine Güte, wir werden endlich eine volle Woche zusammen sein. Weißt du, wie lange ich mich darauf schon freue? Ist es nicht für uns alle wichtig, eine gute Leistung zu erbringen? Können wir nicht einfach gleich schnell sein? Ich werde nicht versuchen, dich abzuhängen.«

»Alle erwarten von dir, daß du gewinnst, Haze. Beech, die Presse. Wie lange wirst du wohl deinen Job behalten, wenn du verlierst? Du solltest verdammt nochmal lieber versuchen, die anderen abzuhängen, denn ich werde es auf jeden Fall tun.« Jo trat abrupt zur Seite und warf dabei ihren Handschuh auf den Boden. Oder war er aus ihrer Jackentasche gefallen?

Hazel war sich nicht sicher. Sie witzelte: »Wie! Wirfst du jetzt den Fehdehandschuh?«

»Nun ... ja, ja, das tue ich«, sagte Jo und brach in jenes musikalische Lachen aus, von dem Hazel bezaubert war, seit sie es zum ersten Mal gehört hatte.

»Ach komm, nicht wirklich. Laß dich doch von Taggart nicht gegen mich aufhetzen.«

Jo wich zurück, ihre Kiefermuskeln spannten sich. »Das ist völlig unangebracht, Haze. Oder fährst du jetzt die gleiche Schiene wie er – daß ich nicht für mich selbst denken oder handeln kann? Ich hab's satt, ständig als die Königin der Sicherheitsregeln bezeichnet zu werden. Ich bin so wagemutig wie jede andere Spitzenfliegerin auch. Ich möchte auch meinen Namen in den Schlagzeilen sehen. Ich geh' aufs Ganze, weil ich es, verdammt nochmal, will!«

»Okay, okay, trotzdem noch eines«, sagte Hazel und bückte sich, um den Handschuh aufzuheben, hielt dann aber inne. »Wir lassen diesen Wettkampf hinter uns, wenn wir abends den Flugplatz hinter uns lassen.« Als sie es aussprach, krampften sich ihre Eingeweide zusammen, und sie fragte sich plötzlich, wie in aller Welt sie annehmen konnte, daß dieses Versprechen einlösbar war. Ihr Traum von gemeinsamen süßen Nächten zerplatzte wie eine Seifenblase.

»Ja«, antwortete Jo ein bißchen zu schnell. »Unter der Bedingung, daß wir weder die Einzelheiten unserer Routen noch die der Navigation oder Flughöhe besprechen. Ich werde bei den Generalversammlungen so viele Informationen weitergeben, wie ich kann.«

Hazel verließ der Mut. In allen Einzelheiten über ihre Leidenschaft für das Fliegen zu sprechen war ein wesentlicher Bestandteil der Leidenschaft, die sie empfanden, wenn sie miteinander schliefen. Hazel erinnerte sich, wie Jo einmal gesagt hatte: »Ich will dich in deiner Maschine.« Und wie sie über diese Vorstellung gelacht hatten – mitten in der Luft? Mit dem Flugzeugrumpf nach oben? Draußen auf den Tragflächen? Mit Vollgas in dreitausend Meter Höhe? Nein, sie würden das Unmögliche Hollywood und dem Film überlassen, Pamela Christy, der fliegenden Schauspielerin, die aus Publicitygründen in einem Badeanzug auf der Tragfläche ihres (stehenden) Flugzeuges posiert hatte.

Hazel fischte den Handschuh auf, wobei sie sich die Fingerknöchel am Boden aufschürfte. Er lag, vom Schweiß geschmeidig geworden, in ihrer Hand, als ihre Augen Jos trafen. »Also gut, meine Liebe. Es gilt.« Damit warf Hazel den Handschuh in die Luft und fing ihn wieder auf. Es war der linke. Sie holte ihre eigenen Lederhandschuhe hervor und gab Jo den linken.

»Ich muß los.« Jo nahm den Handschuh und marschierte in Richtung Piloten-Clubhaus, ein niedriger Bungalow hinter der Rollbahn. Eben erschien Taggart in der Eingangstür, trat ein paar Schritte heraus, verharrte dann wartend und demonstrierte durch hastiges Rauchen seine Ungeduld.

Hazel taxierte ihn kurz, bevor sie ihrer Wege ging. Ein hochgewachsener, schlanker Mann mit scharfgeschnittenen Gesichtszügen und glatt zurückgekämmtem Haar, gepflegt gekleidet in einem neuen weißen Overall. Er war der Typ Mann, der meinte, auf Frauen zu wirken, ohne sich großartig um sie bemühen zu müssen. Er rief Jo weder einen Gruß zu, noch sah er sie an, als sie näher kam. Hazel haßte es, wie Jo die Schultern hängen ließ und ergeben den Kopf gesenkt hielt, wenn sie mit Taggart sprach. Sie konnte ihre Angst vor ihm nicht abschütteln. Indem er Jo ausdrücklich verbot, ihre Informationen weiterzugeben, trieb er einen Keil in ein ansonsten von Teamgeist getragenes Unternehmen und erinnerte sie immer wieder daran, daß in der ›wahren Welt‹ des Wettkampfes sehr viel mehr Geheimhaltung und harte Konkurrenz angesagt waren. Männerwettkampf! – Oh ja, sie war damit aufgewachsen. Sie hatte ihrem Bruder Dewey assistiert, damals, als er Autorennen fuhr. Wie – grübelte sie, während sie resigniert ihre Karte in die Gesäßtasche steckte – hatte sie so idealistisch sein können, zu glauben, Frauen seien offener?

Was sie mit am meisten aufbrachte, war, daß Mr. R.Q. Taggart sich weder jemals die Mühe gemacht hatte, sich vorzustellen, noch die üblichen und vorgesehenen Wege der Kommunikation mit den Organisatorinnen des Derbys einhielt. Sicher, er hatte seine Maschine rechtzeitig zur Teilnahme angemeldet, aber er hatte nicht einmal einen Begleitmechaniker für Jo mitgeschickt. In der Eskorte war automatisch ein Platz für Jos Mechaniker reserviert worden, aber Taggart hatte den Anmeldeschluß verstreichen lassen, ohne den Platz zu besetzen. Warum? Warum hatte er nicht wenigstens den Anstand zu sagen, daß er es nicht wollte? Es gefiel ihr nicht, daß er mit den Organisatorinnen nichts zu tun haben wollte, daß er jede Hilfe, die Beech oder Lockheed anboten, kommentarlos verschmähte. Und was ihr am wenigsten behagte, war, daß sie nichts von ihm wußte, abgesehen von dem, was sie durch Jo erfuhr.

Ja, das war es, was sie wirklich störte. Sie war versucht, ihn jetzt sofort zur Rede zu stellen, aber das würde nur wieder Jo verärgern.

Ein Motor stotterte auf und ging dann in weiches Leerlauftuckern über. Hazel ließ den Blick über die Flugzeuge schweifen und erkannte Stevie, die neben der geöffneten Motorhaube ihrer Golden Eagle Chief stand. Stevie, eine drahtige Frau mit lockigem dunklem Haar, das ihr in die Stirn fiel, besprach sich gerade mit einem Mechaniker von Beech und ihrer etwas größeren, fülligeren Freundin Marsha. Sie sah bleich und aufgeregt aus.

Hazel eilte herbei: »Immer noch Probleme?«

»Ja, wenn der Motor warmgelaufen ist und ich auf Dauergeschwindigkeit bin, verliere ich Saft. Irgendwas ist schiefgelaufen, als ich deinen Beech J-6 eingebaut habe.« Stevie starrte auf den Motor, den Hazel ihr vor einem Monat guten Gewissens verkauft hatte. »Er hat zuviel Zugkraft. Ich weiß auch nicht – ich hätte nicht übel Lust, den Hobarth wieder einzubauen. Nur daß es dafür jetzt zu spät ist, verdammt.«

Hazel stand breitbeinig da, die Arme verschränkt, die Hände unter die Achseln geschoben, und sah zu, wie der Mechaniker ein weiteres Mal die Elektrik überprüfte. Marshas Lippen waren zusammengepreßt und weiß, denn Stevie war mit ihrem Latein am Ende und das Derby hatte noch nicht einmal begonnen. Stevie konnte von sich behaupten, eine hochkompetente Mechanikerin zu sein. Sie hatte seit ihrem sechzehnten Lebensjahr die Autowerkstatt ihres Vaters geführt, bevor sie auf Flugzeuge umsattelte. Ernsthafte Probleme in der letzten Minute waren wie eine persönliche Beleidigung für sie. Hazel wollte sie ermutigen, einen kühlen Kopf zu bewahren: »Sieh mal, du hast alle Leitungen nach Vorschrift neu verlegt. Da würde ich nochmal ansetzen.«

Stevies Stimme überschlug sich vor Aufregung. »Das sagst du andauernd, aber warum kommen wir nicht dahinter?«

»Marsha, nimm sie mit. Mach einen langen Spaziergang mit ihr. Geht an den Strand. Ich bleibe hier bei den Jungs. Wahrscheinlich glotzt es uns direkt ins Gesicht, wir sehen es nur nicht. Der J-6 war eine erstklassige Wahl. Ich stehe hinter dem, was ich verkaufe. Ich werde morgen nicht eher starten, als bis du es auch kannst.«

Stevie bekam wieder Farbe ins Gesicht. »Das kannst du nicht machen. Das Derby steht und fällt mit dir.«

»Deshalb versuche ich auch, dich rechtzeitig startklar zu machen. Und jetzt ab mit euch!«

Stevie entspannte sich etwas und ließ sich wegführen, während Hazel sich der Maschine zuwandte und die Ärmel hochkrempelte. Sie hatte jedes Wort ernst gemeint und betete nur, daß sie ihr Versprechen würde halten können. Gemeinsam mit dem Mechaniker von Beech begann sie, die gesamte Elektrik durchzuchecken. Sie vergaß die Zeit und die zunehmende Hitze des Tages, während sie konzentriert arbeitete. Allmählich fragte sie sich, ob es sich nicht nur um ein Hirngespinst von Stevie handelte – Lampenfieber vor dem Start. Alles sah völlig in Ordnung aus. Schließlich stellten sie fest, daß das Problem bei den Zündmagneten liegen mußte – irgendein Konstruktionsfehler vom Werk. Was immer es war, das Problem tauchte erst auf, wenn der Motor heiß und einige Zeit gelaufen war. Kein Kurzstreckentest würde irgend etwas Neues zeigen. Also, Zündmagneten wieder einbauen und hoffen, daß die erste Etappe des Derbys, ein Einhundert-Kilometer-Flug nach San Bernardino, der erfolgreiche Test sein würde, den sie brauchten.

In diesem Moment unterbrach eine Stimme ihre Konzentration. »Durstig, H.P.? Hier, trink ein bißchen lauwarmes Zitronenwasser.« Eine Frau mit kurzen sandfarbenen Locken und einem formlosen Overall drückte Hazel einen Glaskrug in die ölverschmierten Hände. Es lag etwas Respektloses in Eleanor Wilsons blauen Augen, etwas Resolutes und Ernstes um ihren Mund.

»Eleanor!« Hazel gab ihrer Freundin einen Klaps auf den Rücken und trank gierig.

Eleanor reichte ihr ein Sandwich. »Hier, probier mal ein Gurkensandwich. Sehr erfrischend. Alexis hat sie spendiert. Sie sagt, daß sie fast ausflippt angesichts der Fülle von frischem Gemüse und Obst hier in Kalifornien – sowas gibt's da oben in ihrer Tundra nicht.«

Hazel biß erfreut hinein und nickte dann in Richtung der rotbraunen Lockheed-Maschine am Ende der Reihe. »Ich hab' an deiner Vega gesehen, daß du angekommen bist. Wann?«

»Letzte Nacht. Spät. Hör zu, ich muß mein Interview mit dir heute um fünf rüberkabeln. Können wir uns nach dem Mittagessen treffen?«

»Klar. Übrigens, deine Photographin war schon hier.«

»Vera? Gut, sehr gut.« Eleanor zog einen Stift hinter ihrem Ohr hervor und schrieb den Termin in ihr Notizbuch. »Hör mal, wir haben ein Problem. Maxie hat ihren Mechaniker gefeuert.«

»Oh, oh. Was jetzt?«

»Tja, sie meint, sie kann niemanden brauchen, der ihr ins Gesicht sagt, sie sei ein speckiger Teufel in Reithosen.«

»Ach, zum Teufel! Ich sag' sowas dauernd. Ihre Ausdrucksweise ist auch nicht gerade gewählt. Gib's ruhig zu, bei diesem Derby hat die Wirklichkeit nicht viel mit *ladylike* zu tun. Alkoholverbot ist eine Sache, das sehen wir alle ein, aber daß wir nicht fluchen dürfen geht zu weit!«

Eleanor blickte sie kühl an: »Du bist kein *männlicher* Mechaniker. Das ist was anderes.«

»Ellie!« protestierte Hazel. »Weißt du, wie viele Mechaniker ich mir angeschaut habe, um Sweeney für sie zu finden? Jetzt ist niemand anderes mehr zu kriegen. Er ist der einzige, der sich mit einer Curtiss Robins auskennt.«

»Gus auch«, spielte Eleanor auf Hazels eigenen Mechaniker von Beech an, der sie bei allen ihren bisherigen Unternehmungen begleitet hatte.

»Er hat genug damit zu tun, für alle Beech-Maschinen Mechanikertrupps zu organisieren und die Reparaturen zu überwachen. Vielleicht kann ich ihn dazu bringen, mit Sweeney zu reden, ihn irgendwie wieder ranzuholen. Ich weiß, daß es nicht leicht ist, mit Maxie auszukommen, aber zum Teufel, das ist mit ein Grund, warum wir sie lieben.«

Eleanor schüttelte den Kopf. »Sweeney ist nicht das Problem. Maxie hat ihn gefeuert. Sie sagt, er hat die falsche Einstellung und sie will niemanden an Bord haben, der nicht voll und ganz hinter ihr steht. Sein Gepöbel war nur der Tropfen, der das Faß zum Überlaufen gebracht hat, verstehst du? Man sagt einfach nicht zu Maxie, auf ihre ›Miss Mary Mack‹ zu wetten sei dasselbe, wie am Renntag auf ein lahmes Pony zu setzen.«

»Ach, komm, so reden die Jungs eben. Sie sollte das wissen. Er wollte wahrscheinlich nur sehen, ob er sie wütend machen kann ...«

»Nein, nein, H.P. Sie mochte seine ganze Art nicht, verstehst du? Sie sagt, er versaut die Stimmung. Er steht einfach nicht hinter uns. Sie ist schon zu Gladys Jenney gegangen.«

»Sie ist zu Gladys gegangen, ohne zuerst mit mir zu sprechen?« Hazel kochte. »Man spricht nicht mit Funktionärinnen der National Air Exchange, ohne vorher mit uns gesprochen zu haben. Ich hätte das regeln können, ihm sagen, daß er auf seine Manieren achten soll.«

»Schau mal, du kennst doch Maxie. Sie läßt sich nichts gefallen, vor allem nicht von Männern. Sie kann ihn nicht ausstehen! Sie findet ihn ungehobelt und obszön. Wie auch immer, sie dachte, Gladys wäre am ehesten imstande, jetzt noch Ersatz zu beschaffen. Abgesehen davon war ich noch nicht hier und du in einer Konferenz. Ich kann ihr nicht verübeln, daß er ihr nicht behagt. Und es ist nun mal so, daß wir wirklich loyale –«

»Er war anständig und manierlich genug, als ich ihn mir angeschaut habe.« Hazel schäumte und zog Eleanor vom Flugplatz fort, den Krug immer noch in der Hand. »He, Moment mal! Was ist mit Vera Davis? Erzähl mir, was du über sie weißt.«

»Vera? Ich hab' sie auf einem Flugplatz in Nevada kennengelernt. Sie kam auf mich zu, wollte Photos machen, meine Photographin sein. Ich hab' das als Geschäftsangebot gesehen, ich bin ja Reporterin. Sie ist sehr hartnäckig. Eine richtige Schmeichlerin, kann einen ziemlich in die Enge treiben. Läßt sich nicht abwimmeln. Aber versteht sie etwas von einer Curtiss Robin?«

»Nein, nein – sie hat keine Ahnung. Ich meine, sie kann gröbere Wartungsarbeiten durchführen, Routinekram. El, sie war früher Tragflächenakrobatin. Was zählt, ist, daß sie dabeisein will. Sie will das Derby dokumentieren. Das interessiert mich.«

»Du willst sie als offizielle Photographin?«

»Genau ...« Die Idee regte Hazel weit mehr auf, als sie angenommen hatte. Der Gedanke einer exklusiven Photodokumentation ließ sie nicht mehr los. »Komm schon, das ist doch auch in deinem Sinn – uns so darzustellen, wie wir Frauen gesehen werden wollen. Und wer könnte das besser als eine Photographin, zusammen mit deiner unbestechlichen Berichterstattung natürlich.«

»Hmm.« Eleanor schien die Sache zu überdenken, wirkte aber nicht völlig überzeugt. Sie setzte an, etwas zu sagen, ließ es dann aber.

»Ich bin hier diejenige, die sich nicht abwimmeln läßt!« sagte Hazel triumphierend, wobei sie Eleanors skeptischen Blick bewußt ignorierte.

»Nun, ich würde sagen, ausgezeichnet, wenn ich –«

»Also dann, zur Hölle mit Sweeney« sagte Hazel. »Sie kann

ein paar von den Routinearbeiten übernehmen und Gus entlasten, falls Maxie Hilfe an ihrer Miss Mack braucht.«

»Na, dann trink' ich darauf.« Eleanor hob den Limonadenkrug. »In erster Linie, weil ich durstig bin. Aber was ist mit ihrer Photoausrüstung? Sie reist nicht gerade mit leichtem Gepäck.«

Hazel sah verstimmt aus. »Was glaubst du, wieviel mag das alles wiegen? Vielleicht können wir ihr Zeug unter uns aufteilen. Ich kann nichts mitnehmen mit dem ganzen Werkzeug an Bord. Es gibt allerdings ein paar, die noch Extragewicht brauchen können – Alexis zum Beispiel. Warum überlasse ich das nicht einfach dir – besprich das mit ihr und Gladys.«

Eleanor grinste. »Es wird mir ein Vergnügen sein.«

Hazel horchte auf. »Bemerke ich da ein gewisses Interesse? Warum habe ich das Gefühl, daß sie dich schon um ihren Finger gewickelt hat?« Sie fügte lieber nicht hinzu: »Genau wie *mich*.«

Eleanor knuffte sie. »Das Interesse ist rein beruflich. Wir haben ein paar Artikel zusammen gemacht. Außerdem stecke ich mitten im Training.«

»Oh, richtig. Wie wär's nach deiner Atlantiküberquerung?«

»Man hat mir gesagt, ich sei zu eingleisig für Liebesaffären. Ich denke, du wärst da eher –«

Hazel fiel ihr verdrießlich ins Wort. »Ich habe genug Probleme mit Jo, danke. Ich fürchte, Taggart ist für mich ein größeres Ärgernis als Sweeney für Maxie. Wenn ich die Möglichkeit hätte, ihn zu feuern, würde ich es sofort tun. Offen gesagt, ich bin wirklich beunruhigt.«

Eleanor nickte. »Kann ich gut nachvollziehen. Es ist fast unmöglich, ihn zu interviewen, glaub mir, ich hab's versucht. Er ist sehr zugeknöpft; hat mir was Schriftliches über sein Flugzeug und seine Pläne gegeben und gesagt, ich könne das als Information benutzen. Ich habe verschiedene Mechaniker und Organisatoren über ihn befragt. Scheint, daß er schon früher bei diversen Wettkämpfen mitgemischt, sich aber nie auf nähere Kontakte eingelassen hat. Einer meiner Mechaniker vermutet, daß er mehrere Monate in einem Flugzeugschuppen gelebt hat, um seine Prototypen zu bauen, da er sich seit ein oder zwei Jahren nirgendwo hat blicken lassen. Die Werkstattmechaniker machen abfällige Bemerkungen, daß er mal eine Weile untertauchen mußte, was wohl bedeutet, daß er Schulden hatte.«

»Tja, er ist eindeutig ein Problem zwischen Jo und mir.« Erneut stieg der Ärger in Hazel auf, ihre Kiefermuskeln spannten sich. »Ich dachte, das Derby würde uns einander näherbringen, statt dessen sieht es aus, als wären wir uns ferner als je zuvor. Ich sollte deinem Beispiel folgen und mich in Arbeit vergraben. Außerdem hat sie heute abend gesellschaftliche Verpflichtungen, zu denen ich nicht eingeladen bin. Es gibt Orte und Ereignisse, zu denen sie mich nicht mitnehmen kann oder will, als ob sie sich dadurch verraten könnte. Sie hat Angst, von uns zu erzählen, oder vielleicht bin ich auch einfach zu plump für ihre High-Society-Kreise, ich weiß es nicht. Wie auch immer, ich hätte eh nichts Passendes zum Anziehen.«

»Das stimmt, so kannst du schlecht in ein Nobelrestaurant gehen!« Eleanor gluckste teilnahmsvoll. »Ich kann dir ein Kleid leihen, wenn du willst.«

Hazel zuckte die Achseln und musterte Eleanor. Sie hatte die gleiche Größe und Statur, aber ihre Bewegungen waren so viel graziöser und geschmeidiger. Hazel fühlte sich plump im Vergleich. Ganz kurz stellte sie sich vor, in einem von Eleanors Kleidern in Jos Hotel aufzukreuzen. Nein, das Risiko, von Jo mit einem verächtlichen Seitenblick bestraft zu werden, war zu groß. Sie wollte kein ungebetener Gast sein.

»Nein, danke.« Hazel stieß mit der Stiefelspitze in den Boden. »Ich treffe mich später mit ihr, wenn der ganze Rummel vorbei ist. Außerdem habe ich hier eh zu tun, bis es dunkel wird. Ich würde sie liebend gerne in mein Leben einbauen, weißt du, aber umgekehrt ist es nicht so. Ich vermute, ihre Welt ist sehr viel komplexer, als ich es gewohnt bin. Ich bin so naiv, zu glauben, sie passe in eine so einfache wie meine. Ebenbürtig sind wir nur auf dem Flugfeld oder wenn wir allein sind – ein sehr behütetes Alleinsein, als hätten wir eine heimliche Affäre.«

»Seid ihr nicht ohnehin sehr zurückgezogen? Diskret?«

»Ja, aber das hier ist *mein* Leben. Ich kann einfach nicht diskret sein, das ist das Problem. Ich spreche über sie und mich, als wüßten alle Bescheid und niemand würde sich drum scheren. Und sie ist ständig auf der Hut und schimpft mit mir. Und zu allem Überfluß hat sie jetzt diesen knallharten Sponsor, und was bleibt für mich? Nichts als Konkurrenzkampf!«

»Ich wünschte, ich könnte dir deine Sorgen abnehmen.« Eleanor gab Hazel den Wasserkrug. »Bestimmt sind es nur die Nerven. Wenn wir erstmal unterwegs sind, wird sich alles finden. Wenn sie partout einen guten Eindruck auf ihren Sponsor machen muß, dann laß sie doch. Auch sie will Karriere machen, und es ist weiß Gott schwer genug, nach oben zu kommen und da zu bleiben. Eines Tages wird sie dich brauchen. Übrigens kommt Taggart nicht mit. Du kannst deinem Glücksstern danken, er hat sich nicht als Begleitcrew eingeschrieben. Wir lassen ihn und das ganze Hollywood-Tamtam einfach hier bei den Orangenplantagen. Wenn wir erst unterwegs sind, wird alles nach unseren Vorstellungen laufen. Und sie wird genauso schmutzig, erschöpft und wild entschlossen sein wie wir alle, H.P., du wirst schon sehen.«

Bisher war ich für meinen Mann immer die Begleitcrew bei seinen Wettkämpfen. Jetzt haben wir zum ersten Mal die Rollen getauscht. Aber unsere Karrieren verlaufen in völligem Einklang.
Wir fliegen Hilfs- und Rettungseinsätze zusammen.
Ich wünschte, es gäbe die Möglichkeit, mit ihm einen Wettkampf zu fliegen.
Kein Wettkampf kann härter sein als manche der Flutkatastropheneinsätze, die wir geflogen sind.

Sarah Morris-Newton
aus den Notizen für eine Reportage, E.W.

2

Am Morgen des ersten Wettkampftages hing Nebel über der Pazifikküste, verhüllte das Flugfeld und verzögerte die Vorbereitungen. Begleitmannschaften und Sponsoren besprachen mit den Pilotinnen die letzten Details vor dem Start, der für vierzehn Uhr angesetzt war.

Als sich die letzten Nebelstreifen über der Startbahn endgültig auflösten, versammelte Eleanor alle Teilnehmerinnen zum offiziellen Gruppenphoto. Vera war bereits dabei, ihre Kamera so aufzubauen, daß möglichst viele Flugzeuge als Hintergrund mit aufs Bild kamen. Mit einem Stück Kreide markierte sie Halbkreise, wo sie die Frauen plaziert haben wollte. »Die Größeren nach hinten«, sagte sie mit einer kurzen Handbewegung und überließ die Aufstellung dann den Pilotinnen.

Hazel stellte sich neben Eleanor, die ihr liebevoll den Arm um die Schultern legte. Maxie in ihren schmutzigen Arbeitsklamotten, den Stummel eines Zigarillos im Mundwinkel, quetschte sich grinsend an ihre andere Seite und trat die Kippe mit dem Fuß aus. Stevie stellte sich in die erste Reihe, und Jo, die den Blickkontakt mit Hazel vermied, hielt sich am anderen Ende dicht bei Alexis, die neben Pamela Christy stand. Es war das erste Mal, das Jo für ein Photo Fliegerinnenkleidung trug.

»Hör auf, Trübsal zu blasen«, zischte Eleanor Hazel ins Ohr. »Erzähl mir nicht, du hättest Jo gerne vor dir stehen, damit du deine Arme um sie legen kannst.«

»Träumen ist alles«, murmelte Hazel düster. »Wir wollten eigentlich die Nacht zusammen verbringen, nach ihrem Abschiedsessen mit diesen ganzen High-Society-Freunden. Tja, als es dunkel wurde und ich hier fertig war, ging ich in mein Hotel und wartete und wartete. Nichts. Ich rief auf ihrem Zimmer an. Ich wollte sogar schon losziehen, um sie zu suchen. Um Mitternacht ruft sie mich an – Mitternacht! – sagt, daß sie aufgehalten wurde und jetzt in ihrem Hotel bleiben will, um sich für heute ein bißchen auszuruhen...«

»Also gut, Leute!« Vera klatschte in die Hände. »Ich möchte von jeder ein Siegerinnenlächeln. Genau, und jetzt so bleiben.«

»Eingefroren!« lachte Maxie. Sie sprach durch ihre zusammengepreßten Zähne, die Lippen weit auseinander. »Weiß sie denn nicht, daß Pilotinnen nicht lächeln? Wir sind normalerweise zu verängstigt. Wir grinsen nicht mal, wenn wir oben sind.«

Die Pilotinnen kicherten und witzelten durch die Zähne.

»So ist es richtig. Entspannt euch«, kommandierte Vera. »Ich brauche euch noch näher zusammen.«

Alle vierzehn rückten enger zusammen, schubsten und knufften sich in einem Moment flüchtiger Kameradschaft. Ja, dachte Hazel, es ist wohl einfacher für Jo, sich an Alexis zu hängen, die sie kaum kennt, als auch nur andeutungsweise zu mir zu stehen. Jo *hat* sich seit Florida verändert.

»Haben wir es jetzt?« fragte Stevie mit finsterer Miene. Eleanor hatte Stevie aus der Arbeit an ihrem Flugzeug herausgerissen, und das Maschinenöl auf Stevies linker Wange sah aus wie eine Kotelette. Ihre verschmierten Hände steckten tief in den Taschen ihres Overalls.

Als Vera unter Dankesbekundungen erklärte, sie sei fertig, zerstreute sich die Gruppe rasch in verschiedene Richtungen. Sehnsüchtig sah Hazel der entschwindenden Jo nach. Eleanor gab ihr einen leichten Klaps auf den Rücken und eilte an ihre nächste Aufgabe – eine Presseversammlung, auf der die günstigsten Beobachtungsposten für das Derby verhandelt werden sollten.

Nur Maxie stand noch neben Hazel. »Du hast die Sache mit Jo immer zu ernst genommen. Du läufst ihr nach, biederst dich an. Ich für meinen Teil brauche Spaß. Vor allem Sex. Nichts sollte so ernst sein, daß man nicht auch Spaß dabei haben kann. Bei dir bin ich nicht so sicher. Magst du Sex wirklich? Ich meine, gehst du wirklich gern mit Frauen ins Bett? Ich meine, so richtig abfahren, totale Sinnlichkeit, Brüste, Arsch, weit geöffnete Schenkel, feuchte, dunkle Höhlen, Rhythmus, Crescendo – aah und so? Also, ich nämlich schon.«

»Max!« Hazel holte scharf Luft, entspannte sich dann aber. Diesmal würde sie sich nicht durch Maxies dreiste Offenheit aus dem Konzept bringen lassen.

»Manchmal bereue ich, daß ich euch miteinander bekannt gemacht –«

»Sag das nicht«, ging Hazel scharf dazwischen. »Du hast mir damit einen großen Gefallen getan.«

»Ach, da wäre ich nicht so sicher.« Maxie schüttelte den Kopf. »Du bist zu ehrlich, zu bodenständig, wenn es um dein Herz geht. Ist das der Grund, weshalb du fliegst? Um endlich mal abzuheben? Ist es das, weshalb du sie liebst? Denkt sie an dich, wenn du nicht bei ihr bist – so wie du an sie? Warum bietest du dich ihr ständig an, wo sie dich zu meiden scheint? Ich glaube, es gibt da gewisse Wagnisse, für die nur du jetzt reif bist.« Sie bohrte ihren Finger in Hazels Schulter. »Emotionale Wagnisse.«

Hazel wandte sich ab, um über das Flugfeld hinter Jo herzurennen. Eine kräftige Hand hielt sie fest. »Lauf ihr nicht nach, Preston, oder du gibst ihr nie die Möglichkeit, sich nach dir zu sehnen.«

»Sie wird sich nicht nach mir sehnen, wenn ich es nicht tue. Soviel weiß ich, Max. Wir sind an dem Punkt angelangt, wo sie es von mir erwartet.«

»Nun, dann überrasch sie doch mal. Sei einfach weg.«

»Ich kann nicht.« Zärtlich nahm Hazel Maxies Hand von ihrer Schulter und küßte sie. Ihre Augen trafen sich – Maxies waren tief und braun, freundlich, aber traurig. Sie hatten Jo zu der Bemerkung veranlaßt, daß Maxie und ihr Hund sich ähnlich sähen. Aber Hazel sah noch mehr darin – ein schelmisches Zwinkern, die Spur eines Verlangens.

»Sie wird nie einfach sein«, warnte Max.

»Welche in dieser Branche ist das schon?« Hazel lief mit großen Schritten in Richtung Jo und der Rearwyn. Aber Jo war schon auf und davon, zu einer letzten Besprechung mit Taggart, also beschäftigte sich Hazel damit, ihre eigenen Flugpläne durchzugehen.

Während die Morgenstunden verstrichen, wuchsen Erwartung und Spannung. Für die einen verging die Zeit zu schnell, für die anderen zu langsam. Hazel fand Jo schließlich, als sie aus dem Clubhaus kam. Sie sah sehr verärgert aus.

»Tagg will mir keinen Begleitmechaniker stellen, Haze! Zu teuer. Ist das zu glauben? Er sagt, ich muß mich auf die Bodencrews verlassen, und sollte ich Hilfe brauchen, schickt er Leute – zumindest bei den längeren Zwischenstops. Da wartet er bis zur letzten Sekunde, um mir das zu sagen! Immer Versprechungen, Versprechungen – und jetzt ... er hätte mir überhaupt nichts davon gesagt, wenn ich nicht gedrängelt hätte.« Sie hielt inne, drauf und dran davonzustürmen. Dann drehte sie sich noch einmal um. »Jedenfalls gibt es jetzt einen freien Platz für diese Photographin, Vera.«

»Wir haben sie schon untergebracht«, sagte Hazel leise, »aber der Platz wurde nur frei, weil Sweeney gefeuert ist.«

Jos Augen weiteten sich vor Verwirrung. »Was?«

»Gus hat alles für die Begleitmannschaft organisiert. Der Meldestichtag für die Sponsoren war letzte Woche. Wenn Taggart jemanden hätte mitschicken wollen, hätte er es da tun müssen.«

»Letzte Woche! Und warum weiß ich bis heute nichts davon? Ich verstehe nicht, warum Tagg sich nicht die Mühe gemacht hat, mir das zu sagen ... aber du, warum hast du's mir nicht gesagt?«

»Hey, gib jetzt nicht mir die Schuld. Du bist diejenige, die nicht an Gesprächen interessiert ist. Und wie zum Teufel soll ich ahnen, daß er nicht mit dir gesprochen hat – ich meine, ich wußte von dem Anmeldeschluß. Diese Information wurde den Sponsoren gleich bei der ersten Registrierung gegeben. Ich wußte nicht, daß du nicht mitbekommen hast oder Taggart dir nicht gesagt hat, daß er niemanden angemeldet hat. Und soweit ich weiß, hat er nicht mal um eine nachträgliche Anmeldung ersucht. Bevor Maxie Sweeney feuerte, gab es keinen freien Platz.«

»Sweeney?« Jo stand mit offenem Mund da, aber nur kurz, denn sie hatte gute Manieren.

»Was?«

Jo schüttelte den Kopf in stillem Verdruß. »Nichts.« Sie sah Hazel mit verkniffener Unterlippe an, vielleicht um zu verhindern, daß sie vor Wut, Enttäuschung und Nervosität zitterte. »Wenn Tagg entschlossen ist, das auf seine Art zu machen, muß ich mich wohl fügen. Ich mag nur keine Überraschungen. Zum Glück bist du so ruhig, Hazel. Das mag ich an dir. Bei mir... staut sich immer alles so an, und du fängst das dann auf – du bist so...vernünftig. Du bist eben mein bodenständiges Mädchen vom Lande.«

Hazel runzelte die Stirn. Was hatte die Tatsache, vom Land zu kommen, damit zu tun? Jos Komplimente ergaben für Hazel oft keinen Sinn. Die Bodenständigkeit eines Mädchen vom Lande – Jo sagte sowas öfter, für sie war es wohl ein Gegenpol zu ihrer ›verstädterten‹ Art. Doch diesen schmelzenden Blick, ja, den verstand Hazel. Wollte ihn.

Dann war dieser Blick auch schon wieder verschwunden. Jo strich Hazels Hemdkragen glatt, eine flüchtige, abschließende Geste. »Bald ist es soweit, nicht wahr? Ich muß mich fertigmachen und beten, daß Taggart richtig liegt – daß ich keine Probleme bekomme. Dann sehen wir uns wieder in San Bernardino.«

»Ja.« Hazel ging nicht auf den scherzhaften Ton ein. Sie begleitete Jo noch ein Stück, und beide schwiegen. Als sie zu ihrer Maschine ging, dachte sie: »Ich liebe sie.«

Fünfzehn Minuten schienen eine Ewigkeit. Die Pilotinnen liefen hin und her, jede mit ihrer eigenen Nervosität beschäftigt. Hazel lenkte sich damit ab, die anderen zu beobachten und sich Kleinigkeiten einzuprägen, an die sie sich später erinnern wollte. Vera Davis stand bei einem Haufen Photographen am Rand der Rollbahn, in der Hand eine tragbare Kamera. Sie würde in einem der Viersitzer mit der Schlußcrew fliegen und steckte abflugbereit in einem Overall, obendrein einem sehr gut geschnittenen mit Abnähern an der Taille, die ihre runden Hüften reizvoll betonten. Stevie sah nie so aus, auch Eleanor in ihrer Schlabbermontur nicht. So, die Ansprachen waren vorbei, die Flaggen, rot, weiß und tiefblau wie der Himmel, flatterten in der Brise wie die Windhosen.

Jede Pilotin hatte die Nummer für ihre Startposition aus Gladys Jenneys breitkrempigem Hut gezogen. Bei jedem Etappenstart würden sie neu ziehen und sich so täglich an eine zwar willkürliche, aber faire Regelung halten.

Hazel prüfte zum ungezählten Mal kritisch den Himmel, der ihr absolut nichts Neues verriet. Sie fluchte vor sich hin, die Beech-Mechaniker standen herum und kauten Tabak. Sie sah wieder auf die Uhr. Noch fünf Minuten, noch fünf Minuten. Nicht auszuhalten. Wochen der Vorbereitung schienen sich in diesen endlosen letzten Augenblicken zu verdichten. Sie starrte quer übers Rollfeld auf die Reihe der wartenden Flugzeuge, frisch abgeschmiert, durchgecheckt, schweigend, so blitzblank und aufgeputzt wie frischgewaschene Kinder in ihrer Sonntagskluft: Nie wieder werden sie so sauber sein. Trotz ihrer Ungeduld war sie einen Moment lang einfach dankbar und stolz. Mit am auffälligsten waren die leuchtend weißen Kennnummern auf allen Tragflächen, jede mit einer zusätzlichen Acht hinten dran für die acht Etappen des Wettfliegens. Diese Zahl würde bleiben – und sie immer als Teilnehmerinnen eines Derbys ausweisen, das mit Sicherheit einen Meilenstein setzte.

Hazels Blick schweifte über ihre Mitfliegerinnen. Da war Jo, das Gesicht dem Wind zugekehrt, die Hände auf dem Rücken verschränkt. Die beherrschte Haltung konnte nur eines bedeuten – Jo war nervös. Einzig Pamela, die Schauspielerin, strahlte echte Langeweile aus: In einem Klappstuhl aus Segeltuch thronte sie vor ihrer roten Bellanca-Sportmaschine, in einen weißseidenen Fliegerinnenanzug gehüllt, Helm und Brille in ihrem Schoß. Sie rauchte eine Zigarette und scherzte mit ihrer Crew. Sie war es wohl gewohnt, bei Dreharbeiten zwischen den Takes herumsitzen zu müssen. Dabei hatte sie sich bei der Ziehung in der ersten Hälfte plaziert! In jeder Lage die Filmschönheit zu sein war einfach Bestandteil ihrer Ausbildung.

Hazel sah erneut auf ihre Uhr. Noch eine Minute. Auf den Zuschauerrängen standen Sponsoren und Vertreter der verschiedenen Flugzeugfirmen, um den Start des Derbys zu beobachten. Merkwürdig, sie sah Taggart nicht. Wollte er nicht zuschauen, wenn Jo startete? War er schon losgeflogen? Hazel nahm es als gutes Zeichen.

Gleich neben der matronenhaften Gladys Jenney, die elegant in sommerlichem Rosenrot strahlte, entdeckte Hazel den alten Mr. Maximillian Schulz, würdevoll, adrett und stattlich – den schwerreichen Großvater, mit dem Maxie nach Möglichkeit nichts zu tun haben wollte. In diesem Fall konnte sie nichts dagegen tun, denn er war ein begeisterter Anhänger des Flugsports. Maxie schwor, daß sie ihre Liebe zum Fliegen ohne sein Zutun entdeckt hatte und daß für ihn Flugzeuge, mehr noch als die erdgebundenen Automobile, bloß eine ausgefallene Möglichkeit waren, mit seinem Reichtum zu spekulieren. Sie hatte heftig gegen seine Aufnahme in den Sponsorenausschuß protestiert, aber zu spät: Eleanor hatte ihn auf einer Flugschau angeworben, ohne eine Ahnung von Maxies Gefühlen zu haben. Außerdem hatte er die Bürgschaft für einen allgemeinen Kraftstoffonds übernommen, wogegen selbst Maxie nichts sagen konnte, da das allen zugute kam und entscheidend zur Ermöglichung des Derbys beitrug.

Und da stand Maxie, fest und sicher in Schwarz und Silber, passend zu ihrer Curtiss Robin. Wie immer hatte sie ein Buch bei sich – sie verschlang moderne Romane – und trug bereits Helm und Handschuhe, während sie noch mit Alexis Laraway sprach, einer alten Freundin, die sie für das Derby von ihrer Postroute in Alaska weggelockt hatte.

Zwei Uhr. Das Funksignal von ihrem letzten Zielort in Cleveland erscholl und löste auf dem ganzen Flugfeld lautes Rufen und Beifall aus. Photographen hetzten hin und her, um letzte Aufnahmen zu machen. Gladys Jenney verkündete durch ein Megaphon: »Meine Damen, starten Sie Ihre Motoren!« Ein Wettkampffunktionär schwenkte die weiße Startfahne. Das Derby ging los.

Halb taub vom Aufröhren der Kolben merkte Hazel, wie sie schwitzte, mehr aus Anspannung als vor Wärme. Sie setzte ihren Helm auf und sah zu, wie Louise Gibeau, die kanadische Stuntfliegerin, in ihrer bronzefarbenen DeHaviland Gypsy Moth den Anfang machte, gefolgt von der Australierin Madelyn Burnett-Eades in ihrer grau-weißen Eaglerock Bullet. Beide flogen leichte Maschinen. Sie rollten vorwärts. Marsha Banfield, die an dritter Position wartete, warf den Motor ihrer rotgrünen Spartan an. Hazels Kiefermuskeln verkrampften sich. Obwohl Marsha und Stevie in verschiedenen Gewichtsklassen flogen – Marsha in der Schwergewichtsklasse –, würden sie miteinander Schritt halten. In *ihrer* Beziehung hatte Konkurrenz nicht die Oberhand.

Hazels Blick fiel auf Nancy Saunders und verdüsterte sich. Das Flugzeug, das Nancy für ihre unabhängige, selbstfinanzierte Teilnahme geordert hatte, war bisher nicht eingetroffen, trotz aller Bemühungen und Versicherungen des Herstellers. Aber sie hoffte immer noch, in der ersten Etappe des Wettkampfes wieder aufzuholen.

»Anschluß!« Pamela Christy startete als nächste.

Hazel wandte sich um und kletterte auf die untere Backbord-Tragfläche ihres Flugzeuges. Gus, ihre rechte Hand mit dem schütteren Haar und dem wettergegerbten, aber jugendlichen Gesicht, lehnte gegen den Rumpf der Maschine, bereit, sie zu lotsen.

In der Nähe standen die Beech-Mechaniker in frisch gestärkten Overalls, sahen dem Start der Pilotinnen zu, spuckten Tabak und gaben Kommentare ab.

»Himmel, habt ihr gesehen? Ziemlich wackeliger Start.«

»Nee, sie ist okay, der Wind hat sie 'n bißchen erwischt.«

»Es fängt ein bißchen an zu wehen, Hazel – achte darauf ... Nordwest«, rief Gus. Sie nickte. Ihr Leben hing von ihm ab, sie vertraute ihm bedingungslos. Wie ihre Brüder hatte er sie immer akzeptiert, wie sie war, als Ebenbürtige angesehen. Heimlich hatte er in Goldbuchstaben den Schlachtruf der Crew auf ihre Tragfläche gemalt, so daß sie es sehen konnte, wenn sie im Cockpit saß: *Presch vor, Preston!*

Vor ihr waren Sarah Morris-Newton (die entschlossen war, den Titel zu holen), Jo Russel, Stevie Lamb, Hannah Meyer und Alexis Laraway am Start.

Das Flattern in ihrem Bauch galt mehr Stevie als ihr selbst. Würde Stevies Flugzeug den Motorwechsel verkraften? Und wie stand es mit Alexis als Konkurrentin? Hazel wußte nicht, was von Alexis zu erwarten war. Sie flog ebenfalls eine Beech Travel Air, allerdings mit geschlossenem Cockpit. Beide hatten einen Wright J-5-Motor, aber Alexis hatte den Vorteil, daß ihre Maschine weniger vom Zahn der Zeit benagt war. Ihr Bruder Alan hatte das Flugzeug sehr sorgfältig eingestellt. Das war es, worauf es letztlich ankommen würde – das beste Team, die höchste Präzision.

Für Hazel war es Zeit, an Bord zu klettern, ihre Ohrstöpsel anzubringen, ihre Schutzbrille aufzusetzen und ein letztes Mal die Cockpit-Checkliste durchzugehen. Sie legte die Gurte ihres Fallschirmpakets an und sicherte die Schnallen, bevor sie ihren Sitzgurt einstellte. Ein Blick auf die Meßgeräte, die in einem Bogen auf dem Armaturenbrett angeordnet waren, in der Mitte der Kompaß. Sobald sie sich, die Füße auf dem

Steuerpedal, in der Enge eingerichtet hatte, nickte sie: »Alles klar.«

Die Bodencrew schob die Bremsblöcke weg und signalisierte Startanweisungen. Hazel betätigte den Stromschalter, drückte den Selbststarter, gab Gas. Der höhenverstellbare Hele-Shaw-Propeller kam stotternd in Bewegung, rotierte schneller, bis er wie ein Schleier aussah.

Gus gab das Zeichen zum Anrollen. Da die Schutzbrille ihr Sichtfeld einschränkte, konnte sie ihn nur aus dem Augenwinkel sehen. Nach vorne verbaute das große Motorgehäuse jede Sicht, so mußte sie sich auf sein Zeichen verlassen, daß Alexis aus der Bahn war.

Binnen Minuten war auch sie in der Luft. Sie konzentrierte sich, die Hände an Gashebel und Steuerknüppel, vergaß das Kreischen ihres Motors, obwohl seine Vibrationen ihr die Knochen durchschüttelten. Jetzt würden noch Maxie Schulz, Eleanor Wilson – beide mit schweren Maschinen – und Lila Wilzcinski folgen.

Das hintere Höhenruder auf halber und die Landeklappen in neutraler Position, zog sie den Motor auf Hochtouren und warf einen Blick auf ihre Notizen und ihre Karte, die an das Armaturenbrett geheftet waren. Wie alle anderen Teilnehmerinnen mußte auch sie eine Höhe von mindestens zehntausend Fuß einhalten, sofern es das Wetter zuließ. Wer Schwierigkeiten hatte, war angehalten, tiefer zu fliegen und den nächstgelegenen Flugplatz anzusteuern. Die Flugzeuge der Begleitcrews würden dann den gehandikapten Teilnehmerinnen folgen und bei den Reparaturen helfen.

Sobald sie ihre Maximalhöhe von dreizehntausend Fuß erreichte, mußte sie nur noch die Zeit und Jo im Auge behalten. An ihrer Linken spürte sie den straffen Sitz von Jos Handschuh.

Sie erwartete, Stevies Maschine unter sich auftauchen zu sehen, aber es war Hannah Meyers grün-silberne Travel Air. Ja, sie konnte die Zahlen auf den oberen Tragflächen erkennen:

NC-0401-8. Beunruhigend. Sie hoffte, daß es nur ein paar unbedeutende Motorregulierungen waren, die Hannah in diese Position brachten. Konnte das nicht bis San Bernardino warten?

Während sie ihren Kurs ostwärts einhielt, mußte sie daran denken, wie Hannah geschuftet hatte, um das Geld für die Wettkampfteilnahme aufzutreiben. Obwohl sie eine Maschine flog, die Hazels eigener durchaus Konkurrenz machen konnte, stand ihr eigentlicher ganzer Stolz in einem Flugzeugschuppen an der Ostküste herum. Hannah besaß eine der neuen Beech Whirlwinds, vom Bundesluftfahrtkomitee immer noch als experimenteller X-Typ nicht in der regulären C-Klasse anerkannt, und hatte Hazel eingeladen, die Maschine im kommenden September zu testen – nachdem Hazel bei Beech das Testrecht beantragt hatte und immer wieder vertröstet worden war. Es lief immer darauf hinaus, daß die Männer die Chance bekamen, eine erstklassige Errungenschaft zu testen, während die Frauen das Nachsehen hatten. Und das, obwohl Hazel Beechs Spitzentestfliegerin war!

»Mach dir nichts draus«, hatte Hannah gesagt. »Sie können dich nicht hindern, meine zu testen. Wir werden einfach ein eigenes unabhängiges Testprogramm aufbauen, so wie wir unser eigenes unabhängiges Derby auf die Beine gestellt haben.«

»Aber du solltest den Testflug selbst machen!« hatte Hazel protestiert.

»Nein«, hatte Hannah entgegnet, »du hast mehr Flugstunden und Erfahrung und einen Namen. Wenn du sie aus der Taufe hebst, wird sie bestimmt neu eingestuft und kriegt die Zulassung als Wettkampfmaschine. Ich habe noch nicht genug Erfahrung, aber nächstes Jahr bin ich soweit! Wir müssen mit der technischen Entwicklung Schritt halten.«

In der Tat. Zum einen besaß die Whirlwind ein automatisches Ruder anstelle des fußgesteuerten, das Hazel gewöhnt war, und sie war dieser Neuerung gegenüber mißtrauisch, solange sie sich von der Verläßlichkeit nicht selbst überzeugt hatte. Darüber hinaus konnte es dieser Vogel auf über 170 Meilen pro Stunde bringen. Kaum vorstellbar: Mit bloßen 156 hielt Hazel bisher den Geschwindigkeitsrekord bei den Frauen, und sie war ziemlich sicher, daß bei den bevorstehenden Etappen nur wenige die Nadel über den 140er-Strich bringen würden.

Hannah war nicht mehr zu sehen. Hazel erhöhte ihre Konzentration und bahnte sich mit 135 Meilen pro Stunde ihren Weg durch den Himmel. Zwischendurch prüfte sie hastig ihre Navigationskarte, drosselte leicht ihre Geschwindigkeit, um die Windstöße auszugleichen, und fragte sich, ob Sarah Morris-Newton, deren Waco Taperwing ebenfalls einen J-5-Motor hatte, ein ähnliches Tempo halten konnte. Verglichen mit Hazel besaß sie wenig Erfahrung, aber sie war geschickt. Ihr Ehemann Sam hatte sie hervorragend trainiert, und sie hatte Talent. Ihre Testzeiten kamen sehr nah an Hazels heran. In Wahrheit war sie eine größere Bedrohung als Jo, wenn Zahlen etwas bedeuteten.

Aber mit Sarah hatte sie nicht den Handschuh getauscht, aus dieser Richtung waren keine Konkurrenzsignale gekommen – bisher. Die Zeit würde es zeigen.

Als sie abermals ihren Kompaß überprüfte, den Höhen- und den Druckmesser kontrollierte, wurde Hazel zuversichtlicher. Sie waren in der Luft, und es sah ganz so aus, als könnten sie eine prächtige Vorstellung geben. Vielleicht würde Stevie durchhalten. Unter ihr wogte und flimmerte die Hitze des Bodens in Wellen über das Ödland. Es schien, als glitte sie mit ihr, getrieben vom Rückenwind. Aber die Luftströme waren hinterlistig und versuchten sie nach Norden abzudrängen.

Hazel drosselte die Geschwindigkeit für den Gleitanflug, fuhr die Landeklappen aus, brachte die Höhenruder in neutrale Position und setzte zu einer abschließenden Glanznummer an. Sie stellte die Höhenruder nach oben und ließ sich in den dicken

Staub und die Hitze der behelfsmäßigen Landebahn von San Bernardino gleiten, die kaum lang genug war, um ohne eine Schleife ausrollen zu können. Dafür aber bedurfte es eines 90°-Schwenks, eine enorme Belastung für das Fahrgestell. Sie atmete erleichtert aus, als sie zum Stehen kam. Wenn eine die Länge der Landebahn falsch einschätzte und zu spät in der Staubwolke aufsetzte, würde sie ziemliche Probleme mit dem Fahrgestell bekommen.

Hazel machte den Lotsen mit der grünen ›Alles klar‹-Flagge ausfindig, rollte auf ihn zu und wartete dann, daß die Bodencrew half, sie an den Rand des Flugfeldes zu manövrieren. Dieser erste Abstecher war ein Klacks gewesen. Ein Testlauf. Eine nachmittägliche Vergnügungstour. Eine günstige Gelegenheit, um das Lampenfieber loszuwerden.

Stevie traf als nächste ein, dann Jo. Offenbar kamen alle in der richtigen Reihenfolge an, außer Hannah. Immer noch im Cockpit putzte Hazel ihre Schutzbrille und reckte sich, um den Nachhall der Motorvibrationen aus ihrem Körper zu verbannen. Sie sah zu, wie Maxie zur Landung ansetzte, und machte sich dann auf zu Besprechungen, Erfrischungen und natürlich der Suche nach Jo.

Hazel traf jedoch zuerst auf Alexis. Ihr feuerrotes Haar reflektierte die Sonnenstrahlen wie ein blankpolierter Kupferhelm. Warum war Alexis kein Publikumsliebling? Sie war eindrucksvoller als Pamela, hatte etwas von einer Kriegsgöttin aus grauer Vorzeit, die mit lebendigen, gefiederten Schwingen die Herrschaft über die Lüfte ausübte ... Alexis hockte auf dem Rumpf ihrer weißen Travel Arctic und sprach gutgelaunt mit ihrem Bruder Al, der unten stand. Al und Al, so wurden sie gern genannt, verband eine Nähe, wie sie nur durch zahllose Flugstunden und durch völliges Sich-aufeinander-Verlassen entsteht. Al war sichtlich begeistert von seiner jüngeren Schwester. Aber er ließ nicht locker, quetschte sie über den Flug aus und führte Checks durch, während Staubwolken um die Flugzeuge wirbelten.

Hazel blieb auf ein Schwätzchen stehen. »Na, wie sieht's aus?«

Alexis lachte unbekümmert. »Al macht sich Sorgen, wie immer. Ich hab' da so ein Vibrieren – scheint vom Verteiler zu kommen, aber vielleicht ist es nur eine Verstärkung des Motorengeräuschs. Es gibt keine Aussetzer.« Sie klopfte auf den Flugzeugrumpf. »Sie ist eine Schneegans, nicht an solche Hitze gewöhnt. Eigentlich ist sie für die Tundra konditioniert. Daran liegt es, denke ich. Oder eine lose Klemme. Was ist mit dem Rückhalteventil, Al? Ich überlaß' ihm die Checks. Hier, würdest du mir damit mal helfen?« Sie hob etwas aus dem Cockpit und reichte behutsam einen Kasten hinunter. »Vorsichtig, das ist Veras große Kamera!«

Hazel ließ ihren Helm fallen, um den Kasten entgegenzunehmen. »Ganz schön schwer.«

»Das Ding paßt genau hinter meinen Sitz. Al meint, ich kann das zusätzliche Gewicht gebrauchen.« Sie zwinkerte und wandte sich zum Gehen, ohne auf Hazel zu warten, denn sie sah, daß Al Hazels Meinung hören wollte. »Ich bring' dir Wasser mit, Al.« Sie zog los, Veras unförmige Kamera auf dem Arm.

»Wasser, ja bitte«, antwortete Al abwesend und wischte sich mit dem Handrücken über die sommersprossige Stirn. »Ich gehe noch mal alle Ventile durch, Alli. Obwohl das nicht viel Sinn ergibt.« Er legte den Kopf leicht nach links. »Ach, ich weiß nicht – nichts ergibt Sinn, bis man es findet. Hast du 'ne Minute Zeit, Hazel?«

»Ich hab' noch nie erlebt, daß Travel Air-Maschinen Auspuffprobleme hatten, eher Probleme am Vergaserende. Der Kohlenstoffausstoß ist oft –«

»Was anderes«, sagte Al rasch und gedämpft und schob sich in den Schatten der Doppeltragflächen. Er schwieg einen Augenblick und tastete in seiner Hemdtasche, bis er einen Zahnstocher fand, den er sich zwischen die Zähne steckte. Hazel kannte das gut: Ihr Bruder hatte diese Gewohnheit auch gehabt, weil er in der Nähe der Motoren nicht rauchen konnte.

»Ich wollte etwas mit dir besprechen, ohne daß Alli es mitkriegt. Sie ist ein bißchen angespannt. Es geht um die Crew. Da du zu den Organisatorinnen gehörst...« Es gab eine lange Pause, während der er seinen Zahnstocher malträtierte und sich den Hinterkopf rieb. »Sweeney war hier, als ich ankam, weißt du?«

»Sweeney? Also, er ist ein freier Mann, aber er gehört nicht mehr zu uns. Ich würde nicht annehmen, daß er bei jeder Zwischenstation rumhängt.« Hazel hielt inne und runzelte die Stirn. »Was denkst du?«

Al packte seinen Werkzeugkasten aus, legte alle Werkzeuge vorsichtig auf die Tragfläche. Seine Lippen wurden schmal. »Ich schätze, Sweeney kam zu mir, weil ich ein unabhängiger Sponsor, aber immer noch an Beech gebunden bin, wegen Allis Maschine. Er wollte, daß ich ein gutes Wort für ihn einlege. Zuerst klang er echt reumütig. Ja, er sei grob gewesen, aber er wäre es eben nicht gewohnt, mit ›Damen‹ zu arbeiten. Sagte, er hätte einige Verpflichtungen und müßte nach Osten.«

»Es gibt viele Möglichkeiten, nach Osten zu gelangen«, sagte Hazel ungeduldig.

»Genau das habe ich ihm auch gesagt, aber er ließ nicht locker. Er sagte, ich sei der einzige, der ihm helfen könne. Alle anderen wären ja Betriebsspitzel, so auf *der* Schiene. Was man von Sam gewiß nicht behaupten kann. Aber zu Sam geht er natürlich nicht – der alte Ex-Soldat.«

»Er hätte eben mit Maxie nicht so umspringen dürfen, wenn sein Flug nach Osten ihm so viel bedeutet.«

»Jedenfalls änderte sich dann sein Ton. Er drängelte richtig. Ich sagte ihm, hör zu, ich bin kein Organisator – ich kann nichts machen. Er fing an zu schimpfen, spuckte Tabak und so. Aus der Höflichkeit wurde Wut, und dann versuchte er, mir zu drohen! Ich fragte ihn, was zum Teufel in ihn gefahren sei. Sagte, er soll mit dir sprechen. Beim Gehen knurrte er irgendwas, daß Beech eine reinkriegt, wenn er nicht wieder eingestellt wird.«

Plötzlich besorgt, runzelte Hazel die Stirn. »Er wird nicht mit mir sprechen, Al. Ich weiß, daß er kiebig ist, aber ich werde nicht seine Probleme für ihn lösen.«

»Noch was. Du hast nicht zufällig irgendwas von Wetten mitgekriegt?«

»Wetten? Das ist bei diesem Derby verboten.«

»Gestern hat einer von der Bodencrew mich verwechselt.« Al grinste ein wenig. »Ich war nicht rasiert und sah ziemlich schmuddelig aus. Na, jedenfalls machte er sich an mich ran und fragte vergnügt, ob ich wüßte, wo ›Fido‹ sei, er wolle seinen Tip abgeben. Ich sagte, ich hätte keine Ahnung, spielte aber mit und meinte, ich wolle auch wetten, sei aber noch nicht in die Regeln eingeweiht.«

Hazel zuckte die Achseln. »Ich rechne natürlich damit, daß die Bodencrews auf den Flugplätzen die eine oder andere sportliche Wette abschließen.«

»Das hier ist ernster, glaube ich. Irgend jemand hat das organisiert. ›Fido‹ ist nur ein Mittelsmann.«

»Was willst du also sagen – daß Sweeney dahintersteckt?«

Al nickte, während er einen Schraubenschlüssel mit einem Lappen reinigte. »Tja, das frage ich mich. Ich halt' die Augen offen, was so passiert. Gus würde es dir sagen, wenn sich was zusammenbraut.«

»Würde er, wenn er's wüßte, aber du kennst ihn. Er ist sehr anständig, und das bedeutet auch, daß er mit der Bodencrew nicht mehr Kontakt hat als unbedingt nötig. Genau wie du. Vielleicht solltest du dich seltener rasieren!«

»Da ist was dran... Hazel, du erinnerst dich doch an den Robertson-Fall, oder?« Al zog seine rötlichen Brauen zusammen und zerrte an dem Zahnstocher.

Hazel vergaß ihren Durst. »Ja, klar, der Kerl, der rummanipuliert hat, um das Querfeldeinrennen von 1927 zu gewinnen.« Dann fügte sie mit einem bedauernden Schulterzucken hinzu: »Aber er war hinter einer Siegesprämie her, die fünfmal so hoch war wie unsere.«

»Stimmt.« Al nahm den Zahnstocher aus dem Mund und richtete ihn auf Hazel. »Aber nachdem der Fall abgeschlossen war, hast du da nicht auch gelesen, daß es Hinweise gab, er hätte durch seine eigene Crew an jedem Zwischenstop Wetten auf sich selbst plaziert, Einsätze, die höher waren als die Siegesprämie?«

»Ja, richtig...« Hazel kaute nachdenklich an ihrer Unterlippe. »Eleanor hat auch einen Artikel darüber geschrieben. Die ganze Sache ist nicht schlüssig.«

Beide wandten den Kopf und beobachteten den Anflug einer Maschine. Hazel schirmte ihre Augen mit der Hand ab. »Das sollte eigentlich Eleanor sein. Sieht aber aus wie Lila.«

Al grunzte zustimmend. »Jaah. Du weißt, wie man das nennt, oder – das, was er getan hat? Man nennt es ›Manöver Hundekampf‹.«

»Manöver Hundekampf? Ja, ich habe davon gehört. Mein Bruder Dewey erzählte, daß es bei Autorennen sowas auch gab, obwohl es anders genannt wurde.« Hazel warf Al einen besorgten Seitenblick zu. »Du denkst doch nicht im Ernst, daß sowas hier im Gange ist?«

»Ich weiß es wirklich nicht. Aber ich mache mir Sorgen. Sweeney war so eigenartig. Die ganze Sache ist mir nicht geheuer. Warum will er unbedingt mit uns fliegen?«

»Aber Al«, sagte Hazel ungläubig, »bei uns gibt es solche Crews nicht. Die Pilotinnen müßten auch beteiligt sein, geschmiert von den hohen Tieren und so, um den Ausgang des Derbys voraussagbar zu machen.«

»Ich weiß, ich weiß. Ich will ja auch nicht Gespestern nachjagen, aber...« Er zerbrach den Zahnstocher zwischen zwei Fingern. »Ich werde einfach noch ein bißchen herumschnüffeln.«

Hazel klopfte ihm auf die Schulter. »Alan, du bist so fürsorglich! Aber klar, geh und plaziere eine harmlose Wette, wenn du kannst. Sag mir, auf wen die Crews setzen!«

Er gab ihr einen zärtlichen Stupser mit der Faust und blickte über seine Schulter. »Da kommt Alli. Ich laß' es dich wissen, wenn ich was rausfinde.«

Hazel nickte, und als Alexis näherkam, sagte sie grinsend: »Hier kommt deine Wasserträgerin.«

»Na, habt ihr beiden das Problem schon gelöst?« Alli schaute sie hoffnungsvoll an.

Alan schüttelte den Kopf und trank gierig. »Mach dir deswegen keine Sorgen. Geh und misch dich unter die Neugierigen.« Er gab Hazel den Wasserkrug. Dann entfernten sich die beiden Frauen und überließen ihn seiner Tüftelei.

»Hatte eine Schwierigkeiten bei der Landung?« fragte Hazel auf dem Weg zum Erfrischungszelt, das die National Air Exchange aufgestellt hatte.

»Marsha mußte eine harte Schleife drehen, und eine der Fahrgestellstreben muß ersetzt werden.«

Also waren die Landungen relativ glatt verlaufen, ein gutes Zeichen, und der späte Nachmittag gehörte ihnen. Es wurde Zeit, Informationen auszutauschen, sich auf die nächste Etappe vorzubereiten. Hazel wollte in Erfahrung bringen, welche Neuigkeiten über Hannah durchgekommen waren und was mit Eleanor los war. Wie mochte Stevies Motor gelaufen sein?

»Damit du Bescheid weißt«, flüsterte Alli, als sie sich der Menschenmenge näherten, »einige von den Reportern sind echte Haie. Ich muß sie für uns gewinnen. Sie wollen einfach nicht glauben, daß wir von irgendwas 'ne Ahnung haben, vor allem, was die Technik angeht.«

Tatsächlich standen die Lokalzeitungen und Rundfunkmoderatoren mit Fragen und Photoapparaten bereit. Hazel blieb so gelassen, wie es einer möglich ist, die Menschenmassen nicht ausstehen kann, nahm ein Glas Punsch entgegen und stellte sich den vorhersagbaren Fragen. »Was hat Sie dazu gebracht, Pilotin zu werden, Miss Preston?«

Was sollte sie diesmal antworten? Ich bin einer langweiligen Ehe entflohen? Ich wurde von meiner großen Liebe sitzengelassen – und wie sonst sollte ein gebrochenes Herz heilen?

Nein, das hörte sich an wie aus einem von Pamelas Filmen. Sollte sie über ihre Kindheit sprechen, darüber, wie sie mit dem Traktor über scheinbar endlose Felder fuhr und sich vorstellte, wenn sie nur genügend Gas gäbe, könnte sie plötzlich den Boden weit unter sich lassen? Nein, das war zu persönlich. Die schlichte Wahrheit? »Ich wollte immer Autorennen fahren wie mein Bruder, aber ich fand einen Job in einer Firma, die Spezialtreibstoffe verkaufte, auch für Flugzeuge, und so hat eins zum anderen geführt …«

Wie gänzlich enttäuscht sie immer dreinschauten. Die Aura des Mystischen – nicht, daß sie selbst glaubte, sie besäße so etwas – verblaßt.

Inzwischen beobachtete sie weiterhin prüfend den Himmel und wartete, daß die restlichen Flugzeuge eintrudelten. Wenn Vera landete, wollte sie sie bitten, ein paar Photos auf dem Flugplatz zu machen. Vielleicht war sie auch bereit, mit der Bodencrew zu sprechen, um die Reaktionen auf das Derby in Erfahrung zu bringen. Ob Nancy Saunders endlich ihre Eagle bekommen hatte?

Als sich Hazel durch die Menge schob, um Jo zu suchen, stieß sie auf Veras Kamera, die auf einem Tisch lag. Irgend jemand anderes hatte ihr Stativ mitgebracht. Ohne weiter nachzudenken, öffnete Hazel die Messingschnappverschlüsse und hob den Deckel. Unter grünsamtenem Futterstoff funkelte ihr eine große Linse entgegen. Veras drittes Auge. Sie ließ den Deckel behutsam wieder an seinen Platz sinken. Das war zu persönlich, irgendwie intim. Oder lag es daran, daß die Kamera sie wie ein Lebewesen angestarrt hatte, von oben bis unten, alles durchschauend?

»He, Sie da! Das ist Privatbesitz von Miss Davis.« Ein Mann gestikulierte in ihre Richtung und fuchtelte mit seiner Zigarette durch die Luft. Er trug eine Funktionärsbinde am Arm. Alli mußte ihn als Aufpasser eingesetzt haben.

Hazel schaute auf wie eine, die sich in ihrer Rolle sicher fühlt. »Ja, ich bin mir dessen durchaus bewußt. Ich wollte nur nachsehen, ob die Kamera heil angekommen ist. Ich bin Hazel Preston, eine der Organisatorinnen.«

Er grunzte halb entschuldigend.

In diesem Moment erblickte sie Jo, die von einem Reporter bedrängt wurde. Sie bahnte sich einen Weg, um das Gespräch mitzubekommen. Er redete eintönig auf Jo ein und mußte in seinem schäbigen Anzug vor Hitze fast umkommen. »Sie wollen doch nicht ernsthaft behaupten, daß all diese Frauen hier aus Flugzeugen gesprungen sind?«

Jo fuhr sich mit der Hand durch die Haare, als wollte sie so die Fassung bewahren. »Aber sicher! Wir alle haben von zunehmend höheren Punkten aus Springen geübt, bis wir aus einer Höhe von zwölf Fuß sauber landen konnten. Schließlich mußte jede erfolgreich einen Fallschirmabsprung absolvieren.«

Er hielt den Stift an die Lippen. »Faszinierend ... aber selbst angesichts dieser Vorbereitung läßt sich dies hier natürlich nicht mit anderen Derbys vergleichen. Offensichtlich müssen die Sponsoren euch Mädels schonen mit diesen Kurzflügen von Ort zu Ort. Es stimmt doch, daß ihr nicht mehr als das schaffen könnt?«

Ah, sie bleibt eiskalt, dachte Hazel, als Jo langsam und kühl erwiderte: »Darum geht es nicht. Ein Derby kann man durchaus unterschiedlich aufziehen. Wir versuchen hier nicht, Durchhalterekorde aufzustellen. Der Maßstab hier sind vielmehr die Zeiten, in denen wir die Etappen schaffen, und darin treten wir gegeneinander an. Männerderbys sind gewöhnlich genauso aufgebaut. Der große Unterschied besteht darin, daß wir von der Westküste bis in den Osten fliegen. Die meisten Derbys beginnen in New York und bleiben im Ostteil des Kontinents. Tatsache ist, daß wir im Verlauf des Derbys Navigationskarten entwerfen. Und nicht nur das, wir werden mit Wetterverhältnissen konfrontiert, die ziemlich launisch werden können, wenn nicht gefährlich. Es ist etwas völlig anderes, in staubiger Hitze auf gleicher Ebene mit dem Meeresspiegel zu starten als an einem kühlen, nebeligen Morgen in viertausend Fuß Höhe. Wissen Sie, ihr *Jungs*« (sie sagte es mit Nachdruck als Reaktion auf seine ›Mädels‹) »mit euren geistlosen Fragen geht mir auf die Nerven. Macht eure Hausaufgaben und stellt intelligente Fragen!«

Hazel hob leicht die Augenbrauen. Wenigstens hatte Jo es geschafft, nicht zu fluchen. Vielleicht wartete er ja nur darauf.

»Na hören Sie mal, Schätzchen« knurrte er, während er sich Notizen machte, »immer sachte. Seid ihr Mädels alle so hitzköpfig?«

Hazel sah, wie sich ein Sturm hinter Jos Stirn zusammenbraute, als sie sagte: »Und nennen Sie mich nicht ›Schätzchen‹. Wir stehen auch ohne solchen Mist schon genug unter Streß. Ob Sie bereit sind, uns ernst zu nehmen oder nicht, ist unerheblich. Ist Ihnen überhaupt klar, womit wir zu kämpfen haben? Technisches Versagen, die Strapazierfähigkeit eines jeden Flugzeugtyps, Wetter, Nerven. Und bilden Sie sich nicht ein, es ginge hier nicht absolut wettkampfmäßig zu, so wie überall sonst auch.« Jo blickte ihn finster an. »Sie gehören zu den Leuten, die glauben, daß Frauen nur fliegen, um zu beweisen, wie sicher es ist. Dabei ist es alles andere als sicher, lassen Sie sich das gesagt sein. Versuchen Sie es mal.«

Hoppla, warum schlägt sie jetzt diesen Kurs ein? Hazel fand es an der Zeit, dazwischenzugehen. Mach nicht die monatelange Öffentlichkeitsarbeit kaputt, Jo. Das ist genau das, was er braucht: eine Pilotin, die erklärt, wie gefährlich die ganze Sache ist. Und noch dazu die ›Königin der Sicherheit‹.

»Was meine freundliche Wettkampfgegnerin meint«, sagte Hazel und trat mit verschränkten Armen, den Kopf lässig zur Seite geneigt, hinzu, »ist, daß wir beweisen wollen, wie zuverlässig die Luftfahrt zu werden im Begriff ist. Und wir wollen den Weg ebnen, damit Frauen in der kommerziellen Luftfahrt als Pilotinnen eingestellt werden.« Sie hatte sich ihm von der anderen Seite her genähert, so daß er nun derjenige war, der in die Enge getrieben wurde. Jo warf ihr einen halb dankbaren, halb zornigen Blick zu.

Der Reporter richtete seine Aufmerksamkeit nun auf Hazel und blätterte in den Seiten seines Notizblocks. »Und Sie sind?« Ihm schien zu dämmern, daß er nicht länger die Oberhand hatte, sondern in die Mangel genommen wurde. Er fühlte sich sichtlich unwohl.

»Hazel Preston. Wir alle wollen uns bewähren. In zehn Jahren werden wir nicht mehr solche Fragen beantworten müssen. Frauen werden als Pilotinnen oder Navigatorinnen Teil des Fliegereialltags sein, keine Neuheit mehr.«

»Dann erlauben Sie mir noch eine letzte Frage, Miss Preston«, fuhr er fort, während Jo sich langsam davonstahl. War da ein leichtes Zwinkern in ihren Augen gewesen, als sie Hazel dem Reporter überließ? »Stimmen Sie dem zu, was Miss Russell gesagt hat? Wie empfinden Sie Stimmung und Konkurrenz?«

Sie überspielte die Frage mit einem Lachen. »Ich möchte das Ganze als gemeinsame Anstrengung bezeichnen. Die Siegesprämie ist nichts verglichen mit dem bei Männerwettkämfen üblichen, aber wir sind entschlossen, und wir streben nach höheren ›Einsätzen‹.«

Nachdem die letzten Flugzeuge mit den Begleitcrews eingetroffen waren, hatte sich der Staub gelegt. Die Sonne stand tief, aber die Hitze blieb. Die meisten Pilotinnen hatten ihre Besprechungen und technischen Checks beendet und sich in ihren Hotelzimmern eingerichtet. Hazel blieb auf dem Flugfeld, um Vera zu suchen und von ihr etwas über Hannah und Eleanor zu erfahren.

Sie war nicht überrascht, Vera in Maxies ›Büro‹ zu finden – bestehend aus einer Segeltuchplane, die unter einer der Tragflächen von Miss Mary Mack ausgebreitet war.

Maxie lag mit einem aufgeschlagenen Buch da, las aber nicht. »Hühner über offenem Feuer gegrillt, soweit ich weiß«, sagte sie laut zu einer erschöpft aussehenden Vera. »Sowas koche ich auch gern unten auf meiner Ranch, aber wenn ich Aufwand treibe, dann eher mit einem Beefsteak.«

Das klang kaum nach Flirt, aber bei Maxie wußte man nie.

»Wie war Ihr Flug?« fragte Hazel und spähte sehnsüchtig nach ihrem schattigen Plätzchen.

Vera winkte sie herbei. »Ich habe mich gefühlt wie ein Teigklumpen in einer Rührschüssel, aber das war nicht anders zu erwarten.«

»Was war mit Hannah und Eleanor los?«

»Hannah hatte Schwierigkeiten mit der Kraftstoffleitung oder mit dem Gemisch. Sie konnte aber starten, kurz nachdem Nancys Eagle Wing endlich geliefert wurde. Ich habe an allen Maschinen bei den Checks geholfen. Bei Eleanor mußten wir die Zündkerzen wechseln. Jetzt sind wir alle hier. Ich glaube, ich bin für die Checks bei der Curtiss Robin eingeteilt, da wollte ich mal mit Maxie sprechen.«

Hazel setzte sich. Sie wollte gar keine Erklärung.

»Dadurch sind Sie in der Vorhut, denn ich bin bei der Auslosung für morgen in die erste Hälfte gekommen«, sagte Maxie. »Und von Colexico nach Phoenix werden Sie navigieren.« Sie bot Vera ein paar Karten zur Vorbereitung an.

»Wieviel Zeit bleibt da noch fürs Photographieren?« fragte Hazel.

»Mit der großen Kamera? Nicht viel. Ich muß sie bei Alexis und Marsha verstauen, bevor sie hochgehen. Ich werde mich auf meine treue kleine Handkamera verlassen müssen.« Vera tätschelte die Kamera, die in einer Ledertasche von ihrer Schulter hing.

»Dann habe ich eine Bitte ... aber zuerst Max, glaubst du, daß Wetten im Gang sind?«

Maxie ließ ihr tiefes Lachen erschallen. »Genausogut kannst du fragen, ob es Schwarzfusel gibt.«

»Nein, ich meine harte Wetten. Mit Buchmachern und so. Auf oder gegen uns.«

Maxie sank mit skeptischem Blick zurück auf die Plane und

schlug dabei beinahe mit dem Kopf an den Flugzeugrumpf. »Auf uns? Dazu nimmt uns doch niemand ernst genug! Das Puderquastenderby. Können Mädels überhaupt fliegen? Wer glaubt denn schon, daß wir je so weit kommen, daß es sich lohnt, Geld auf uns zu setzen?«

»Keine Ahnung. Vielleicht nimmt es doch irgendwer ernst genug.« Hazel sah Vera an, die sehr konzentriert etwas an ihrer Kamera einstellte. »Ich habe gedacht, vielleicht könnten Sie auch von der Bodencrew und dem Flugfeld Photos machen und ein bißchen mit der Crew reden, um die Stimmung auszuloten. Sie wären die ideale Besetzung dafür. Ich selber würde nichts rauskriegen.«

»Ha!« Maxie rollte die Augen. »Darauf kannst du wetten, daß mit dir niemand redet. Du bist außer Reichweite. Ich dagegen kann immer mal rumgehen und schauen, ob mir einer der Kerle 'nen Schluck aus seiner Flasche abgibt.«

»Max, Max, schäm dich!« sagte Hazel kopfschüttelnd.

»Nicht, daß ich jemals trinken würde«, beeilte sich Maxie hinzuzufügen, griente aber. »Ich bin doch ein braves Mädchen. Aber sag mal, Kleine, warum bist du so zappelig?«

»Ich hab' nichts gegen Wetten, wenn Leute unbedingt mit ihrem Geld rumspielen wollen. Ich will nur nicht, daß mit unseren Flugzeugen rumgespielt wird oder daß die Crews manipuliert werden. Das ist es, was mir Sorgen macht. Daß sie nur nicht anfangen, an den Flugzeugen rumzupfuschen.«

»Das meinen Sie nicht ernst!« Vera polierte mit dem Ärmel die Linse ihrer Kamera, ihr Gesicht von der Hitze gerötet. »Das würde doch sicher niemand tun!«

»Kommt drauf an. Wenn ich mein ganzes Geld auf eine setze, die dann zurückfällt, würde ich dann nicht erwägen, nachzuhelfen? Pferderennen sind dafür berüchtigt.«

Vera lachte, aber ihre Frage klang ernst: »Und das macht Sie mißtrauisch? Sie denken, daß ein paar harmlose Wetten unter den Crewmitgliedern –«

»Es ist ein Kinderspiel, das Kraftstoffgemisch zu panschen.

Jemand könnte Öl ins Benzin kippen, nur gerade so viel, daß das richtige Verhältnis durcheinandergerät. Es würde auch schon reichen, eine Verzögerung zu verursachen, schon liegst du zurück – ein platter Reifen, eine angeknackste Verstrebung. Nichts leichter als das bei arglosen Leuten.«

»Ja, gutgläubige Damen, die wir sind. Leichte Beute«, fügte Maxie hinzu.

Vera lachte unbekümmert und zuckte die Schultern. »Und kleine Fische!«

»Klar, kann sein«, seufzte Hazel und kam sich ein bißchen albern vor. »Aber männliche Piloten trauen auch nicht jedem. Warum sollten wir es tun?«

»Also gut, ich bin auf jeden Fall dabei, wenn es Sie erleichtert«, warf Vera lebhaft ein. »Sie möchten, daß ich Photos mache, mich in die Gespräche einschalte und höre, was so geredet wird. Immerhin gehöre ich zur Crew, und die Kerle kriegen sogar Decken und Matratzen und morgens warmes Badewasser. Ich könnte direkt in den Schuppen schlafen...«

Hazel lachte und entspannte sich ein wenig. »Niemand verlangt von Ihnen, in einem Schuppen zu schlafen. Ich bin sicher, es ist noch Platz im Hotel.«

»Sich bei den Jungs einschmeicheln, aber nicht mit ihnen schlafen?« neckte Vera.

Hazel nickte. »Genau. Ich denke, daß Sie von allen am besten in der Lage sind, ein Gefühl für jeden Flugplatz zu bekommen und dafür, wie man uns empfängt.«

Vera sprach plötzlich sehr schnell und schaute wie in Gedanken versunken zur Seite. »Es könnte mir gelingen, das eine oder andere herauszufinden, meine Kamera draufzuhalten. Meiner Erfahrung nach lassen sich die Leute gerne photographieren. Sie wollen immer wissen, ob sie einen Abzug für die Familie zu Hause kaufen können. Ich könnte einen richtig guten Nebenverdienst haben...«

Maxie entfernte den Sand unter ihren Fingernägeln mit der Spitze eines kleinen Schraubenziehers.

An Hazel gewandt fragte sie: »Was hast du gehört?«

»Al meinte, es könnte was im Gange sein. Jemand hat nach einem Buchmacher gefragt.«

»Ach, du machst dir immer viel zu viele Gedanken, Hazel. Du kannst nicht alles unter Kontrolle haben.«

»Das will ich auch gar nicht«, konterte Hazel viel zu zaghaft. »Ich möchte nur nicht, daß sich jemand einmischt. Keinen zusätzlichen Streß ...«

»Ich sehe nicht, welchen Unterschied da Wettgeschäfte machen.« Maxie setzte sich auf, und mit ihrem immer noch vom Helm plattgedrückten Haar wirkte sie beinahe komisch. Hazel bemerkte, wie erhitzt und müde die beiden aussahen, und beschloß, es für heute dabei zu belassen. Immerhin hatte Vera eingewilligt, die Crew auszuhorchen. Sie alle sahen lächerlich aus mit ihren plattgedrückten Haaren. Es war Zeit, sich etwas frisch zu machen.

In dem zimtfarbenen Seidenpyjama, den Jo ihr für diese Reise geschenkt hatte, lag Hazel auf einem schmalen Bett in einem schmalen Hotelzimmer, endlich gebadet, aber rastlos. Sicher hatte Jo sich mittlerweile auch in ihr Zimmer zurückgezogen. Draußen auf dem Flur war es ruhig, alle wollten sich für den morgigen Tag ausruhen. Nein, Jo würde nicht kommen.

Sie hatte keinen Morgenmantel dabei, immer darauf bedacht, sparsam mit Fluggepäck zu sein. Aber die Männer waren einen Stock tiefer untergebracht, was konnte also schon passieren, wenn sie über den Flur lief? Sie schlüpfte barfuß aus ihrem Zimmer, zählte die Türen bis zu Jos, klopfte sacht und wurde mit einem gedämpften Grunzen belohnt.

Als Hazel eintrat, blieb Jo teilnahmslos in einem Sessel neben einer Gaslampe sitzen. In schieferblaue Seide und eine Steppdecke gehüllt, las sie einen Zeitungsartikel von Eleanor. »Ellie sollte dieser Pilotengattin, die mir heute abend so zugesetzt hat, von wegen es sei schlimm genug, daß Männer Derbys fliegen, mal die Gleichheit von Frauen predigen.«

»Die mit der Leidensmiene, die meinte, ich sei maskulin? Ja, es ist immer härter, von einer Frau beleidigt zu werden, enttäuschender ...«

»Nimm's hin, Preston. Wir sind eben Abweichlerinnen.« Jo raschelte verärgert mit der Zeitung.

»Ja, das vergesse ich ständig.« Hazel legte sich aufs Bett. Ein langes Schweigen entstand, bis sie das Kissen aufschüttelte, um ihren Kopf besser abzustützen. »Ich weiß nur, daß ich nicht damit gerechnet habe, daß wir auch nachts in getrennten Cockpits sein würden.«

»Was hast du denn erwartet? Wir befinden uns mitten im Derby. Das hier ist nicht Maxies Gästebungalow – mit nebeneinanderliegenden Schlafzimmern und eigenem Bad.« Jo sah nicht von ihrer Zeitung auf.

»Wir haben 1929, verdammt nochmal. Hier ist wildes Grenzland, alles ist möglich. Was glaubst du, warum Maxie sich hier eine Ranch gekauft hat?«

»Liebling...« Jo benutzte selten solch zärtliche Worte. Hazel machte sich innerlich auf die Zurechtweisung gefaßt, die unweigerlich auf diese lange Pause folgen würde. »Du weißt genau, daß Maxie ihre tausend Acres gekauft hat, um in Ruhe leben zu können. Aber nicht nur das, sie hat auch einen Großvater, der sie abgöttisch liebt. Woher hat er seinen Haufen Kohle, wenn nicht durch die eine oder andere Spekulation? Er ist keinen Deut besser als Taggart – nur reicher, weil er erfolgreich Leute abserviert hat. Eines Tages kann Tagg seine Enkelin verwöhnen, genau wie Großpapa Schulz, und sie in jedem neuen Reiseplan und jeder neuen Laune unterstützen. Und das hat bei Maxie meistens was mit Frauen zu tun ...«

»Aber nicht das Fliegen. Dem Fliegen gehört ihr Herz«, warf Hazel ein.

Jo sah endlich von ihrer Zeitung auf, aber nur ihre Augen lugten über den Rand. »Sie ist darauf gekommen, meine Liebe, weil *ich* damals in Saratoga diese Vergnügungsflüge veranstaltet habe.«

»Ja, ja«, sagte Hazel matt. »Es war nicht nur die Tatsache, daß du eine Frau warst, sie war ohnehin schon fasziniert…«

»… von Frauen«, murmelte Jo. Ihre Augen waren wieder verschwunden.

Hazel streckte sich auf dem Bett aus. »Ach, du hörst auch nie auf.«

»Das hoffe ich. Wie auch immer, keine von uns kann sich solchen Luxus leisten. Es ist ja schön und gut, sich ab und an zu verstecken, aber ansonsten müssen wir uns der Welt stellen. Im übrigen liegt Maxie heute nacht wahrscheinlich sehr bequem allein in ihrem Bett.«

»Nicht freiwillig und auch nur, wenn sie einen Schluck Schwarzgebrannten aufgetrieben hat«, spottete Hazel.

»Hm, ja. Es ist vielleicht noch ein bißchen zu früh, um die Photographin schon erobert zu haben.« Jo ließ die Zeitung in ihren Schoß sinken.

»Was, Vera?« Hazel setzte sich ruckartig auf, sank dann zurück und stöhnte. Warum gefiel ihr dieser Gedanke nicht? Dann sagte sie scharf: »Nein, wir sind der Sache alle so verschrieben wie du, völlig fixiert und kalt. Bist du nicht wenigstens einen Millimeter davon abzubringen? Ich habe mich so auf die Zeit allein mit dir gefreut. Alles andere auf dem Flugfeld zu lassen, weißt du? Ich habe auf ein wenig Intimität gehofft, auf einen Riß in der Fassade.«

»Oh, Haze, was willst du von mir?« Jo raschelte nervös mit der Zeitung. »Ich entspanne mich, okay? Ich lese diesen faszinierenden Artikel über uns.« Sie lehnte sich im Sessel zurück, das eine Bein angezogen, und suchte nach der Stelle, wo sie zu lesen aufgehört hatte. »Ich meine, ist das zu glauben? Dieser ganze Artikel ist ein Sprachrohr für Pamela und ihren Sponsor, diesen affigen Filmproduzenten. Würde ich Eleanor nicht besser kennen, könnte ich glauben, sie sei dafür bezahlt worden. Pamela, Pamela. Ein klein wenig noch über Eleanor selbst und diese ganze Atlantikgeschichte…«

»Aber genau darum kommt Pamela doch darin vor. Eleanor hat selbst ein Auge auf den Atlantik geworfen.«

»Hör dir dieses Interview mit Pamela an: ›Nach meiner Rettung habe ich in die Kameras gelächelt, aber mein Herz sank mit Miss Liberty. Ich würde gerne sagen, sie brach zusammen und sank, nachdem sie mich treu im Wasser getragen hatte, bis Hilfe kam – aber es war nicht annähernd so hübsch. In Wirklichkeit krachte sie auseinander und explodierte nur wenige Minuten, nachdem ich an Bord des Schiffes genommen worden war. Die Backbord-Tragfläche schwamm noch auf den Wellen, als alles andere schon gesunken war. Es war schrecklich, schlimm, das mitanzusehen, sogar vom sicheren Frachter aus. Ich stand eine ganze Weile unter Schock ...‹ Oh, sie wird einen Wahnsinnsfilm daraus machen, wetten? Wenn ich es nicht besser wüßte, würde ich es für eine Publicitynummer halten. Und weiter: ›Wenn alles schön ruhig läuft, wird dieses Derby bestimmt ein Erfolg.‹ Ist das zu glauben? Ich möchte Pamela mal einen ruhigen Tag verleben sehen. Sie wüßte nicht, wie sie ihn rumkriegen sollte. Oh, sieh mal, du wirst sogar auch erwähnt – mit all deinen Leistungen. Warum überqueren nicht auch Sie den Atlantik? Ich zitiere: ›Weil Eleanor einen Ozean überqueren möchte und ich eine eingefleischte ...‹«

»... Landratte aus dem Mittelwesten bin«, schloß Hazel gemeinsam mit ihr und schwenkte dabei die Zeigefinger hin und her wie eine Dirigentin. »Ich sage nicht umsonst immer ›Heiliger Ackergaul‹, weißt du.«

»›Immer noch die Favoritin des bevorstehenden Frauenderbys ...‹«

»Nur weil ich die schnellere Maschine habe«, intonierte Hazel halbherzig.

Jo schleuderte die Zeitung endgültig in die Ecke, sprang auf und stellte sich ans Fußende des Bettes. »Wenn die sich da mal nicht täuschen!«

Hazel breitete die Arme aus. »Komm her – du weißt, daß ich mich auf diese Diskussion nicht einlasse.«

Schroffer fügte Jo hinzu: »Und daß du dich da auch nicht täuschst!«

»Ja, ja. Du stehst jetzt nicht mehr im Rampenlicht, oder hast du noch nicht bemerkt, daß die Tür zu ist?«

Jo sah sie von der Seite an. »Ich habe es sehr wohl bemerkt. Aber das ist mein Zimmer. Du kannst hier nicht die ganze Nacht bleiben.«

»Ich werde mich auf Zehenspitzen hinausschleichen, wenn ich Küsse von deinen Lippen geraubt habe, Abweichlerin, die ich bin. Und alle werden mich hören. Oder soll ich erst ins Bad gehen und die Klospülung betätigen?«

»Dieses verdammte Bett ist zu eng, Hazel. Wir haben einen anstrengenden Flugtag vor uns. Ich brauche Schlaf.«

»Du brauchst Entspannung.«

Jo lächelte zu ihr hinunter und ließ sich dann sanft in ihre Arme gleiten. Für Hazel gab es nur noch ihre Lippen auf Jos vollem warmem Mund. Das ist es, wofür ich den ganzen Tag fliege. Bitte, laß mich das spüren. Gewinne, wenn du willst, Jo. Hastig knöpfte sie Jos Hemd auf.

Abrupt schob Jo sie von sich weg, ihr Körper versteifte sich. »Ich kann nicht, Hazel. Ich kann mich heute abend nicht fallen lassen.«

»Komm schon, Süße. Ich werde deine Anspannung vertreiben. Gib dich hin.« Sie zog Jo zärtlich an sich, aber ihr Kuß wurde nicht erwidert.

Jo setzte sich auf und knöpfte, Hazel den Rücken zugewandt, ihr Hemd zu. »Vielleicht ist es, weil das Derby gerade erst anfängt. Ich bin zu nervös. Wenn ich dir hier nachgebe ...«

Hazel rückte an ihre Seite, ein schmerzhaftes Ziehen zwischen den Beinen und im Bauch. »Ich will dich. Bist du wirklich so kalt? Komm zu mir.« Im Profil konnte sie sehen, daß Jo sich auf die Unterlippe biß – keine Tränen. Jo hatte sich zu sehr im Griff, um zu weinen, war zu angespannt, als daß Sex sie hätte beruhigen können. Hazel massierte ihr mit den Fingerspitzen den Rücken.

Jo seufzte. »Alles ist so fremd hier. Ich fühle mich nicht wohl. Kannst du das verstehen? Geht dir das nie so?«

»Nein.« Hazel ging es nie so – Idiotin, die sie war.

»Ich meine, man kann nicht mal die Tür verriegeln.«

Hazel wälzte sich auf die gegenüberliegende Seite des Bettes und setzte sich aufrecht hin. Sie kraulte Jos Haar, küßte ihren Nacken und stand dann auf. »Müssen wir denn noch in der kurzen Zeit, die wir für uns allein haben, Rivalinnen sein? Muß es so weit gehen?« Ihre Hand lag bereits auf dem Türknauf.

Ohne sich umzuwenden, sagte Jo: »Ich habe Angst, die Nerven zu verlieren, wenn ich mich dir ausliefere.«

»Ich hatte gehofft, ein mickriges Fetzchen von dir für mich zu erhaschen. Habe ich es bekommen? Schlaf gut, Jo.«

Manche Leute klettern gerne auf Berge.
Ich fliege gerne – weil es mir Spaß macht.

Nancy Saunders
aus den Notizen für eine Reportage, E. W.

3

Als sie den halben Kilometer zum Flugfeld lief, sah Hazel hohe Altokumuluswolken, die als schmale Bänder über den frühmorgendlichen Himmel zogen. Die meisten Pilotinnen saßen noch im Hotel beim Frühstück, aber sie brauchte Bewegung. Sie kam zu dem Schluß, daß die Wolken etwa in zehntausend Fuß Höhe dahinzogen und bestimmt in der Wärme der aufgehenden Sonne verdunsten würden.

Das geschäftige Treiben auf dem Flugplatz hatte begonnen, ein erwachendes Zeltlager. Hazel nahm von einem der Bodencrew-Mitglieder einen Becher Kaffee entgegen. Was hatten die Männer zu essen? Frisches Brot mit *echter* Butter, hoffte sie, und nicht das extrafeine Schmierfett, das ein bißchen wie Schweineschmalz aussah – auch wenn sie es sich gern als Schutz gegen den scharfen Wind auf ihre Wangen rieb, sollte es niemand essen müssen. Sie begann die Plane von ihrer Zephir zu entfernen. Es hatte sich so gut wie kein Tau angesammelt, nur ein paar Tropfen hinterließen ein Muster im Staub.

Auf der anderen Seite der Startbahn entdeckte sie Vera. Sie hatte ihre Kamera und das Stativ aufgebaut und unterhielt sich, eine Blechtasse mit dampfendem Kaffee in der Hand, mit einer Gruppe verschlafen aussehender Crew-Männer. So, so, die Photographin war also schon auf den Beinen und bei der Arbeit. Folglich lag sie nicht mit Maxie im Bett, die noch nicht aufgestanden war. Vera schaute nicht in ihre Richtung, und Hazel überließ sie gern ihren eigenen Flugvorbereitungen.

Die Sonne brannte schon heiß, die Wolken verschwanden. Alle Pilotinnen bereiteten sich auf den Start vor, als Vera schließlich zu Hazel kam. Ihre Kameras waren verstaut, die Arbeit an Maxies Curtiss Robin erledigt. Hazel hatte gerade ihre Lagebesprechung hinter sich. Sie hielt eine Liste mit den Tageskoordinaten in der Hand und lehnte sich mit dem freien Arm gegen den Rumpf der Zephir. »Hallo, Vera. Einige Änderungen in letzter Minute, tut mir leid. Wir fliegen nach Yuma, nicht nach Colexico. Ein Sandsturm hat die Startbahn in eine Düne verwandelt. In Yuma sieht's wahrscheinlich auch nicht viel besser aus.« Sie schwang sich in ihr Cockpit, um die Liste an ihr Armaturenbrett zu heften.

»Verstehe.« Vera schirmte ihre Augen ab, als sie zu Hazel hochsah. »Übrigens, ich war heute morgen schon gut am Ball mit Photographieren und Rumschnüffeln. Die Bodencrew posiert begeistert für mich, aber sie kapieren noch nicht so ganz, daß ich nicht am Derby teilnehme. Na, wie auch immer, eine Photographin muß unsichtbar sein, Teil des Geschehens.«

Hazel sprang mit ihrem Fallschirm in der Hand zu Boden und zog ihn über ihre Lederjacke. »Sie haben also was herausgefunden?«

»Naja, ich habe den Teil des Wartungsschuppens als Bildhintergrund einbezogen, wo die Flugtafel steht – wo alles aufgeschrieben wird, was erledigt werden muß. Dort hat etwas mit Kreide gestanden, schon wieder weggewischt und überschrieben. Gestern ist kurz vor uns ein Flugzeug hier durchgegangen. Die Abflugzeit war unterstrichen – kurz bevor wir hier ankommen sollten. Alles, was ich erkennen konnte, war: NC-060. Auftanken für Flug nach Phoenix. Fliegen irgendwelche Funktionäre voraus?«

»Nein, nur die Vorhut-Crew, sie starten kurz vor uns. Es besteht kein Bedarf. Änderungen werden übers Telephon oder per Telegramm durchgegeben.« Hazel stellte die Riemen ein und schnitt eine Grimasse, weil es so unbequem war. Die fragliche Maschine mußte gestern gleich nach Al Laraways Landung gestartet sein. Vielleicht war Sweeney so nach San Bernardino gekommen und auch wieder von dort weg. »Und an der Maschine ist nichts gemacht worden?«

»Nein. Wenn unsere Flugroute außerplanmäßig ist, finden Sie es dann nicht merkwürdig, daß ein Flugzeug, das nichts mit uns zu tun hat, ebenfalls nach Phoenix fliegt?«

Ob Sweeney so nach Phoenix gereist war? Dann mußte es ein Zweisitzer gewesen sein. Wessen? Hazel war sehr angetan von Veras Scharfblick. »Ich muß zugeben, ich weiß nicht, ob mir das aufgefallen wäre, Vera. Ich werde Al fragen, was er meint. Haben Sie mit irgendwem darüber gesprochen?«

»Ich wollte nicht so direkt fragen, aber ich könnte mir die Flugtafel nochmal ansehen, bevor wir nach Phoenix fliegen. Außerdem sind die Abendstunden wohl die bessere Zeit, um Photos zu machen – da herrscht andere Stimmung, eine andere Betriebsamkeit. Nach einem ganzen Flugtag ist es wahrscheinlicher, daß die Bodencrew was zu erzählen hat.«

»Wenn Wetten im Gange sind.«

Vera wandte sich abrupt um. »Es geht los. Da kommt meine Crew. Wir sehen uns in Yuma.«

»Ja, und ich bin in der ersten Hälfte.«

Vera nickte ihr zu und winkte nochmal über die Schulter, bevor sie zu ihrer Maschine hastete, deren Motor bereits lief.

Hazel sah ihr nach, bis die Maschine abhob, und zog dabei ihre Handschuhe an. Sie zerrte an Jos linkem und zwängte ihre Finger hinein, bevor sie sich an Bord schwang, um die letzten Cockpit-Checks durchzuführen. Als sie die Elektrik einschaltete, sah sie Stevie mit Vollgas die Startbahn entlangrasen. Das Flugzeug schwankte leicht, als es sich in die Luft erhob, bis Stevie die Balance gewann und aufstieg.

Die vorausfliegenden Crew-Maschinen bestimmten die Drehungen des Windes und machten so die Starts für die Wettkampfteilnehmerinnen zu einer berechenbareren Größe. Trotzdem mußten die, die zuerst flogen, als Anhaltspunkt herhalten. Keine wollte allzuoft die Führungsposition. In der zweiten Hälfte zu fliegen hatte allerdings auch seine Nachteile. Mehr Staub auf der Landebahn, höhere Flugfeldtemperaturen, wenn die Wüstensonne die Kälte ablöste. Da zog sich das Metall zusammen oder dehnte sich aus und veränderte den Gleichlauf der Motoren trotz regelmäßiger Checks.

Die Bodencrew stand ruhig und einsatzbereit neben ihr und wartete darauf, die Bremsblöcke zu entfernen. Einer der Männer sprang auf die Tragfläche und brüllte ihr im Getöse der startenden

Motoren zu: »Achten Sie auf den Wind, Stärke 23 Meilen pro Stunde von Steuerbord Südwest.«

»Bestätigt.«

»Bis dreitausend Fuß Sand in der Luft, darüber klare Sicht.«

»Bestätigt.«

»Gesegneten Flug!«

Viele der Jungs sagten das, aber Alli sagte ›Gelungenen Flug‹, weil sie es so in Alaska gehört hatte, und den Frauen gefiel es.

Hazels Herz hämmerte vor Erwartung, als sie Jos braun-weiße Rearwyn in die Luft steigen sah. Ausgewiesen als C-1103-8, trug die Maschine keinerlei Kosenamen oder sonstige liebevolle Bezeichnungen. Für so etwas war Jo zu pragmatisch. Eine Maschine war eine Maschine; als ob sie beweisen wollte, daß sie nicht sentimental oder kleinmädchenhaft war.

Als nächste war Maxie an der Reihe, gefolgt von Hannah Meyer, Madelyn Burnett-Eades, Louise Gibeau, dann Sarah Morris-Newton. Heute würden die gemessenen Zeiten schon erste Tendenzen bedeuten.

Sarah. Hazel konnte versuchen, sie einzuholen, da sie als nächste startete. Bei der ersten Etappe war ihre Zeit nur eine Minute besser gewesen als Sarahs, aber das hatte noch nicht viel zu sagen. Jo hatte sogar einen kleinen Vorsprung. Hazel mußte fünf Minuten aufholen, um Schritt zu halten und die Kluft nicht größer werden zu lassen. Konnte sie vor Sarah im Ziel sein? Die Landungen würden ohnehin nicht unbedingt der Startreihenfolge entsprechen. Die Höhe konnte entscheidend sein, je nachdem, ob eine Rücken- oder Gegenwind erwischte.

Sobald die Crew die Zephir in Position gedreht hatte, rollte Hazel vorwärts, wobei sie den Signalgeber im Auge behielt. Und da war es – das Schwingen der Startflagge. Mit Vollgas in die Luft. Presch vor, Preston, feuerte sie sich selbst an, als das Fahrwerk abhob. Sie zog den Gashebel mit beiden Händen und stieg in schrägem Winkel nach oben. Als sie den Druck der linken Hand verstärkte, spürte sie, wie die Nähte von Jos Handschuh sich spannten. Sie biß die Zähne zusammen und lockerte ihren Griff, da sie befürchtete, der Zwirn könnte jeden Moment reißen und sich aufdröseln wie ihre Beziehung zu Jo.

Der Kurs nach Yuma erstreckte sich südöstlich über die Wüste und das unfruchtbare Coachella Valley. Als nächstes kreuzte ihre Route die Ausläufer des Sand Hill. Ja, da war die Eisenbahnlinie, von der Gus ihr eine Karte besorgt und nach der sie die Route abgesteckt hatte. Yuma lag direkt hinter dem Colorado River, und sie alle würden auf einer Strecke von zehn Meilen Mexico überfliegen. Weit unten konnte sie die Wüste sehen, ausgebleicht im grellen Schein der Sonne. Eine briefmarkengroße Aussicht, zerteilt von den Tragflächen. Aber wenn sie das Flugzeug in Schräglage hob, sah sie nur noch den Himmel.

Hazel hatte Sarah aus den Augen verloren, denn sie richtete sich nach ihren eigenen Koordinaten. Oder hatte Sarah sich über dem Coachella-Tal absichtlich aus dem Staub gemacht? Tatsächlich hatte Hazel mehr auf das sich entfernende Land unter ihr geachtet als auf Sarah. Selbst schuld.

Zwei Stunden später bereitete sie sich auf die Landung in Yuma vor. Atmosphärische Störlaute wimmerten schwach aus ihrem Funkempfänger, während sie auf ein Zielsignal wartete. Hinunter durch die sich verschiebenden Wolkenschichten und hinein in die Hitze. Es gab keinen Anlaß zu befürchten, sie hätte die zwei Stunden Flug nicht gut gemeistert, aber da war diese nagende Frage in ihrem Hinterkopf. Der Wind hatte eine Geschwindigkeit von 26 Meilen pro Stunde und kam in Böen seitlich zu ihrem eingeschlagenen Kurs. Und sie fürchtete den Sand bei der Landung.

Dann ein schwacher, aber gleichmäßiger Piepton aus dem Funkgerät. Als das Flugfeld in Sicht kam, konnte sie den Sand von Süden nach Norden über die Landebahn wehen sehen. Die Sicht war stark eingeschränkt. Sie starrte angestrengt durch ihre Schutzbrille. Dieser Sand – er konnte für den Motor einfach nicht gut sein.

Sie drehte eine große Runde über das Flugfeld, um sich zu vergewissern, daß alles frei war, ließ sich Zeit, kämpfte gegen die Windböen an und hielt nach der gelb-schwarz-karierten Flagge des Lotsen Ausschau. Eine Seite der dürftigen Landebahn war völlig mit Sand bedeckt. Sie drosselte die Geschwindigkeit und glitt langsam abwärts, setzte links von den Sandhaufen auf der Landebahn auf. Die Crew bemühte sich offenbar, den Sand zwischen den Landungen wegzukehren, aber das war wie der Versuch, Wasser zurückzutreiben.

Hazel steuerte eine fahrbare Box an, und die Beech-Crew mit dem roten Schriftzug auf dem Rücken eilte herbei. Als sie einen Blick auf die abgestellten Flugzeuge warf, die bereits mit Planen bedeckt wurden – erst drei gelandet –, sah sie sofort Jos Rearwyn. Und Maxie und Hannah waren da. Wo steckte Stevie? Warum war Sarah noch nicht gelandet? Und wie zum Teufel war Jos Zeit? Als Hazel von Bord ging, ihre Ohrstöpsel herausnahm und den hinderlichen Fallschirm von ihren Schultern hievte, näherte sich die nächste Maschine. Eine Eaglerock Bullett – Madelyn! Sie hatte also sowohl Madelyn als auch Sarah überholt, es sei denn, Sarah war während der Etappe zwischengelandet.

Ja, und Stevie... Und was war mit Louise? Sicher, ihre Geschwindigkeiten erreichten nicht annähernd die der stärkeren Flugzeuge, aber trotzdem... Die Flugbedingungen machten sie nervös.

Dann umfing sie die Geschäftigkeit der Bodencrew. »Wie ist meine Zeit?« fragte sie Gus und fuhr fort, ihre Ausrüstung zu verstauen, um nicht zu erpicht auf das Ergebnis zu wirken.

Er klopfte ihr auf den Rücken. »Gut. Eine Stunde, dreiundfünfzig Minuten. Hätte nicht besser laufen können angesichts der Umstände.«

»Und?« beharrte sie, weil er verdammt genau wußte, worauf sie hinauswollte.

»Miss Russell ist mit einer Stunde und fünfzig Minuten gelandet.«

»Mist!« Hazel riß sich die Handschuhe von den Händen und schlug sie gegen eine der Tragflächen. »Du hast gesagt, ich hätte die schnellere Maschine.«

»Beruhige dich. Das stimmt auch. Sie reizt die Maschine offenbar voll aus und wird bald kürzer treten müssen. Die Zündkerzen, die sie da hat, werden schlappmachen. Es geht mich ja nichts an, und es ist auch nicht meine Aufgabe, es ihr zu sagen. Wenn ich ihr Sponsor wäre, würde ich nicht von ihr verlangen, die Zündkerzen so zu strapazieren. Sie werden auf jeder Etappe den Geist aufgeben. Immer und immer wieder. Bis irgendwas Größeres durchbrennt.«

»Was hat sie jetzt, einen Acht-Minuten-Vorsprung?«

»Wir werden sie einholen.«

»Nee, sie liegt besser im Wind. Jo wird das letzte aus der Rearwyn rausholen.«

Gus verzog das Gesicht, während er nach oben schaute. »Du hast mit deinem Kreisen Zeit verloren, das ist alles. Der Wind war weniger schlimm, als sie reinkam. Hatte sich 'n bißchen gelegt. Kommt und geht halt.«

In diesem Moment wandten sich beide um und sahen Sarahs weiß-blaue Taperwing einfliegen, die wie Hazel dem hinderlichen Sand auswich.

Marsha Banfills Spartan kam als nächstes und brach am Ende der Landebahn aus. Die Bedingungen wurden immer schlechter.

Als sie mit Gus zusammen den Zustand des Motors überprüfte, sah sie von weitem Eleanors braune Vega herankommen – mit schwerer Schlagseite.

»Alles herkommen! Alles herkommen!«

Vera und Maxie, die geholfen hatten, die Motoren zum Schutz vor dem Staub mit Planen zu verhüllen, wandten sich um und hasteten los.

Hazel war vor ihnen, rannte auf die Landebahn zu und schrie: »Sie wird aufschlagen, sie wird aufschlagen!«

Im letzten Moment wurde die Vega schwerfällig von einer Windbö wieder in die Luft gehoben und sackte dann zu Boden.

Sie schlingerte und machte einen Satz, als die Räder sich im Sand verfingen. Die Maschine kippte vornüber und kam, die Schnauze würdelos in den Sand gebohrt, in dieser Position zum Stehen. Das Ganze ging so schnell und kam Hazel doch vor wie eine Ewigkeit.

»Hoffentlich ist sie nicht verletzt«, keuchte Vera, die hinter Hazel auftauchte. Sie holte die kleinere Kamera aus ihrer Schultertasche. »Verdammt, es ist wirklich hart, Photographin und gleichzeitig Teil des Geschehens zu sein.«

»Dann seien Sie Photographin! Wir haben genug Muskeln. Los, Lappen!« Hazel schlug ihr auf die Schulter.

Der Bodenaufseher rief durch ein Megaphon: »Landebahn freimachen! Maschine im Anflug! Landebahn freimachen!«

Leute scharten sich um die Vega wie Ameisen um einen toten Käfer, ein Sanitäter kletterte zu dem geschlossenen Cockpit hinauf, um nach Eleanor zu sehen. »Sie ist okay. Schiebt die Maschine weg!«

Alle Crews zogen und schoben mit vereinten Kräften, zerrten die Maschine aus dem Sand und dann so schnell es ging mit dem Schwanz zuerst von der Landebahn.

Lila Wilczynskis grün-weiße Monocoupe kreiste über der Landebahn. Da kein Ermessensfehler ihrerseits vorlag, würde die Wettkampfleitung nur die Zeit für die eine Runde anrechnen, die für den Ausgleich zum Landeanflug notwendig war.

Es schien ewig zu dauern, die Vega von der Bahn zu kriegen, aber sie hatten es in wenigen Minuten geschafft. Sie spürte die Angst ihr Rückgrat hinaufkriechen und wie sprühende Funken in die Tiefen ihres Gehirns eindringen. Himmel, und das ist erst der Anfang. Als sie fertig waren, fragte sie Vera: »Was haben Sie draufbekommen?«

Veras Gesicht war rot vor Aufregung. »Ich konnte ein Bild machen, kurz bevor der Propeller aus dem Sand gezogen wurde – mit dem Schwanz in der Luft.«

Die Sanitäter halfen, die Cockpitluke zu öffnen. Hazel stellte sich neben Jo, die von der anderen Seite der Vega her aufgetaucht war. Sie vergaßen ihre Rivalität, als sie auf Eleanor warteten, die winkend herauskrabbelte und breit in die Runde grinste. Alles jubelte.

»Ich hoffe, es geht genauso glatt, wenn ich Europa erreiche!« rief sie unter Gelächter. »Was ist alles beschädigt?«

»Das Seitenruder muß ersetzt werden«, antwortete der örtliche Lockheed-Mechaniker und rannte zur Funkstation, um Lockheed in Kalifornien anzurufen.

Eleanor würde auf den Ersatzpropeller warten müssen – sie hoffte, daß es nicht länger als einen halben Tag dauerte. Wenn es sie ärgerte, zeigte sie es jedenfalls nicht, sondern sprang hinunter zu ihren Freundinnen, die sie auffingen. »Sieht aus, als hätte ich einen ziemlichen Rückstand. Hoffentlich kann ich das noch jetzt am Anfang aufholen. Schonen könnt ihr mich später. Wie sieht wohl meine Zeit aus?«

»Zwei Stunden zweiunddreißig.«

»Plus Strafpunkte.« Sie schüttelte den Kopf und hob die Hand, um jegliche Vergleiche oder Beileidsbekundungen zu unterbinden. »Ihr zwei – erzählt mir nichts. Ich will's gar nicht wissen. Himmel, tut mein Kopf weh. Wo ist Vera? Ah, Vera, komm und hilf mir, mit den Reportern fertigzuwerden.«

Ein Sanitäter sagte: »Hier lang, Miss Wilson, der Doktor möchte Sie sich mal anschauen.«

Eleanors Zeit war ohnehin keineswegs konkurrenzfähig, da sie durch zusätzlichen Treibstoff mehr Gewicht hatte. Während die meisten Pilotinnen mit gerade soviel Treibstoff flogen, wie sie für eine Etappe brauchten, zuzüglich Reserve, flog Eleanor stets mit vollem Tank als Training für ihren geplanten Flug über den Atlantik. Später würde sie das Gewicht nach und nach verringern. Hazel äußerte Jo gegenüber die Vermutung, das Gewicht könne möglicherweise die Landung beeinträchtigt oder aber die Maschine im Wind schwerfälliger gemacht haben.

Jo richtete ihre Antwort direkt an Eleanor. »Kannst du nicht vielleicht deine Tanks leichter machen, Ellie? Du hast mit voller Zuladung einen sauberen Start hingelegt, reicht dir das nicht als Test?«

Eleanor behielt ihre Gedanken für sich und ging. Die beiden blieben zurück, ein Schweigen wie ein Waffenstillstand zwischen ihnen. Hazel hatte Angst, etwas Falsches zu sagen. Gerade als das Schweigen unerträglich zu werden drohte, wurde ihre Aufmerksamkeit auf Alexis gelenkt, die im geschlossenen Cockpit ihrer Travel Arctic J-5 zur Landung ansetzte.

Wo war Stevie?

Stevie hatte notlanden müssen. Die Nachricht kam über Funk und machte die Runde. Eine Nachhuteskorte half ihr, nach Yuma zu kommen. Niemand wußte, was Stevies Eagle Wing fehlte. Eine andere Eskorte flog gerade nach Colexico, von wo die Meldung gekommen war, daß auch Louise Gibeau hatte notlanden müssen. Ihre Tragflächenkabel waren gerissen – wie viele, wußte bisher niemand. Vielleicht würden sie es abends in Phoenix herausfinden.

»Verdammt!« murmelte Hazel in der Pilotinnenlounge und starrte in ihr Glas mit Wasser, als könnte seine Transparenz irgendein Bild offenbaren. Oder zumindest Klarheit bringen. Hatte Stevie immer noch Probleme mit der Elektrik? Hatte sie Saft verloren? Oder war es etwas anderes?

Jo saß ihr gegenüber und aß mit einer Gabel ein Stück Melone. »Hazel, mach dir nicht solche Sorgen!«

»Ich kann nicht anders, es ist diese Ungewißheit.«

»Komm schon, du steigerst dich da rein. Hier, ich will dir was zeigen. Tagg hat eine Werbestory für die Abendzeitungen in Phoenix gemacht. Das hier wurde von einem Luftkurier überbracht. Ich bekam es nach der Landung.« Sie reichte Hazel einen Umschlag mit Zeitungsartikeln und Photos. »Nicht nur bekomme ich endlich ein bißchen Presseaufmerksamkeit, auch daß ich in Führung liege, macht was aus!«

Gehorsam sah Hazel die Ausschnitte durch. Sie freute sich aufrichtig über alles, was dazu beitrug, daß sich Jo als eine der

Spitzenfliegerinnen nicht so übergangen fühlte – bis sie auf ein Photo stieß. Was in drei Teufels Namen war das? Betäubt saß sie einen Moment schweigend da. Da war Jo mit der Schutzbrille auf der Stirn und mit dem ihr eigenen strahlenden, unbeschwerten Lächeln. Daneben stand, den rechten Arm lustlos – nicht besitzergreifend – um ihre Schultern gelegt, R.Q. Taggart wie ein gutaussehender Matinee-Star (das dichte wellige Haar sauber zu einem flotten Scheitel geteilt). Aber sein Lächeln war ohne Humor, und noch humorloser wirkten die ausgeprägten Furchen auf seiner Stirn.

»Macht ihr jetzt einen Film zusammen?« fragte Hazel niedergeschlagen.

Jo ließ die ganze Tonleiter ihres melodischen Lachens erklingen. »Alles, was möglich ist, Haze.«

»Ich hätte nicht gedacht, daß du so weit gehst.«

»So weit? Ich schlafe nicht mit ihm!«

»Das ist doch alles völlig verdreht. Du reduzierst dich auf Pamelas Niveau – genau das, worüber du dich immer lustig machst. Hollywood pur.« Hazel warf die Ausschnitte auf den Tisch. »Dieser beschützende Arm, wie er da so groß neben dir steht. Wie kannst du das ertragen?«

Jos Lippen verzogen sich. Es sah fast aus wie ein Grinsen. »Ich nehm' das nicht so ernst, Haze. Komm schon, er versucht sein Flugzeug zu verkaufen.«

»Und du? Mußt du zu solchen Mitteln greifen? Wo ist deine Integrität? Ich verstehe das nicht...«

»So ist eben die Welt! Du bist sowas von bodenständig, ehrlich. Eleanor versteht das. Sie hat sogar diese Photographin bei sich, um noch aus ihrer Bruchlandung Kapital zu schlagen.« Sie wedelte emphatisch mit den Papieren. »Die Öffentlichkeit will romantische Phantasien. Glanz und Gloria! Es ist völlig harmlos.«

»Ist es das?« Hazel stützte die Ellenbogen auf den Tisch, ihr Wasserglas war leer. »Und der Name dieser Photographin ist Vera. Warum nennst du sie nie so? Und sie ist nicht nur wegen

Eleanor hier, sondern um alles festzuhalten, um zu dokumentieren, was wir tun.«

Jo schnaubte. »Ja. Es hat dich nie gestört, daß ich Pamela ›diese Schauspielerin‹ nenne.«

Hazel seufzte, lehnte sich in ihrem Stuhl zurück und kippelte. »Vera respektiere ich eben. Da liegt der Unterschied.«

»Weil sie dir mit einer Aufnahme geschmeichelt hat.«

»Ich weiß wirklich nicht, was dich reitet, Jo, aber ich kann es nicht sein und Vera auch nicht.«

»Sei nicht so vulgär«, zischte Jo und stieß ihren Teller weg.

Hazel wurde rot. »So hab' ich's nicht gemeint...«

»Natürlich nicht – das ist es, was mich an dir zur Weißglut bringt. Immer anständig. Nur ich sehe in allem immer gleich was Zweideutiges und Anzügliches.«

»Das ist jetzt wirklich unangebracht. Du läßt mich dich ja kaum noch anfassen«, gab Hazel mit lauter werdender Stimme zurück.

»Scht!« Jo packte Hazels Handgelenk. »Wir sind hier nicht allein.«

Sich dessen nur allzu bewußt, erfaßte Hazel das Kommen und Gehen mit einem raschen Blick, nahm das Klappern der Tassen und Teller wahr, das Summen der Stimmen. Sie lehnte sich über den Tisch und sprach gedämpft. »Es ist mir egal, wer dein Sponsor ist oder was du für die Publicity tun mußt. Du hast ihn dir ausgesucht, es ist deine Angelegenheit. Du hättest Lilas Monocoupe haben können. Nein, nein, unterbrich mich jetzt nicht – *ich weiß*, du wolltest eine schwerere Maschine und am *richtigen* Wettkampf teilnehmen. Fein. Jetzt sind wir beide an einem anderen Punkt angelangt. Wenn wir nicht freundlich miteinander umgehen können, sollten wir vielleicht nicht zusammenkommen – dann eben nur, wenn unbedingt nötig. Ich halte das nicht aus bei alldem, was ich sonst noch am Hals habe. Ich brauche dich nicht als Gegnerin, aber du nimmst mir ja schon übel, wenn ich versuche, die Monocoupe für dich zu kriegen. Ich wollte dich damit nicht beleidigen. Ich wollte nur, daß du ein gutes Derby bekommst. Der Kernpunkt ist der: Ich habe Respekt vor guter Fliegerei. Das ist, was wir alle respektieren. Und es wird auch in Zukunft das sein, was wirklich zählt, Publicity hin oder her. Gewichtsklasse hin oder her. Du hast einen Zeitvorsprung. Ich respektiere das. Du wirst dein verdammt Bestes tun, ihn zu vergrößern, und ich werde verdammt alles tun, um ihn zu verringern.«

Hazel wurde von Alexis gerettet, die hinter ihr auftauchte und ihren Stuhl nach hinten kippte. Hazel bog den Kopf zurück und sah in ihr Gesicht, die Haut samtweich und sommersprossig, umrahmt von einer Kaskade roter Locken. Die lebhaften grünen Augen hielten Hazels Blick fest.

»Alli! Wie läuft's?«

»Wir konnten bisher nichts feststellen, aber ich spüre immer noch was. Schwierig. Wir haben die Ventile neu eingestellt. Der Druck stimmt, aber irgendwas ist mit dem Auspuff...«

»Du verbrennst aber kein Öl, oder?«

»Nein, das nicht, eher so, als wär' was locker, ein Vibrieren.«

»Die ganze Zeit?«

»Nein, erst ab 120 Meilen aufwärts.« Das war Al, der hinter Alli auftauchte. Zwischen seinen Augenbrauen stand eine tiefe Sorgenfalte. Er zerrte an Allis Ärmel. »Wir informieren dich später, Hazel. Wir haben nicht viel Zeit, und ich will noch ein paar Checks durchführen.«

»Ich komme nachher bei euch vorbei, wenn nichts dazwischenkommt, sonst heute abend«, sagte Hazel. Sie nahm an, daß er etwas herausgefunden hatte.

»Bestätigt.« Er nickte kurz und zog an Alli. »Wir sind in der ersten Hälfte, aber ich weiß nicht, ob wir soweit sein werden. Vielleicht wäre heute abend am besten. Laß uns das verabreden... Ich hätte da ein paar Fragen.«

Alexis drückte Hazels Hand. »Hör mal, sei so lieb und muntere Marsha ein bißchen auf. Sie sieht überhaupt nicht gut aus – völlig durcheinander wegen Stevies Schwierigkeiten, würde ich sagen, auch wenn sie sich nichts anmerken läßt.«

»Ich sprech' mit ihr.« Hazel sah den beiden nach, als sie gingen. Jedenfalls bewahrte das geschlossene Cockpit Alexis vor aufgesprungenen Wangen.

Jo aß ihre Melone weiter. Hazel stemmte sich vom Tisch hoch. Sie ging auf den Ausgang zu und hörte, wie Jo ihren Stuhl zurückschob und aufsprang. »Haze!«

Hazel blieb stehen, drehte sich aber nicht um.

»Es stimmt – ich will respektiert werden. Das ist es, was ich will!«

Was für eine Närrin ich bin, dachte Hazel ärgerlich, als sie in das blendende Sonnenlicht hinaustrat. Sie hat meine Hilfe nie gewollt. Alles, was ich getan habe, um ihr die Teilnahme an diesem Derby zu ermöglichen, nimmt sie mir übel. Und ich habe das alles aus Leidenschaft getan! Idiotisch von mir, zu denken, sie würde sich mit der Monocoupe zufriedengeben. Wie konnte ich nur so blind sein. Vielleicht will sie gar nicht mich, sondern das, was ich habe.

Vor ihr standen die Flugzeuge glitzernd in der sengenden Sonne. Sie sah die Crews die Systeme überprüfen. Zu ihrer Rechten standen weit offen große Schuppen, in einem sah sie die Travel Artic. Aber sie zog sich lieber hinter das Gebäude mit der Informationstafel zurück, um einen Moment allein zu sein und Schutz vor Staub und Wind zu suchen. Als sie um die Ecke bog, stieß sie beinahe mit Vera zusammen. Gegen die Wand gelehnt, stand sie in dem kargen Schatten, den die Regenrinne über ihr spendete, und rauchte. Von Hazel überrascht, stopfte sie hastig etwas in den Kamerakoffer zu ihren Füßen.

»Hey, Lappen, du hast mich erschreckt...« Vera sprach mit der Zigarette zwischen den Lippen. Sie hatte das Oberteil ihres Overalls ausgezogen, so daß die Ärmel von ihrer Taille herunterhingen. Darunter trug sie ein Trägerhemd aus Baumwolle, das gebräunte, wohlgeformte Schultern freiließ. Grinsend blies sie eine Rauchwolke in die Luft. »Du hast mich bei meinem Laster erwischt, aber ich muß ohnehin in zwei Minuten starten.«

Hazel erholte sich von dem prickelnden Schreck, den der Anblick von Veras nackten Schultern ausgelöst hatte, und grinste betreten. »Und ich wollte mich hier ein wenig sammeln. Scheint so, als bräuchten wir den gleichen Ort.« Sie bemerkte eine Karte in Veras Hand. »Du navigierst bei der nächsten Etappe?«

»Ich überprüfe die Koordinaten, ja. Das ist nicht wirklich Fliegen, nicht wahr?«

Hazel stellte sich neben sie, lehnte sich ebenfalls an und betrachtete die vielen alten Flugzeugteile, die auf der Rückseite des Gebäudes und in der weiten Wüstenlandschaft dahinter herumlagen. Sie wußte nichts zu sagen und hätte doch gern etwas von sich gegeben. Warum fühlte sie sich so unbehaglich? Vera trat ihre Zigarette aus und schlüpfte wieder in ihr Oberteil. Hazel bemerkte, daß ihr Fliegerinnenanzug Öl- und Schweißflecken aufwies. »Zeit, deinen Anzug zu waschen, Vera, oder du siehst bald wirklich wie ein Lappen aus.«

Veras Augen – nur wenige Zentimeter von Hazel entfernt – blitzten schelmisch, als sie sich die Kamera über die Schulter hängte. »Ich wasche ihn abends unter den Achseln. Ich habe vor, ihn noch schmieriger werden zu lassen und als Lappen zu verwenden, wenn das Derby vorbei ist.«

»Du willst ihn nicht aufbewahren – für ein Museum?«

»Darauf werde ich dir in Phoenix antworten. Ich muß los.« Vera winkte, bevor sie um die Ecke bog und verschwand. War das eine Kußhand gewesen?

Hazel ging ebenfalls. Sie hatte nicht mehr das Bedürfnis, allein zu sein.

Die zweipropellerige Lockheed-Transportmaschine stand in Startposition am Ende der Rollbahn. Sie war als C-175 registriert. Die Crew machte sich bereit: Sie scharten sich um die Tragflächen und verluden ihre Ausrüstung. Auf dem Weg zu ihrer Maschine sah Hazel Vera an Bord klettern und beobachtete den Start, bevor sie sich mit Gus an ihre eigenen Flugvorbereitungen machte. Der Sandsturm wehte nach wie vor, als die Viersitzer-Transportmaschine Yuma verließ. Ein Teil der Startbahn war immer noch mit Sand bedeckt. Nur zwei Begleitmaschinen flogen vorneweg, drei blieben als Starthilfen zurück, eine weitere hatte selbst technische Probleme.

Bei Jos Rearwyn wurden eben die Bremsblöcke entfernt, während sie mit einem Winken eine letzte Anweisung oder Frage signalisierte. Im nächsten Augenblick startete sie, an erster Position, da Stevie bisher nicht aufgeholt hatte. Maxie war als nächste an der Reihe.

Von Yuma nach Phoenix

Hazel startete, gefolgt von Marsha Banfill und Pamela Christy. Eleanor würde eine Weile in Yuma ausharren müssen, bis ihr Propeller eingeflogen wurde. Lila, Nancy und Alexis hofften, innerhalb der nächsten halben Stunde ebenfalls in der Luft zu sein. Lilas Monocoupe hatte Probleme mit dem Ruder, Nancys Eagle brauchte eine Feinabstimmung, jetzt, da sie unterwegs war und sich an die Eigenarten ihrer Maschine gewöhnt hatte. Al und Al räumten gerade auf, nachdem sie die Ventile wieder eingesetzt hatten. Warum ihr eigener Vogel so einwandfrei flog, konnte Hazel sich nicht erklären, aber sie und ihr Team hatten bisher keine Mängel feststellen können.

Sie war auch nicht die einzige. Jos Rearwyn lief gut. Pamelas Bellanca ebenfalls, und Pamelas Zeit war solide, obwohl sie durch den Wind für die letzte Etappe über zwei Stunden gebraucht hatte.

Hazel hoffte, daß sie die Zeit auf ihrer Seite hatte – die Zeit und den Himmel. Sie flog mit dem Wind, als hätte sie Segel und glitte über ein Meer so glatt wie Glas. Jegliche Turbulenzen lagen im Moment weit unter ihr. So sah ein Wüstenflug aus – keine Wolken in zehntausend Fuß Höhe, nur die dunstige Luftspiegelung des Landes, das unter ihr verschwand. Zuweilen gab es überhaupt keinen Dunst, nur das kahle, ausgedörrte Land tief unten. Es kam ihr vor, als bräuchte sie nur die Hand auszustrecken, um ein Bild auf den Boden zu malen, der so glatt war wie eine Schieferplatte. Nur der Gila River würde ihn durchschneiden. So hoch, wie sie flog, konnte sie nicht einmal hoffen, ihren Schatten zu sehen, wie er einer Eidechse gleich über Hügel und Erdspalten glitt, geräuschlos und schnell. Sie fühlte sich dem langen Weg gewachsen, würde ihr Tempo finden. Sie war sicher, daß sie nach Phoenix, wenn die Etappen länger wurden, ihren Zeitrückstand aufholen konnte.

Von dem ständigen Röhren und Vibrieren hatte sich Müdigkeit in ihre Knochen geschlichen, als sie Woosley Peak sichtete, eine ermutigende Leitmarke einige Tausend Fuß unter ihr. Sie näherte sich Phoenix. Gus hatte sie vorgewarnt, daß das Wettfliegen dort beinahe soviel Begeisterung auslöste wie ein Rodeo. Mach dich auf Cowboys und Pferde, Volksmassen und Paraden gefaßt. Keine Ruhe. Nur Eleanor konnte kopfüber im Sand landen und mit einem gänzlich unangestrengten Lächeln heraussteigen. Sie dachte an Pamela, die lächelnd auf dem Frachter stand, während ihre Maschine versank. Wie machten sie das nur? Lächeln und winken, noch wenn sich alles gegen sie verschworen hatte. Das, dachte Hazel, macht wohl eine Heldin aus. Sie würde es auch tun, und wenn es sie umbrachte. Sie alle würden es tun.

Als sie landete, entdeckte sie Jo, die bereits von der Menge bejubelt wurde, ihr Name und Photo in allen Zeitungen. Da sie als erste gelandet war, hatte sie die Rolle der Siegerin übernommen, anscheinend fest entschlossen, ihren Namen zu einem Begriff zu machen. Taggart hatte den richtigen Zeitpunkt gewählt. Hannah, Madelyn und Sarah spielten ebenfalls ihren Part, aber wo war Maxie? Wenn jemand ein gutes Rodeo liebte, dann Max.

Hazel mußte lachen, als die Wettkampffunktionäre ihr anboten, Flugzeug und Schutzbrille gegen ein Pferd und einen Cowboyhut einzutauschen. Vera, die Kamera parat, überredete sie weiterzulachen und schoß ein paar Photos. Dann ritt sie wie die vor ihr gelandeten Pilotinnen an der jubelnden Menge entlang. Der Rodeo-Marschall, der ihr Pferd führte, grinste über ihre englische Reithose. Er selber ritt in den cowboytypischen ledernen Beinüberziehern. Natürlich, schoß ihr durch den Kopf, solche Überzieher wären gut beim Fliegen, obwohl, sie wären einfach zu steif. Was konnte sie tun als grinsen und winken und sich fragen, was so schnell aus ihren Flügeln geworden war?

Als der Rummel vorbei war, suchte sie die Reihe der Flugzeuge ab, doch Maxies Maschine ließ sich nicht herbeizaubern. Die erste Hälfte der Fliegerinnen war eingetroffen. Aber keine Maxie. Und abgesehen von Marsha, die demnächst erwartet wurde, würden die anderen spät kommen, wenn die Massen schon weg waren.

Vera half bereits, vor der abendlichen Wartung und dem Auftanken die Flugzeuge zu reinigen und die Motoren abzudecken. Hazel ging hinüber und ließ sich in ihrer Nähe auf den verdorrten Rasen fallen. Sie rieb sich die Stirn mit dem Ärmel und bot Vera eine Feldflasche an. »Möchtest du etwas Wasser?«

Vera sank neben sie. »Ich möchte ein ganzes Becken voll. Hör zu, eine Nachricht ist eingetroffen, und die Crew ist ganz aus dem Häuschen. Die kanadische Stuntfliegerin, Louise Gibeau, hat Anzeige erstattet, weil womöglich jemand Säure über ihre Tragflächenkabel gegossen hat. Sie wird sie zur genaueren Untersuchung einschicken. Ihre sämtlichen Kabel werden heute abend noch ersetzt. Ist es das, wovon du gesprochen hast?«

Hazel setzte sich nachdenklich auf. »Säure? Kabel können schon mal reißen. Ihre Sponsoren haben ihr eine alte Maschine gegeben, weißt du, eine alte de Haviland, weil ihr eigenes Flugzeug in den Vereinigten Staaten nicht registriert ist. Sie war ziemlich verärgert darüber, weil ihr keine Zeit für einen Anmeldeantrag blieb. Es lief alles auf den letzten Drücker.

Normalerweise hat sie eine bessere Ausrüstung. Sie ist eine Freundin von Maxie, ich habe mich nur ein paarmal mit ihr unterhalten. Sehr reizbar. Fühlt sich ständig angegriffen. Aber wer in diesem Geschäft tut das nicht. Normalerweise würde ich denken, sie ist einfach sauer, und die Untersuchung wird alles klären. Ich hoffe, daß es so ist. Aber klar, wenn faule Wettgeschäfte laufen, könnte sowas auch passieren. Ich hatte allerdings nicht so früh damit gerechnet, denn die Zeiten stehen noch überhaupt nicht fest, und sie liegt wirklich nicht an der Spitze.«

»Und wenn es sich gar nicht um Wetten handelt? Wenn jemand will, daß das Derby scheitert?«

Hazel setzte sich entgeistert auf. Schließlich sagte sie: »Du meinst, um zu zeigen, daß Frauen keine Derbys fliegen sollten? Klar, solche Leute gab es immer, aber meines Wissens noch nie als direkte Konfrontation. Sowas läuft eher über die Sitzungssäle der Fluggesellschaften – keine Gelder, keine Unterstützung für uns. Eleanor und ich haben ständig damit zu kämpfen. Hannah auch – obwohl sie sich eher an reiche Privatleute wendet, die das Neue und das Abenteuer lieben. Außerdem gibt es immer wieder Zeitungen, deren Berichterstattung nicht sachlich ist. Flugplätze, die uns nicht ausreichend Zeit und Raum geben. Aber wenigstens ist die National Air Exchange sehr hilfsbereit. Wir haben einen Wettkampfverein gegründet, weil wir nur so etwas erreichen konnten. Warum sollte jemand so niederträchtig sein, wenn kein Geld im Spiel ist?«

»Ein persönlicher Rachefeldzug?« schlug Vera vor und kappte die Feldflasche.

»Gegen Louise? Alle mögen sie. Sie ist Kanadas ganzer Stolz. Ihre Regierung hat sogar Protest eingelegt, als ihre Maschine nicht zugelassen wurde. Nein, das erscheint mir nicht sehr plausibel.« Hazel stand auf. Die Sache beunruhigte sie zutiefst, aber sie wollte sich vor Vera nichts anmerken lassen. Außerdem war eine Maschine im Anflug. Die Curtiss Robin?

Nein, es war Marsha Banfills Spartan. Hazel merkte, daß

Vera ebenfalls aufstand und sich neben sie stellte. Gemeinsam beobachteten sie Marshas Landung.

»Da stimmt was nicht«, sagte Hazel, als die Maschine rumpelte und schlingerte. Sie wartete, bis das Flugzeug zum Stehen kam, riß Vera die Feldflasche aus der Hand und lief los, die Augen auf Marsha geheftet, die versuchte, aus dem Cockpit zu klettern. Leute eilten herbei. Hazel setzte als erste den Fuß auf die Tragfläche und griff nach Marsha, die fast vornüberfiel. Gus kletterte von der anderen Seite hoch, um ihr zu helfen.

»Hier, trink einen Schluck Wasser.« Hazel hielt Marsha die Feldflasche an die Lippen.

Bleich und zitternd keuchte Marsha zwischen hastigen Schlucken: »Ich dachte ... ich schaff's nicht.«

»Sie muß zugedeckt werden«, sagte ein Sanitäter und löste Hazel ab.

Als Hazel zu Vera zurückkam, setzte diese gerade wieder die Kappe auf ihre Linse und spulte den Film zurück.

»Dir entgeht nicht viel, was, Lappen?«

»Nicht, wenn ich es verhindern kann. Flugmüdigkeit?«

»Ja. Vielleicht auch Dehydrierung. Ein Glück, daß sie nicht ganz vorne war und auf ein Pferd mußte.«

Vera lächelte. »Du meinst, so wie Jo?«

Hazel sagte nichts, vergrub nur die Hände unter den Achseln und starrte angestrengt auf die Crews an den Flugzeugen und zum leeren Himmel empor.

»Ich habe übrigens ein paar Schnappschüsse von Jo, keine richtigen Porträts, eher Pressephotos.«

»Das wird ihr gefallen. Sie war gekränkt, fühlte sich übergangen.«

»Und möchte mehr Aufmerksamkeit? Das merkt man an ihrer Zeit. Entspann deine Kiefermuskeln, Hazel. Ich weiß, es ist nicht einfach. Sie hat Angst.«

Hazel sah in Veras braune Augen, die in die Sonne blinzelten. »Angst? Die haben wir alle.«

»Nein, ich meine, sie hat Angst vor *dir*, vor dem, was du bist, was du erreicht hast. Du bist eine, an der man sich mißt. Für dich ist es normal, bis zum äußersten zu gehen. Farmerstochter aus Kansas wird Spitzenfliegerin – einfach nur, weil dein Vater Traktoren verkauft und dein Bruder Rennfahrer wurde? Dir den Weg gebahnt hat? Aus dir hätte eigentlich die Frau eines Bauern werden sollen, keine Treibstoffspezialistin. Das mußt du bedenken angesichts ihres gesellschaftlichen Hintergrunds und der Erwartungen und Ansprüche, die sie aufgegeben hat. Sie riskiert alles, um Pilotin zu sein.«

Hazel trat unbehaglich von einem Fuß auf den anderen. »Wenn du mich fragst, hatte sie alle Möglichkeiten. Geld, Privatschulen, ein schickes Frauencollege ... Und jetzt lehnt sie jegliche Hilfe ab – aus Prinzip.«

»Almosen sind allzuoft mit Fesseln verbunden.«

»Ja. Aber sie hat mit Zustimmung ihrer Familie mit dem Fliegen angefangen. Schritt für Schritt hat sie es gelernt, genau wie ich. Sie hat das Auftanken in der Luft übernommen, als ich im Alleingang Florida überflog. Keine Frau hat das je zuvor getan. Aber sie betrachtet das als Hilfsdienst für mich, nicht als große Leistung, die sie für sich verbuchen kann.« Hazels Ton wurde bitter. »Und jetzt kann man mich einfach abschieben, weil die Unterstützung, die ich angeboten habe, nicht gut genug war. Und sieh dir an, was sie dafür bekommen hat: einen Sponsor, an dem sie sich die Zähne ausbeißt, und ein Flugzeug, das wahrscheinlich versagen wird, auch wenn sie glaubt, es sei absolute Spitze.«

»Ist es nicht einfach ein ungetestetes Modell?«

Sie hatten sich mittlerweile in den Schatten von Hazels Zephir begeben und saßen unter den Backbord-Tragflächen.

»Natürlich ist es ein ungetestetes Modell. Ich weiß nur, daß Wright-J-Motoren die derzeit verläßlichsten sind – und sie hat keinen.«

»Du glaubst nicht, daß sie die Führung halten kann, oder?« fragte Vera, während sie ihre Kamera wegpackte.

Hazel zuckte die Achseln. »Ich könnte morgen ein Tempo

vorlegen, bei dem sie möglicherweise nicht mehr mithalten kann.« Sie spürte Veras forschenden Blick. »Klingt das arrogant für dich, Vera?«

»Würde es, wenn ich nicht davon ausginge, daß du dein Fach verstehst. Und da das so ist, müßte sie auch wissen, daß du sie schlagen kannst.«

»Du hast doch selbst gesagt, sie riskiert alles.« Hazel streckte sich mit einer Geste des Mißfallens auf dem Boden aus.

Vera saß da und blickte sich unter dem Schutzdach der Tragfläche um. »Hm. Beinahe gemütlich hier drunter. Wenn man eine Plane über die Tragfläche werfen würde, hätte man sogar ein Zelt. Aber zurück zu vorhin – noch etwas anderes bringt mich angesichts von Louises dünnen Streben zum Grübeln. Hazel, glaubst du, daß jemand in einer Begleitcrew absichtlich pfuschen würde?«

»Oh Gott«, antwortete Hazel leise. »Ich vertraue ihnen vorbehaltlos. Gus ist mein Schutzengel. Er ist der einzige Mann, mit dem ich jederzeit reden kann. Er ebnet mir den Weg, uns allen. Die ganze Rennerei, die er auf sich genommen hat, um dieses Derby auf die Beine zu stellen – Mechaniker zusammentrommeln, Ersatzteile auftreiben! Und Alan Laraway, Sam Morris-Newton. Alan war überhaupt der erste, der sich den Kopf über mögliche Wettgeschäfte zerbrach, was mich daran erinnert, daß ich ihn mir schnappen muß, sobald er eintrifft. Nein, auf keinen Fall! – Die Jungs, die uns begleiten, stehen hinter uns. Warum sollten sie sich sonst Sorgen machen?«

»Ich weiß nicht«, setzte Vera an, »aber ich möchte heute nacht trotzdem lieber auf dem Flugfeld bleiben. Hier. Ich meine, wir alle verlassen das Flugfeld. Natürlich gibt es ein gewisses Maß an Sicherheit dadurch, daß die Begleitcrew hier draußen zeltet, aber trotzdem... von Pilotinnenseite gibt es keine Sicherheitsvorkehrungen. Ich bin die Alibifrau in der Crew und nur dabei, weil ich Photographin bin! Ich möchte einfach ein Auge drauf haben. Die Crew muß sowieso bei den Flugzeugen bleiben. Es gibt Decken. Ich könnte unter einem Flugzeug schlafen –

unter diesem, wenn du einverstanden bist. Es wäre wie in alten Zeiten. So habe ich damals während meiner Tourneejahre gelebt.«

Hazel sah sie entsetzt an. »Ja, aber da war ein Mann dabei!«

»Die Beleuchtung ist an, und die ganze Nacht ist was los, dauernd kommen Nachrichten über Funk. Ich komm' schon zurecht! Im Dunkeln bin ich einfach einer von den Jungs. Außerdem glaube ich, daß ich mich hier wohler fühle.«

»Du würdest hier keine Ruhe kriegen. Und ich würde mir Sorgen um dich machen. Ich glaube nicht, daß es wirklich nötig ist.«

»Nun, dann bleib doch und beschütz mich!«

Hazel kam nicht dazu, zu antworten oder sich zu fragen, ob Vera im Scherz oder im Ernst gesprochen hatte. Miss Mary Mack war im Anflug. Es war eindeutig die Curtiss Robin!

Die Pilotinnen waren im Erfrischungszelt neben der Landebahn und besprachen in informeller Runde die Streckenkarten. Die Sonne neigte sich gen Westen und warf lange Schatten über die Wüste – Schatten, die auf die nach Erlösung von der Hitze lechzenden Frauen zuzueilen schienen. Sie warteten, bis alle Flugzeuge gelandet waren, um die Aufstellung für den nächsten Tag festzulegen. Vera wanderte zwischen Zelt und Landebahn auf und ab, wartete auf das Eintreffen ihrer großen Kamera und murmelte irgend etwas, wie ideal gerade jetzt das Licht für Aufnahmen wäre. Sie verließ drei Frauen, die sichtlich entspannt um einem Tisch saßen, mit den Worten, sie seien ein ›besonders ansprechendes Bild‹, und machte sich auf die Suche nach Eleanor, die ein wenig hatte aufholen können. Sie war kurz hinter Nancy und Lila gelandet. Stevie war ins Hotel gegangen, um nach Marsha zu sehen.

Unter dem Baldachin sagte Maxie gerade: »... und dann bin ich über Gleise geflogen und dachte mir, denen folge ich mal lieber.« Sie untermalte ihre Geschichte mit schwungvollen Gebärden. »Tja, und was finde ich vor? Eine Siedlung, ein

Haufen Lehmhütten, und ich beschließe, auf einem relativ planen Straßenstück zu landen. Oh, die Hühner haben vielleicht gegackert! Und was sprechen sie, als ich aussteige und nach dem Weg frage? Spanisch! Ich bin über die Grenze, in Mexico. Ist das zu glauben?«

Hazel saß da und lauschte aufmerksam, obwohl sie die Geschichte, die nach Maxies Landung sofort die Runde gemacht hatte, schon kannte. Jetzt wurde sie gerade Jo zu Ehren erzählt. Sie lehnte sich, das Kinn in die Hand gestützt, über den Tisch und angelte nach einer Schale mit Früchten, wobei sie fortwährend den Himmel und den beginnenden Sonnenuntergang betrachtete. »Wie erklärst du dir das, Max?«

»Frag nicht«, schnaubte Maxie scherzhaft, aber Hazel wußte, daß sie damit nur ihre Anspannung zu verbergen versuchte. »Ich hab's mit Absicht getan! – Mexico ist der direkteste Kurs nach Phoenix.« Maxie lachte ihr typisches dröhnendes Lachen.

»Na, ist ja gut, daß du's so fröhlich nehmen kannst.« Jo klopfte ihr auf den Rücken und blinzelte zum westlichen Horizont. Das Licht blendete plötzlich, als die Sonne unter die Kante des Baldachins sank. In Kürze würden Leuchtfeuer ausgebracht werden müssen; alle Flugzeuge sollten vor Einbruch der Dunkelheit gelandet sein, selbst wenn nicht auf dem vorgesehenen Flugplatz. Maxie fuhr fort, als wollte sie nur ungern die in stiller Übereinkunft gehaltene Ausschau nach den letzten Pilotinnen aufgeben. »Was heißt fröhlich! Mensch, wenn ich es nicht so nehmen würde, liebe Jo, wäre ich erledigt. Ich meine, ich habe ja bloß eine gute Stunde mehr auf meiner Stechkarte zu verzeichnen.«

»Aber«, beharrte Hazel, die mit ihrem kleinen Taschenmesser eine Orange schälte, »weißt du, wo du deinen Fehler gemacht hast?«

»Du hartnäckige kleine Teufelin, du!«

»Oh, du hast schon Schlimmeres zu mir gesagt«, gab Hazel zurück und deutete mit dem Finger auf Maxie, während sie Jo ein paar Orangenstücke reichte.

»Stimmt. Aber erinnere dich, daß du mir gesagt hast, ich solle auf dieser Tour meine verdammte Zunge hüten.«

»Dann sag mir irgendwas auf spanisch! Ich wette, du kennst ein paar saftige Flüche. Jetzt erzähl schon, was schiefgelaufen ist.«

»Ich habe vermutlich meine Koordinaten falsch abgeschrieben. Ich erinnere mich, wie ich auf meinen Kompaß schaute und dachte, irgendwas ist da komisch. Dann wollte ich auf meiner Karte nachsehen, und da flog sie mir aus dem Cockpit!« Maxie sank auf ihrem Stuhl in sich zusammen, sie lachte nicht mehr. »Aber glaub ja nicht, daß ich das Eleanor beichte, falls sie mich je danach fragt.«

»Sie wird dich nicht danach fragen. Aber sie wird alles über Mexico wissen wollen. Wir alle gehen früher oder später mal am falschen Ort runter«, warf Jo sanft ein. »Es ist bald Zeit fürs Abendessen. Gehen wir hin? Offengestanden, ich bin halb verhungert. Und müde.«

»Ich hoffe, es gibt Beefsteak.« Hazel klaubte die Orangenschalen zu einem säuberlichen Häufchen zusammen, als Hannah Meyer kam und verkündete, daß in Kürze das Abendessen in der Pilotinnenlounge serviert würde.

»Leider Hühnchen«, sagte Jo niedergeschlagen.

»Aber das ist doch Rinderland hier!« johlte Maxie. »Was zum Teu...«

Hazel drohte mit dem Finger. »Na, na, vielleicht in Fort Worth, wo der Flugplatz direkt neben dem Viehhof liegt.«

»Vielleicht sollten wir unsere Portionen holen und hier draußen essen«, schlug Jo vor. Im selben Moment ertönte das ferne Röhren eines Flugzeugs.

»Wurde auch Zeit, daß sie kommt. Ich will endlich essen.« Aber Maxie lächelte dabei.

»Und ich will endlich diesen Dreck von mir runterkriegen und ein Bad nehmen«, stimmte Jo ihr zu.

Die drei gingen hinaus auf die Landebahn. Es war eine Begleitmaschine. Sie landete sicher, Alan am Steuer. Im nächsten

Augenblick wurde die Luke geöffnet, und er sprang hastig heraus, unübersehbar besorgt. Gleichzeitig mit der Crew rannten die drei Pilotinnen auf ihn zu. Alan packte Gus bei den Schultern. War sie gelandet, gab es irgendeine Nachricht? Auf ein paar kurze Anweisungen hin wurde die C-175 von der Bahn gerollt und aufgetankt.

Gus drängte Hazel zurück. Ausgeschlossen, sie könne nicht mitkommen. Sei doch vernünftig. Das hier war Aufgabe der Crew. Außerdem stand es in den Statuten: Für die Dauer des Derbys haben die teilnehmenden Pilotinnen sich an die Pläne zu halten und dürfen nur von der Crew Hilfe in Anspruch nehmen, nicht von anderen Wettkampfteilnehmerinnen. In wenigen Minuten war die C-175 wieder in der Luft, Gus am Steuer, Alan neben ihm, und ließ eine Gruppe verzweifelter Frauen auf dem Flugfeld zurück.

»Wer zur Hölle will jetzt noch essen?« sagte Maxie niedergeschlagen. »Kommt, laßt uns helfen, die Leuchtfeuer auszubringen.«

Niemand wollte das Flugfeld verlassen. Bei ihrer ersten Nachtwache leisteten alle Wettkampfteilnehmerinnen Vera bis in den späten Abend hinein Gesellschaft, alle schmutzig und müde und immer noch in Fliegerinnenmontur.

Eine Pilotin war unterwegs runtergegangen. Spekulationen darüber, was passiert sein konnte, kursierten durch die zunehmende Dämmerung. Das Funkgerät blieb stumm. Auf dem Flugfeld oder in der Pilotinnenlounge wachend, warteten die Frauen auf eine Nachricht. Wenigstens eine Nachricht. Sie wußten nur eines: da die Nachhut nichts von ihr gesehen hatte, mußte Alexis irgendwo bruchgelandet sein.

Endlich rief Gladys Jenney an, bat alle eindringlich, Ruhe zu bewahren, sich ein bißchen auszuruhen, und versicherte, daß das Derby nicht verzögert würde. Hazel zweifelte nicht eine Sekunde daran, daß Eleanor zuerst bei Gladys angerufen und um diese energische, aber mütterliche Anweisung gebeten hatte.

Eine zweite und dritte Maschine mit Wettkampffunktionären und einem Arzt an Bord flogen in die Nacht.

Alexis war abgestürzt.

Genau wie bei Zirkusartistinnen schätzt man bei Stuntfliegerinnen nicht etwa ihr hartes Training oder ihre Kompetenz, sondern den Showeffekt. Sie sollen dem Tod trotzen. Sie sollen der Schwerkraft trotzen. Ich nehme an diesem Derby teil, um ernst genommen zu werden.

Louise Gibeau
aus den Notizen für eine Reportage, E.W.

4

Hazel konnte nicht an Essen denken, spürte keinerlei Hunger mehr; sie aß lediglich einen kleinen Bissen von dem in Hühnchensoße getunkten Brötchen, das Maxie ihr mit nach draußen gebracht hatte. Das Schweigen des Funkgerätes zermürbte sie.

Sie überließ das Auf- und Abgehen, das quälende Warten den anderen Pilotinnen und versuchte statt dessen einen klaren Kopf zu bewahren, sich zu beschäftigen, indem sie sich ans Funkgerät setzte und die Ohren offen hielt. Das abendliche Auftanken überwachte sie persönlich, weil sie nicht wußte, wem von der hiesigen Crew zu trauen war, und weil Gus allzu spürbar abwesend und auf Such- und Rettungsmission war.

Sie ging sowohl Sam Morris-Newton als auch Frank Wilczynski aus dem Weg; obwohl beide Ehemänner und damit rein persönliche Begleitung ihrer Frauen Sarah und Lila waren, maßten sie sich ein, wie Hazel fand, völlig unangebrachtes Aufsehergehabe an. Sie bellten Anweisungen und forderten Aufmerksamkeit. Sie überließ ihnen die CW-Flugzeuge und die unabhängigen Wettkampfteilnehmerinnen. Das bedeutete, daß Jo mit ihnen zusammen ihre eigene Maschine überwachen konnte.

Lockheeds Vertreter in Phoenix war eingetroffen – Melvin. Instinktiv gestattete sie sich, ihm zu vertrauen. Er erinnerte sie an ihren Vater, weniger wegen der hohen Statur oder des gleichen Alters, sondern aufgrund einer gewissen zurückhaltenden, geduldigen Art. Ein Mann, der in seinem langen Leben Ausdauer gelernt hatte. Er war müde, aber er würde nicht lockerlassen, so als hätte er schon viele solcher Nachtwachen gehalten. Ihr Bruder Dewey wäre vielleicht eines Tages so geworden, hätte sein Leben nicht ein so frühes Ende gefunden. Seine Geduld war etwas, das Hazel verstand, etwas, das sie sich vielleicht auch aneignen konnte, wenn sie so alt wurde.

Nachdem sie mit der Crew die Treibstoffässer auf Transportkarren gehievt hatte, machte sie sich an die aufwendige Arbeit, die richtige Mischung von Benzin und Öl abzustimmen, die

die Crew dann in jedes Flugzeug pumpte. Währenddessen halfen Maxie und Vera, entlang der Landebahn die Tonnen für die Leuchtfeuer aufzustellen.

Irgend jemand hatte Gaslampen beschafft, die im Erfrischungszelt aufgehängt wurden. Dort saß Eleanor und schrieb ihren Bericht, unermüdlich bestrebt, die anderen Fliegerinnen zu beruhigen und aufzumuntern – etwas, was sie sehr gut machte. Auch ging sie immer wieder zu den Reportern, die sich auf dem Flugfeld herumtrieben, und erklärte ihnen: »Wenn Sie Schlaf brauchen, gehen Sie ruhig. Kommen Sie wieder, wenn Sie wollen, ansonsten lassen wir Sie wissen, was passiert ist, sobald wir Nachricht haben.«

Nach dem Auftanken ging Jo mit Nancy und Lila, um sich ein wenig auszuruhen, aber Hazel hatte das Gefühl, genug Energie und Ausdauer zu haben, um nach Cleveland zu laufen, vom Fliegen ganz zu schweigen. Sie ging ins Zelt, forderte Maxie, Eleanor und Vera auf, ebenfalls ins Bett zu gehen, und starrte hinaus auf die Leuchtfeuer.

Aber Maxie blieb und paffte eine Zigarre. Sie schwiegen.

Der schwarze Horizont verdrängte nach und nach das letzte Gold des Himmels. Lichter von den umliegenden Siedlungen und Farmen leuchteten in der Dunkelheit. Doch allmählich schienen die Leuchtfeuer heller als alles ringsumher. Nach einiger Zeit sagte Maxie: »Ich geh' uns ein paar Decken suchen. Es wird bald verdammt kalt werden.«

Hazel nickte. Sie würden heute nirgends mehr hingehen.

Sie legte die Füße auf den Tisch und löste ihre Schnürsenkel. Die Männer der Crew hatten sich offenbar zurückgezogen, obwohl überall Lichter brannten. Heute nacht schien niemand Karten zu spielen, soweit sie sehen konnte. Sie hörte, wie die metallenen Dächer der Flugzeugschuppen sich beim Abkühlen zusammenzogen. Es klang wie Regen.

Sie fühlte sich eher überwach, dennoch schwirrten ihr traumähnliche Bilder von Gus' und Als Suchaktion durch den Kopf. Wie hatte sie einwilligen können, hierzubleiben? Sie alle sollten dort draußen auf der Suche sein. Zum Teufel mit den Statuten, dem Flugplan und der Zeit! Sie stellte sich vor, wie Alexis Leuchtsignale gab. Wenn sie Feuer machte, wäre es vielleicht einfacher, sie im Dunkeln zu finden. Das zumindest hatten sie alle gelernt, wie unkonventionell ihr Training sonst auch gewesen sein mochte. Wer notlanden muß, setzt Sichtzeichen, außer sie ist zu schwer verletzt.

In Wahrheit hatte Hazel noch nie eine Notlandung machen müssen. Einmal hatte sie einem Schuppen das Dach abrasiert. Dabei waren ein oder zwei Verstrebungen zu Bruch gegangen. Sie dachte an Stevie, die im Sand hatte notlanden müssen, weil im Innern des Flugzeugrumpfes ein Feuer ausgebrochen war. Defekte Kabel? Sie war gelandet, hatte das Feuer gelöscht, indem sie ein paar Händevoll Sand darauf warf, und der über ihr kreisenden Crewmaschine gewunken. Nachdem sie ein paar Kontakte unterbrochen hatte, war genügend Energie geblieben, um weiterzufliegen. Kein funktionierendes Armaturenbrett mehr, aber wozu auch, wenn man einen Kompaß hatte?

Hazel selbst hatte noch nie eine wirklich brenzlige Situation erlebt. Sie konnte nur versuchen, sich vorzustellen, wie so etwas war. Die Ungewißheit war schwer zu ertragen. Es nagte an ihr, daß es einer anderen passiert war und sie nichts tun konnte, um zu helfen. Ausgerechnet Alexis! Alexis, für die es normal war, meilenweit über die Tundra zu fliegen. Sie war die ganze Küste Alaskas entlanggeflogen, manchmal sogar weit über dem Meer. Einfach lächerlich, daß sie bei einer so einfachen Etappe sollte notlanden müssen. Wieder hellwach, begann Hazel erneut auf- und abzugehen.

Maxie kam mit Decken zurück und warf Hazel eine um die Schultern.

»Willst du eine rauchen?« Maxie reichte ihr eine Zigarre.

»Ja.« Hazel blieb stehen, damit Maxie ihr Feuer geben konnte. Sie inhalierte, bis sie husten mußte. Maxie klopfte ihr auf den Rücken und sagte, sie solle die Arme hochnehmen.

»Du darfst das verdammte Ding nicht auf Lunge rauchen, Preston. Nur paffen, sonst kann ich dir nie wieder eine anbieten.«

Hazel lachte. »Geht schon wieder.«

»So ist es besser.« Maxie lächelte im schwachen Lichtschein. »Ich habe unter Miss Mack eine Bodenplane. Willst du mitkommen, dich 'n bißchen ausruhen? Ich brauch' das jetzt, sonst können sich meine Augen morgen nicht auf die Koordinaten konzentrieren.«

»Ich komme, wenn ich mich nicht mehr aufrecht halten kann. Ich schau' mir vielleicht noch mal meine Karte an.«

»Du weißt, wo du mich findest, wenn du mich brauchst.« Maxie drückte Hazels Schulter, ihre Stimme gedämpft, beinahe als spräche sie mit sich selbst. »Wenn das hier schlecht ausgeht, werde ich mich furchtbar verantwortlich fühlen, weil ich Alli überredet habe, an diesem bescheuerten Derby teilzunehmen. Wie soll ich damit leben? Wie?«

Hazel wußte nicht, was sie darauf sagen sollte, und legte statt dessen ihre Hand auf Maxies.

Als Eleanor und Vera zurückkamen, fanden sie Hazel zusammengesunken in einem Stuhl, die bestrumpften Füße übereinander. Ihr Kopf war zur Seite gesunken, ihr Kinn ruhte auf der linken Schulter. Beim Geräusch der Schritte fuhr sie zusammen. Die Lampe auf dem Tisch war erloschen, aber ihre Karte lag immer noch ausgebreitet da, an den Ecken mit Steinen beschwert.

»Oh, meine Liebe«, sagte Eleanor und hielt eine brennende Lampe hoch, »tut mir leid, daß wir dich geweckt haben.«

»Nein, nein.« Hazel setzte sich benommen auf und bewegte ihre steifen Schultern, um sie zu lockern. »Wieviel Uhr ist es?«

»Mitternacht«, sagte Vera. Sie trug einen Wollpullover und ausgebeulte Hosen. Das Bündel über ihrem Arm war ein nasser Overall, den sie über mehrere Stühle ausbreitete, die sie vorher dafür zurechtgerückt hatte.

»Na, hast du deine Achseln gewaschen?«

Vera lachte. »Ja. Ich habe mir deine Bemerkungen von heute mittag zu Herzen genommen.«

Hazel stemmte sich von ihrem Stuhl hoch. »Mal sehen, ob wir die Lampe hier wieder zum Brennen kriegen.«

Eleanor trug immer noch ihre gewohnte Uniform, aber sie sah weniger erschöpft aus. »Ist wahrscheinlich kein Petroleum mehr drin. Ich hätte nichts dagegen, meinen Körper von diesem ganzen Sand zu befreien.«

»Schlafen die anderen?«

»Das ist das beste, was man tun kann.«

»Und was ist mit euch beiden?«

»Du kennst mich, H.P., ich schlafe im Stehen. Ich habe ein schönes Nickerchen gemacht, als ich auf meinen Propeller wartete«, sagte Eleanor.

Vera schaute hinaus auf die Reihe der Leuchtfeuer. »Wie hell die Sterne jetzt sind, wie nah. Sie scheinen die Leuchtfeuer zu überstrahlen.«

Hazel zog ihre Stiefel an. »Vor ein paar Stunden war jemand mit Melvin draußen, um Kohle nachzulegen, aber jetzt könnten wir das nochmal übernehmen.«

»Willst du es nicht mal übernehmen, dich ein wenig frisch zu machen?« fragte Eleanor und betrachtete sie prüfend.

Hazel schnaubte verächtlich. »Was – findest du, daß ich schmuddelig aussehe? Ich werde mir einen Eimer Wasser bei der Crew besorgen.«

»Du wirst dich bedeutend besser fühlen, wenn du das tust.«

»Wer sagt denn, daß ich mich nicht großartig fühle?«

»Jo sagte, sie würde oben warten.«

»Sie wird schon herkommen müssen.«

Vera wechselte das Thema. »Wo ist Maxie?«

»Sie hat sich unter Miss Mack schlafen gelegt.«

Eleanor lachte. »Unter? Das paßt gar nicht zu ihr.«

Hazel mimte einen finsteren Blick. »Also wirklich.« Sie erschauerte. Es stimmte – sie war verschwitzt und schmutzig und steif, aber sie würde sich morgen umziehen. Hätte sie sich nicht so lausig gefühlt, wäre es in der Gesellschaft ihrer Freundinnen fast gemütlich gewesen.

Sie gingen zu einem der Schuppen, um nach dem Kohleneimer und einer Schaufel zu suchen. Sie suchten das Infobrett nach letzten Neuigkeiten ab. Es gab noch immer keine Nachricht. Das bedeutete nichts Gutes; der Suchtrupp hatte noch nichts gefunden.

Funken stoben mit jeder neuen Ladung Kohle, die die drei auf ihrem Weg die Startbahn hinunter in die Kohlepfannen füllten. An der letzten drängten sie sich eine Weile dicht aneinander, um sich aufzuwärmen.

Verdammt. Warum gab es immer noch keine Nachricht? Hazel blies in ihre Hände und streckte die Finger dann wieder über dem Feuer aus. Ihre bleierne Müdigkeit war einer explosiven Ungeduld gewichen. Wut. Sie wollte Antworten. Wenn die Crewmaschinen sie bisher nicht gefunden hatten, würden sie irgendwo zum Auftanken landen müssen, von wo sie Nachricht senden konnten. Daß es bisher keine gab, konnte nur bedeuten, daß sie irgendwo in der Wüste gelandet waren, um ihr zu helfen.

Sie dachte daran, wie Al und Al sich wegen der Travel Arctic Sorgen gemacht hatten, wie nervös Alexis gewesen war. Was war passiert – technisches Versagen? Ein Fehler der Pilotin? Sie alle hatten mit den Sandstürmen zu kämpfen gehabt. Hatte irgend etwas an der Bauart der Arctic das Eindringen von Sand begünstigt? Ein Verdacht nagte an ihr: War es möglich, daß jemand an der Maschine herumgepfuscht hatte? Seit Louises Beschwerde und den Bedenken von Al war Hazels Angst immer größer geworden. Sie spürte, wie sie durch ihren Körper kroch wie Gift, wie ein Aufputschmittel.

Sie stapfte mit den beiden anderen die Startbahn zurück, machte unterwegs Halt, um nach Maxie zu sehen, die in Decken gehüllt dalag und sich zusätzlich in ihre Bodenplane eingerollt hatte.

Eleanor beugte sich hinunter, stützte sich gegen eine von

Miss Macks Tragflächen und flüsterte den anderen zu: »Maxie ist jenseits von Gut und Böse. Meinst du, sie hat irgendwo Schwarzgebrannten aufgetrieben, H.P.?«

»Als ob sie das gerade mir sagen würde. Sie hat versprochen, bei diesem Derby brav zu sein. Das muß ich ihr abnehmen. Vielleicht ist sie einfach nur müde.«

»Sieht aus, als hätte sie's einigermaßen bequem«, sagte Vera. »Wir sollten zusehen, daß wir es uns auch bequem machen. Können wir deine Tragflächen benutzen, Hazel? Ich kann bestimmt irgendwo eine Bodenplane auftreiben.«

Hazel nickte. »Das wäre gut. Die Zephir steht näher beim Schuppen, so können wir das Funkgerät hören. Ich hole die Lampen und noch etwas Öl.«

Sie ließ die anderen stehen und ging zurück zum Clubhaus. Zu ihrer Überraschung erschien Jo in der erleuchteten Tür.

»Warum bist du nicht gekommen?« fragte Jo leise, Unruhe in der Stimme. »Ich dachte schon, es sei was passiert. Irgendwelche Neuigkeiten?«

»Nein.« Hazel wollte sich vorbeidrücken, aber Jo hielt sie fest, umschlang sie. Die Umarmung erwidernd, vergrub Hazel ihr Gesicht in Jos Schulter. Welche Entspannung. Die Wärme sandte ihr Schauer über den Rücken.

»Du hast gesagt, wir sollten nur zusammenkommen, wenn es unbedingt nötig ist«, flüsterte Jo.

»An so etwas hatte ich wohl nicht gedacht. Verdammt, es ist erst die zweite Etappe.«

»Es wird ihr gut gehen. Denkst du nicht auch, daß es ihr gut geht?«

»Wer hat sich dieses verrückte Projekt überhaupt ausgedacht?« Hazel rieb ihre Wange an Jos.

»Wir.«

»Das werde ich mir nie verzeihen«, krächzte Hazel.

»Ja, aber wir waren uns der Risiken bewußt. Es war niemals ein leichtsinniges Abenteuer.«

»Hast *du* nicht den Reportern erzählt, es sei gefährlich?«

»Ich habe nachgedacht, Haze... direkt südlich der Gila Mountains war die Luft bei zwölftausend Fuß unruhig. Ich mußte höher gehen, höher als ich eigentlich wollte. Wenn es nicht ein technischer Defekt ist, ist *das* der Punkt, wo sie in Schwierigkeiten geraten sein könnte. Es war, als würden Wellen gegen die Berge schlagen. Vielleicht ist sie von einem Abwind erfaßt worden.«

»Ich hab' nichts davon gemerkt. Falls sie ein Problem mit der Maschine hatte, kann ich nur hoffen, daß sie gesprungen ist. Es muß irgendwelche Komplikationen geben, weil wir immer noch keine Nachricht haben.«

»Du weißt, daß wir weitermachen müssen, oder? Egal, was passiert ist.«

Hazel trat zurück, ohne ganz loszulassen. Als sie in Jos Gesicht blickte, sah sie ihren eigenen Schmerz in den Furchen auf der Stirn, in den ausgeprägten Linien um die Augen gespiegelt. Sie antwortete leise: »Um jeden Preis, ja. War das nicht immer so?«

»Alexis würde wollen, daß wir weitermachen. Wir alle erwarten das voneinander. Du weißt, ich würde darauf bestehen, daß ihr weitermacht, wenn mir was zustößt. Das weißt du doch?«

»Bestätigt. Dasselbe gilt umgekehrt.«

»Es wird nicht gut ausgehen, nicht wahr, Hazel? Ich spüre es. Wir alle spüren es.«

Hazel hielt ihre Hände. »Ja, wir spüren es. Du solltest dich ausruhen. Ist das Hotel anständig?«

»Der Besitzer ist ein bißchen überbesorgt. Nicht daran gewöhnt, das Haus voller Damen zu haben. Es ist offensichtlich für Eisenbahner und Postflieger eingerichtet, aber er hat einen Flügel für uns reserviert. Ich habe eine mit Vorhängen abgeteilte Schlafkoje. Die Newtons und die Wilczynskis haben richtige Zimmer. Aber immerhin gibt es eine Badewanne. Und es ist ganz in der Nähe – gleich hinter den Gleisen. Wir können hören, wenn ein Flugzeug ankommt. Ich gehe jetzt zurück. Zeit, die

Klamotten einzuweichen. Mein Kopf tut weh. Ich fühle mich so bleiern, ich weiß gar nicht, wie ich morgen vom Boden hochkommen soll. Bleibst du hier?«

»Ja.«

Ich habe schon alle möglichen Arten von Luftvorführungen und Touren gemacht, und in dieser ganzen verdammten Zeit bin ich nie auf so viele Probleme und Frustrationen gestoßen wie bei diesem Derby.

Stevie Lamb
aus den Notizen für eine Reportage, E.W.

5

Alexis! Hazel erwachte jäh. Ihr Körper roch nach altem Schweiß. Sie setzte sich auf und konnte gerade noch verhindern, daß sie mit dem Kopf an die niedrige Tragfläche über ihr stieß.

Beim ersten Licht gegen fünf Uhr morgens kamen die Mechaniker in Bewegung. Das Scheppern von Eimern, das Geräusch spritzenden Wassers erinnerte sie nur zu deutlich daran, wo sie war. Benommen stellte sie fest, daß die Leuchtfeuer erloschen waren. Der Himmel war schiefergrau.

Schon die Aussicht auf heißes Wasser schien den Schmerz in ihrem Rücken zu lindern. Roch sie da nicht Kaffee? Sie wollte ihn stark, bitter und schwarz, mit einem Stück Zucker, um die Reizstoffe zu mildern.

Ihr Magen knurrte. Mit etwas Glück konnte sie vielleicht eine Schüssel Hafergrütze bekommen. Eigentlich war vereinbart, daß das Hotel einen großen Topf davon herüberschickt, aber wann?

Vor dem Derby hatte sie davon geträumt, mit Jo neben sich aufzuwachen. Wie leicht es wäre, noch ein wenig liegen zu bleiben. Ein weiterer Wettkampftag? Oh, aber wir müssen jetzt wirklich, wirklich aufstehen, Liebes. Noch nicht, noch nicht. Ich will dich näher bei mir, länger. Ich will kein Frühstück, sondern meine Hand wandern lassen...

Verdammt. Hazel warf ihre Decke zurück und zog sich an einer der Tragflächen hoch. Sie hatte auf dem Boden geschlafen, hin und wieder war ihr die Kälte bewußt geworden, die Härte des Bodens, ihre Hüftknochen, die dagegen stießen – um dann voller Hunger nach Jo aufzuwachen. Warum diese Strapaze? Ihr Kopf war von Alpträumen benebelt. Alexis! Der Wind, der Alexis mit ihrem Fallschirm über die Gila Mountains wehte. Und Hazel, wie sie bis zum Ende der Startbahn rannte und versuchte, sie zu fassen. Hazel dachte daran, was Jo gesagt hatte: »Du weißt, daß wir weitermachen müssen.«

Hazel wußte, daß es etwas in ihr gab, das für den Rest des Derbys nicht mehr schlafen würde. Die Nerven übernahmen von nun an das Regiment.

»Ich hab' dir etwas Wasser mitgebracht«, rief eine sanfte Stimme ihr zu. Vera kam mit einem dampfenden Eimer heran. »Wenn wir ein paar Decken aufhängen, dann hast du dein eigenes Privat-Badezimmer. Wie klingt das?«

Hazel grinste mit geschwollenen Augen. »Ich dachte, du schläfst noch hinter mir.« Sie drehte sich nach Eleanor um. Hatte Vera sich vielleicht an Eleanors Rücken gewärmt? »Noch immer nichts Neues?«

»Nur, daß die National Air Exchange noch mehr freiwillige Flieger sucht. Sie konzentrieren sich auf die Berge.« Vera rannte geschäftig hin und her, warf Decken über die Tragflächen, die aber immer wieder herunterrutschten. »Geht es, wenn ich einfach eine für dich hochhalte?«

Hazel beobachtete sie mit einer Mischung aus Belustigung und Dankbarkeit. »Warum tust du das?«

»Mußt du heute nicht ein bißchen fliegen?«

Als sie ihre Unterwäsche abstreifte, sah Hazel in den dampfenden Eimer. »Du meine Güte, da ist ja sogar ein sauberer Lappen drin. Das ist aber nicht dein schon in Stücke gerissener Overall?«

»Nicht doch...«

Ein Paar runder brauner Augen spähte über den Rand der Decke, und eine rauhe Stimme sagte: »Sieht einladend aus. Darf ich dir Gesellschaft leisten?«

»Klar, Max.«

Inmitten dieses Geplänkels setzte sich eine ziemlich zerknitterte Eleanor auf und knurrte: »Laute Nachbarn.«

Nachdem Hazel und Maxie sich gewaschen und umgezogen hatten und die Hafergrütze aufgegessen war, strömten die Pilotinnen zu dem Treffen, das sie am Abend zuvor anberaumt hatten – Besprechung der Route und Ziehung für Etappe drei. Es war höchste Zeit. Die Mechaniker fingen bereits mit den

Flugvorbereitungen an. Sogar Stevies Flugzeug war fertig und startklar.

Hazel hoffte jede Minute, daß endlich Nachricht kam, irgend etwas, um weitermachen zu können. Ein Wettkampffunktionär brachte die Schachtel mit den Nummern, stellte sie auf einen Tisch im Erfrischungszelt und wartete. Während Eleanor losging, um mit ihren Pressekontakten zu reden, berieten sich die Pilotinnen über Hazels Karte gebeugt, besprachen die Besonderheiten der bevorstehenden Etappe. Das Wetter würde wieder heiß und trocken sein, das Terrain unwirtliche Wüste.

Wieder ging ihr Kurs Richtung Südosten, kreuzte den Gila River, um dann östlich von Santa Cruz zu verlaufen. Tuscon sollte, außer in Notfällen, übersprungen werden, dann mußten sie den San Pedro River überqueren und in südlichem Winkel zu den Dragon Mountains fliegen. Ihr Ziel war Douglas, nahe der Grenze von Arizona, ein Zwischenstop auf einem kleinen Militärflugplatz. Es war wichtig, nicht über Douglas hinauszuschießen und in Mexiko zu landen. Von dort aus würden sie weiter über New Mexico fliegen, mit Ziel auf die unsichtbare Grenze von Texas, Büffelgrasland, und dann in El Paso die Nacht verbringen.

Die Hauptsorge galt dem, was sie von der Presse in Douglas zu erwarten hatten. Welche von ihnen auch immer zuerst landete, mußte schnelle Antworten parat haben. Was sollte für alle gemeinsam gesagt werden? Ungewöhnlicherweise wollte Pamela eine Nachrichtensperre, bis alle Pilotinnen gelandet waren. Sie wurde überstimmt. Unmöglich. Sie mußten ein einträchtiges Statement abgeben. Schließlich einigten sie sich auf folgende Formulierung: »Alle Pilotinnen möchten die Möglichkeit haben, zuerst den neusten Stand über Alexis Laraway zu erfahren, bevor sie individuelle Kommentare abgeben. Was das Derby anbelangt – wir werden weitermachen. Die Teilnehmerinnen sind darüber einer Meinung.«

Und dann saßen sie da und brüteten über ihrem Kaffee.

Der Funktionär räusperte sich. »Meine Damen, wir müssen das hier hinter uns bringen.«

Niemand rührte sich.

Dann zog sich Hazel langsam hoch, alle standen nach und nach auf, bildeten träge einen Kreis um die Schachtel. Hazel trat vor und sagte mit angespannter Stimme: »Es ist für keine von uns leicht. Indem wir eine Nummer ziehen, gestehen wir etwas ein. Wir geben einen Verlust zu – und das wollen wir nicht, weil wir keine Gewißheit haben. Wir geben zu, daß Alexis nicht dabeisein kann ...« Ihre Stimme wurde heiser. »Wir geben zu, daß wir weitermachen müssen, obwohl sie nicht hier ist, obwohl wir keine Ahnung haben, was der Suchtrupp gefunden oder nicht gefunden hat. Wir wissen, daß es schon zu lange dauert, daß Alexis, wenn der Suchtrupp keine Signalfeuer entdecken konnte, vielleicht schwer verletzt ist. Es ist möglich, daß ihr Flugzeug zu beschädigt ist, um im Rennen zu bleiben. Wie immer auch das Ergebnis sein mag, ich glaube, ich glaube wirklich, daß wir stark sein müssen, daß wir dranbleiben müssen.« Das Klicken einer Kamera schreckte sie auf. »Wir müssen weitermachen. Ich glaube, daß sie das von uns erwartet. Also fange ich an, weil ich an das glaube, was wir tun. Wenn eine von euch die Führungsposition zieht und sich irgendwie unwohl damit fühlt, dann übernehme ich sie.«

»Presch vor!« rief Maxie laut, ihre Faust in die Luft gereckt.

»Jaah!« Stevie griff den Anfeuerungsruf auf, obgleich ihre Stimme ganz dünn war. »Preschen wir.«

Alle Hände waren jetzt oben. Rasch griff Hazel in die Schachtel und zog eine Nummer heraus. Sie zitterte, als sie das gefaltete Papier öffnete. »Dreizehn. Weiter jetzt.« Sie kämpfte mit den Tränen, während sie das Papier, für alle sichtbar, hochhielt, dann wandte sie sich ab.

Sie war die letzte in der Ziehung. Oh, wie sehr wünschte sie sich, daß Alexis in der Lage sein würde, aufzuholen, auf diesen vierzehnten offenen Platz.

Als sie wieder aufblickte, sah sie Eleanor mit einem Ausdruck grimmiger Entschlossenheit auf das Zelt zugehen. Vera fing sie ab und drückte ihr irgend etwas in die Hand. Was, Filmmaterial? Zusammen gingen sie zurück zum Flugplatzgebäude.

Eine Decke als Mantel benutzend, schlurfte Hazel zu ihrer Zephir, wobei sie in den grellen Wüstenmorgen blinzelte. Wie merkwürdig, daß sie trotz der Wärme zitterte. Es war Zeit, ans Fliegen zu denken. Diejenigen, die in der ersten Hälfte der Auslosung waren, starteten bereits ihre Motoren. Sämtliche Reparaturarbeiten waren abgeschlossen, alle Flugzeuge startklar und die Cockpitchecks in vollem Gange. Aber welch andere Stimmung im Vergleich zu gestern. Jetzt erledigten alle ihre Vorbereitungen völlig mechanisch – keine Neckereien, kein Geplauder. Sie beobachtete, wie Lila Wilczynski, die die Führungsposition gezogen hatte, letzte Instruktionen von Frank bekam, bevor er in eine Maschine der Vorhuteskorte kletterte. Er möchte da sein, wenn sie landet, möchte sie vor der Presse und allen wie auch immer gearteten Neuigkeiten beschützen, dachte Hazel niedergeschlagen. Das hätte sie sich auch gewünscht.

Hannah und Marsha, die als nächste folgen sollten, absolvierten ihre Cockpitchecks.

In einem feuchten Overall kam Vera heran, kurz bevor die Vorhutcrew losfliegen sollte. »Ich hab' hier die Morgenzeitungen für dich. Die Berichterstattung ist von gestern. Hier ist die Extraausgabe.«

Hazel überflog das Gedruckte – spärliche Informationen, die sie bereits kannte.

»Suche nach abgestürzter Pilotin geht weiter. Suchgebiet ausgeweitet auf die Gila Mountains. Nationalgarde wird möglicherweise eingeschaltet.«

»Und schau dir das an.« Vera reichte ihr ein einzelnes Blatt, aus einer Zeitung herausgerissen.

Hazel sah sich den Artikel an, der etwas über R.Q. Taggart brachte: »... hoch angesehen aufgrund seiner Pionierarbeit bei Experimenten zur Treibstoffeinsparung, die nun in großem Umfang getestet werden, vor allem bei schwereren Transportmaschinen, sucht er nun nach einer expandierenden Firma und Flotte mit sowohl Transport- als auch Sportflugzeugen.«

»Nein, sieh dir das Photo an.«

Das Bild zeigte einen lächelnden Taggart – das übliche humorlose Lächeln –, der auf einer Startbahn stand, im Hintergrund eine helle Rearwyn.

»Die Tragfläche, Hazel. Die Nummer – NC-060.« Vera tippte auf das Bild. »Das ist die Nummer, die ich auf der Tafel gesehen habe.«

»Stimmt«, sagte Hazel und faltete das Blatt zu einem kleineren Rechteck. »Das erklärt alles. Er ist vor uns nach Phoenix geflogen, wohl um Werbung für Jo zu machen – und offenbar auch für sich. Ich glaube nicht, daß er irgendwas verbergen will, sonst würde er nicht dieses Bild mit diesem Flugzeug so groß in den Zeitungen bringen lassen.«

»Möglich. Aber beachte, daß er vor kurzem einen Mechaniker mit dem Namen Sylvester ›Sweeney‹ Crawford engagiert hat... und die Rearwyn, die er fliegt, ist ein Zweisitzer.«

»Sweeney?« Ein Schock fuhr Hazel durch die Glieder. »Alan wollte mit mir reden, wenn wir in Phoenix sind. Taggart mag ja völlig unschuldig sein, aber ich kann nicht sagen, daß mir dieser Sweeney behagt. Ich hoffe nur, daß die beiden sich jetzt verziehen. Normalerweise begleiten die Sponsoren die Pilotinnen richtig oder warten am Ziel auf sie. Es beunruhigt mich, daß sich Taggart, wenn er die ganze Strecke dabeisein will, nicht einer der Hilfscrews angeschlossen hat. Es sei denn, er wollte nur bis hierher mitkommen.«

Hazel schob den Zeitungsausschnitt in ihre Tasche, und sie fingen an, die Planen von der Zephir zu entfernen.

»Darauf würde ich mich nicht verlassen«, warnte Vera, während sie die große Plane falteten und verstauten. »Al wird nicht in der Lage sein, dich mit den nötigen Informationen zu versorgen, ich meine, wenn Alexis tatsächlich aus dem Rennen ist. Aber wenn da irgendwas Wichtiges war, würde er es Gus erzählen, oder?«

»Bestätigt. Kommt drauf an, was da draußen passiert. Gus wird zurückkommen, sobald er weiß, daß es von anderer Seite Unterstützung gibt. Ich werde mich weit besser fühlen, wenn er wieder da ist.« Sie faltete ihre Decke zusammen und reichte sie Vera. »Weißt du, wo die hinkommt?«

»Behalt sie. Du wirst sie heute nacht wieder brauchen.« Vera legte eine Hand auf Hazels Schulter. »Ich kann die C-200 hören. Die ist heute meine.«

Mit einem Winken ließ Hazel sie gehen.

Als sie ihre ungleichen Handschuhe anzog, blickte sie plötzlich erschrocken auf. Vera war außer Sicht. Ihre Kamera! Verdammt, sie war bei Alexis verstaut, und Vera hatte kein Wort darüber verloren.

Ohne vor ihrem Abflug etwas Neues erfahren zu haben, flog Hazel ihre Etappe wie immer, achtete auf den Wind, ihren Kompaß und ihre Flughöhe. Aber es war nicht dasselbe. Sie konnte nur hoffen, daß mit Alexis alles in Ordnung war.

Sie dachte an Jos Bemerkung über die Winde, an das hartnäckige Problem, das Al und Al zu schaffen gemacht hatte. Sie konnte nicht umhin, sich zu fragen, ob jemand an der Maschine herummanipuliert hatte. Irgendwas Heimtückisches, was nicht gleich auffiel. Vielleicht in Santa Monica? Aber warum? Und warum ausgerechnet Al und Al? Es war absurd.

Um sich abzulenken, gedachte sie ihres Zweiundzwanzig-Stunden-Solofluges – wie ihr Gehirn angefangen hatte, eine eigene Realität zu erschaffen, jenseits des unaufhörlichen Lärms ihres Motors, außerhalb ihrer Bewußtseinskontrolle.

Das war auf diesen kurzen Etappen nicht passiert. Wie überrascht sie gewesen war, als Jo plötzlich Backbord auftauchte und in der Auftankmaschine eine große Runde mit ihr zusammen flog, bevor sie mit dem Manöver begannen. Wie belebend das gewesen war – eine Unterbrechung der Monotonie. Wie schwerfällig ihr Körper zuerst reagiert hatte, wie verkrampft ihre Beine auf dem Ruderbalken waren, bis die Erregung spürbar wurde. Dann kam die Präzision eines jeden Schrittes und die gefährliche Position von Jos Maschine direkt über ihr, als sie und Jo die Benzinleitungen miteinander verbanden, dann das Schritthalten, während der Kraftstoff mit Hilfe der Schwerkraft von einem Tank in den anderen floß. Wie oft hatten sie das geübt und durchgesprochen, und dennoch kam es ihr immer noch unberechenbar und gefährlich vor.

Sie konnte sich nicht helfen, bei aller Sorge um Alexis war sie auch ein bißchen wütend auf sie. Fliegen war immer unberechenbar, aber Alexis mußte irgendwas gemerkt haben, bevor sie runterging. Sie hätte umkehren sollen ... verdammt ... Ich hätte mehr darauf geben müssen, als sie und Al sich Sorgen gemacht haben, dachte Hazel. Ich hätte ihr raten sollen, um eine Startverschiebung zu bitten, hätte ihr sogar raten sollen, ihre Teilnahme zurückzuziehen. Aber wie soll man das vorher wissen? Was hätte ich noch tun können?

Natürlich wußte Hazel, daß bei Derbys die eine oder andere Katastrophe unvermeidlich war. Bei Männerderbys gehörten Bruchlandungen beinahe zur Tagesordnung. Aber dies war das erste Frauenderby. Sie mußten erst noch Glaubwürdigkeit erringen, mußten vorsichtig sein. Nicht auszudenken, was die Presse über Frauen schreiben würde, die abstürzten.

Als sie über dem Flugplatz von Douglas kreiste, sah sie, daß noch nicht alle Maschinen gelandet waren. Sie hatte über einen Gutteil der Strecke eine Luftströmung als Rückenwind nutzen können. Militärflugzeuge in Reih und Glied säumten die Landebahn wie eine Ehrengarde. Sie sah keine Menschenmenge, nur ein paar Mechaniker, die zwischen den Flugzeugen hin- und herliefen und das Ganze alltäglich wirken ließen. Aber sie wußte, daß die Presse auf der Lauer lag, ob es nun Neues von Alexis gab oder nicht. Sie stählte sich für die Landung, als wäre die Bahn eine Ölfläche.

Als sie ausgerollt war und der Lotse seine Fahne senkte zum Zeichen, daß die Bodencrew sie von der Landebahn schieben konnte, sah Hazel eine Phalanx von Wettkampffunktionären und Militärs, die sie erwarteten. Sie witterte Unheil und sprang aus ihrem Cockpit mitten in die Eskorte hinein. »Hier entlang, Miss Preston.« Einer der Funktionäre deutete in eine Richtung, während ein anderer sie beim Arm nahm.

Hinter ihnen, in einem mit Seilen abgeteilten Bereich, drängte sich, von Kadetten bewacht, eine Zuschauermenge – den Notizblöcken und Kameras nach zu urteilen Reporter. Nun, an der Organisation auf diesem Zwischenstop war wirklich nichts auszusetzen – Militärbewachung war mehr als man erwarten konnte, die Zivilbevölkerung wurde gänzlich vom Flugfeld ferngehalten.

Sie fühlte sich unbehaglich zwischen lauter Männern eingezwängt und geschoben, aber die hartnäckigen Rufe der Reporter erreichten sie trotzdem. Sie schützte ihr Gesicht mit den Händen, als die gräßlichen Worte auf sie einhagelten: »Miss Preston, Miss Preston! Ändert der Tod von Miss Laraway Ihre Meinung zur Fortführung des Derbys? Miss Preston –«

»Keine Fragen, keine Fragen!« bellte ein Funktionär.

Hazel würgte krampfartig vor Schock, als ihr die Bedeutung der lässig, ja gleichgültig hingeworfenen Worte klar wurde. Wie lange wußten die Reporter es schon?

»Entschuldigen Sie, meine Herren, bitte ...« Plötzlich wurde sie an einigen weiteren Kadetten vorbei und durch eine Tür geschoben, die hinter ihr zuschlug.

Vor ihr saßen die meisten ihrer Kameradinnen in einer muffigen Unterkunft, vermutlich eine Funktionärslounge. Einige kauerten um einen Konferenztisch, andere lagen auf bereitgestellten Feldbetten oder hockten wie Maxie zusammengesunken in einem der Ledersessel. Maxies Augen waren geschlossen, aber dick und rot vom Weinen.

Hazel stand da, starr von dem Schock, daß Alexis tot war. Ihr Sichtfeld verschwamm. Schließlich stolperte sie vorwärts und sackte auf einen der Stühle am Tisch. Ein schlechter Geruch hing in der Luft, trat an die Stelle der Treibstoffdämpfe, die sie noch in der Nase hatte. Wie der Geruch des Todes. Was war es? Sie saß da und starrte auf das glänzende, glatte Holz des Tisches.

Als Hazel endlich aufsah, traf ihr Blick Jos traurige graublaue Augen, und sie nahm den Becher Kaffee entgegen. Vor ihr ausgebreitet lagen die Extraausgaben der Zeitungen. Sie ergriff eine und strich sich das Haar aus der Stirn. Alle verharrten in einem schrecklichen Schweigen, als hätten sie bereits genug gesagt.

Als Hazels Sinne etwas klarer wurden, begriff sie, daß der Geruch von dem polierten Leder der Stühle kam und dem abgestandenen Mief von starkem Tabak, der sich überall festgesetzt hatte. Dies war kein Ort, an den normalerweise Frauen kamen. Ein fremder Ort ohne Behaglichkeit. Unter normalen Umständen wären die Pilotinnen wohl kaum hierher geführt worden, eher in den Speiseraum der Kadetten. Wahrscheinlich hatte man sie hierher gebracht, weil niemand so recht wußte, wohin mit ihnen.

Die großen Druckbuchstaben der Zeitungen verschwammen vor ihren Augen, sie bekam hämmernde Kopfschmerzen. Da war auch ein Bild – es mußte ganz früh an diesem Morgen gemacht worden sein. Jemand von der Presse war so früh schon dort gewesen. *Sie* wußten es! Die Travel Arctic, wenn sie es war, lag da als ein schwelender Haufen, nicht zu identifizieren. Aber sie konnte einen unverkennbaren Teil von Alexis' Registriernummer ausmachen – 05, sowie die 8, welche das Flugzeug als Teilnehmer des Derbys auswies. Die Überschrift lautete:

Derby-Pilotin nahe der Gilabiegung tödlich verunglückt
Leiche neben dem Wrack aufgefunden

Eine andere lautete:

›Das Wettfliegen muß abgebrochen werden‹

»Sag mir, Jo, ist sie denn nicht gesprungen?« fragte Hazel mit schwacher Stimme und drehte die Zeitung um, damit sie das Bild nicht mehr sehen mußte.

»Doch, Haze, sie ist gesprungen.«

»Hat sich ihr Fallschirm nicht geöffnet?«

»Er hat sich geöffnet.«

Hazel schob den Kaffeebecher beiseite und seufzte, es war halb ein Schluchzen. »Warum dann?«

»Sie muß zu spät gesprungen sein. Der Fallschirm hat sich vielleicht verheddert und erst unterhalb tausend Fuß geöffnet. Sie haben sie ungefähr hundert Fuß von der Maschine entfernt gefunden – Gus und Al haben sie gefunden.«

Hazel vergrub ihren Kopf in den Armen und sank auf den Tisch. Sie fühlte Jos Arme um sich.

»Hör zu, Haze – Lila und Eleanor haben alle fünfzehn Minuten mit der Presse geredet. Wir brauchen deine Hilfe für eine Erklärung, damit wir hier raus können.«

»Natürlich. Ich brauche einen Schluck Wasser.« Hazel setzte sich auf. »Wo ist Vera?«

»Sie ist auch bei ihnen. Sie müßten jeden Augenblick zurück sein.«

»Und was sagt Jenney?«

»Sie und der Sponsorenausschuß stehen voll und ganz hinter uns. Es kneift niemand. Es gibt da so einen Ölfritzen, der droht, die Zwischenstationen in Texas zu blockieren. Er schwört, er wird persönlich dafür sorgen, daß die Landebahnen mit Flugzeugen zugestellt werden. Hier, hör dir das an: ›Die Pilotinnen des Mädchenderbys haben bewiesen, daß diese Art der Herausforderung zu gefährlich für sie ist. Ohne unsere Führung sind sie leichtsinnig und unfähig. Es ist ein Skandal, daß Ehemänner ihren Frauen erlauben, an dieser Veranstaltung teilzunehmen. Wenn die Mädchen selbst nicht einsichtig genug sind, diese Dummheiten zu lassen, ist es an Männern wie uns, mit klarem Verstand für ihr Wohlergehen zu sorgen, die Treibstofflieferungen zu unterbinden und dieses Derby eigenhändig zu beenden.‹«

Hazel schnaubte ungläubig. »Verdammt – ich wette, Frank und Sam werden dazu was zu sagen haben. Wie gefährlich ist der Typ wirklich?«

»Die National Air Exchange kümmert sich gerade drum, aber –«

Die Tür öffnete sich, und eine Gruppe drängte hastig herein – Eleanor, Vera, Lila, Frank und Sam.

»... nein, auf gar keinen Fall. Fünfzehn Minuten«, sagte Eleanor, als sie die Tür schloß. Sie wandte sich den Pilotinnen zu, die sich aufsetzten oder auf ihren Liegen aufrichteten. »Hannah und Nancy geht es gut. Sie hatten beide nicht mehr genug Treibstoff, um bis hierher zu kommen, und kriegen jetzt Hilfe in Tuscon.«

»Aber wir haben doch ausreichend aufgetankt letzte Nacht«, protestierte Hazel.

Eleanor schüttelte den Kopf. »Wie es aussieht, hatte Hannah eine Art Verstopfung in der Benzinleitung – die Treibstoffzufuhr war unterbrochen. Und Nancy war auf Reservetank, als sie startete, und hat nach dem Einschalten die Gefällezuführung nicht in Gang bekommen. Sie sind beide noch nicht ganz vertraut mit ihren Flugzeugen. Ich nehme an, sie waren auch nervös. Sie stoßen bald zu uns.«

»Und wann nehmen wir uns Zeit für Alexis?« fragte Maxie und stand auf. »Es war schon schlimm, es von einem Reporter zu erfahren, aber es ist vollends unerträglich, das anmaßende Geschwätz in den Zeitungen mitzukriegen und dabei unter dem Deckmantel der Ungestörtheit in einem stickigen Raum eingeschlossen zu sein.«

Pamela Christy raffte sich von ihrem Feldbett auf. »Genau. Ich denke, wir sollten eine Erklärung abgeben, alle zusammen. In eigener Sache und zu Ehren Allis. Eine Erklärung, die überzeugend genug ist, die Reporter beschäftigt zu halten. Eine große Geste.«

»Gute Idee«, bestätigte Eleanor, und ihre Stimme dröhnte wie ein Gongschlag durch die allgemeine Lähmung. »Frank, könntest du die Monocoupe von ihrem Platz wegschieben? Den ersten Platz in der Reihe frei zu lassen wird Allis Fehlen deutlich machen. Sam, könntest du mal schauen, ob ein Mikrophon bis dorthin verlegt werden kann?«

Die beiden Männer nickten und zogen ab.

Sarah wartete, bis ihr Mann draußen war, dann sagte sie: »Okay, Ladies, wir sind unter uns. Laßt uns die Sensationsgesichtspunkte des Derbys durchgehen und sicherstellen, daß unser Beitrag die Dinge in den richtigen Blickwinkel rückt. Ich für meinen Teil würde die Öffentlichkeit gern daran erinnern, daß wir Frauen für dieses Derby die gleichen Aufnahmekriterien erfüllt haben wie sonst männliche Piloten. Und auch, daß es in der Branche aufgeklärte Männer gibt, die klug genug sind, uns zu unterstützen.«

Es gab ein zustimmendes Gemurmel, dann Schweigen.

Hazel, die grübelnd dagesessen hatte, ergriff das Wort: »Ich möchte wissen, warum die Presse heute morgen schon Bescheid wußte und wir nicht. Das beunruhigt mich ernsthaft.« Sie sah, wie Eleanor Vera einen kurzen Blick zuwarf, und schnauzte: »Ihr habt es gewußt?«

Eleanor atmete tief durch. »Ich bekam einen Anruf von Lockheed – als ihr eure Positionen zogt. Sie hatten Nachrichtensperre beschlossen, bis ihr alle unterwegs wart. Ich habe zugestimmt, weil ich nicht wollte, daß eine die Nerven verliert.«

Hazel starrte Vera an, die ihr einen kurzen, ergebenen Blick zuwarf. Sie hatten es also beide gewußt, und Vera hatte ihr nichts gesagt. Nicht, daß Alexis tödlich verunglückt war, nichts über ihre Kamera. Sie wußte nicht, ob sie wütend oder dankbar sein sollte. Schließlich sagte sie durch die Zähne: »In Zukunft müssen wir *alles* wissen, und zwar alle. Es war eine Tortur, die ganze Nacht zu warten. Hierher zu fliegen war auch eine Tortur – aber es dann von Fremden zu erfahren! Jede von uns hätte den ganzen Flug Zeit gehabt, sich vorzubereiten, ihnen entgegenzutreten –«

»Es tut mir leid«, murmelte Eleanor, die Hand an der Stirn, »es tut mir leid ... ich habe getan, was ich für das Beste hielt ...«

»Hört zu«, schaltete sich Maxie ein und unterdrückte ein Schniefen. »Ich wäre nicht imstande gewesen zu starten, wenn ich es gewußt hätte. Es wird auch jetzt nicht leicht sein.«

Es gab ein Gemurmel aus widersprüchlichen Ansichten. Hazel lehnte sich erschöpft zurück. Ich will nicht geschont werden. Die nackte Wahrheit ist besser – irgendwie leichter zu ertragen. Nur die Kenntnis der Wahrheit ermöglichte angemessenes Handeln.

Sie schlug mit der Faust auf den Tisch, um sich Aufmerksamkeit zu verschaffen. »Ich finde es wichtig, daß wir als Team arbeiten. Wir haben noch nicht mal die Hälfte geschafft! Ich will nicht, daß irgend etwas unter Verschluß gehalten wird, das sage ich euch allen ganz offen – checkt eure Maschinen doppelt und dreifach bis direkt vor dem Abflug. Wir wissen bisher nicht, wodurch der Unfall verursacht wurde, aber ihr wißt alle, daß Louise es ziemlich verdächtig fand, was mit ihren Kabeln passiert ist. Alexis' Tod ist möglicherweise noch nicht das Ende vom Lied.«

Ein Gemurmel aus Bestürzung und Widerspruch erhob sich.

Hazel bat mit erhobener Hand um Ruhe. »Al erzählte mir, daß unter den Bodencrews möglicherweise faule Wettgeschäfte im Gang sind, an einigen oder auch an allen Zwischenstationen, und wer weiß, was sonst noch läuft. Wir alle haben im Zusammenhang mit Männerderbys schon von sowas gehört. Er wollte mich noch genauer informieren, aber ich konnte letzte Nacht nicht mehr mit ihm sprechen. Gus wird mir erzählen, was er zu berichten hat. Ich denke, wir sollten wachsam sein, das ist alles. Ein Ölfritze hat damit gedroht, die Treibstofflieferungen zu blockieren, um das Derby zu stoppen. Es wird noch andere geben.«

Maxies tiefe Stimme schaltete sich ein. »Es schadet nichts, vorsichtig zu sein, aber laßt uns auch vernünftig sein. Wir stehen alle unter Streß. Ich sehe nicht, warum es schaden sollte, wenn ein bißchen gewettet wird –«

»Nein, sie hat recht«, sagte Eleanor. »Wir sollten auf der Hut sein. Flugwettbewerbe sind relativ neu, aber irgendwie ist immer ein bißchen was von den alten Pferderennen dabei. Der Robertson-Fall vor ein paar Jahren war sehr real – es gab keine tödlichen Unfälle, aber eine Menge ungeklärter Vorkommnisse und einige ernste Verletzungen. Es gab klare Beweise für Wettgeschäfte und damit verbundene Sabotage. Es ist wirklich passiert –«

»Aber nicht bei diesem Derby!« schnaubte Jo wütend. »Der Gedanke ist unerträglich. Maxie hat recht, wir sollten vernünftig bleiben. Das letzte, was die Presse jetzt hören sollte, ist, daß es uns nervös macht, in unsere Flugzeuge zu steigen – aus Angst vor Wettschwindel und Sabotage! Ich glaube das nicht. In ein paar Jahren könnte sowas auf uns zukommen, aber Tatsache ist doch, daß das Derby erstmal eine ernstzunehmende Bedeutung gewinnen muß. Vorläufig geht es in der öffentlichen Diskussion darum, ob unser Geschlecht überhaupt in der Lage ist, ein Derby zu Ende zu bringen!«

Wer hatte da ein halbherziges Lachen von sich gegeben? Hazel fuhr herum und sah Stevie und Marsha etwas verloren auf der Couch sitzen. Es war Stevie, die gelacht hatte, nein, kein richtiges Lachen – zu ironisch. Stevie sagte: »Wir können nicht funktionieren, wenn wir damit rechnen müssen, daß alles, was schiefgeht, Sabotage sein könnte. Ich bin trotz all meiner Schwierigkeiten immer noch im Rennen, und ich gebe die Schuld an meinem Kummer den Fehlkonstruktionen des Werks und meiner Unerfahrenheit in Sachen Mechanik. Ich würde keinen Penny bei diesem Derby setzen, wenn ich eine Spielerin wäre.«

Maxie, die daneben stand, hieb Stevie auf die Schulter. »Ich schon! Ich biete mein Leben als Einsatz. Alexis hat es getan, verdammt noch mal! Wir werden eine verdammt gute Leistung zeigen. Kommt schon, Kinder, unsere Chancen stehen schlecht, wie es aussieht. Aber in einem Derby geht immer mal was schief. Selbst wenn auf der nächsten Etappe wieder was passiert, beweist das, daß wir vorsätzlich sabotiert werden? Jedes kleine Vorkommnis? – Nein, wir dürfen nicht zulassen, daß unsere Angst die Oberhand gewinnt.«

Hazel sackte in sich zusammen. Angst? Ja, ich habe Angst. Und ich bin mißtrauisch. Ich nehme uns ernst genug. Aber vielleicht hat Eleanor recht – manchmal schweigt man aus Notwendigkeit. Ihr Kiefer verkrampfte sich. Warum hatte sie überhaupt etwas gesagt? Sie lehnte sich im Stuhl zurück, wußte, daß sie unrühmlich dastand, fühlte das Mitleid ihrer Kameradinnen, die ihre Äußerung persönlicher Angst zuschrieben, der üblichen Nervosität. Nun, wenigstens hatte sie den Mund aufgemacht – neimand konnte ihr später vorwerfen, nichts gesagt zu haben. Aber sie würde auf keinen Fall Entwarnung geben, bevor sie nicht wußte, was mit Alexis passiert war.

»Ich stimme Hazel zu«, erklang eine kräftige, heisere Stimme. Es war Louise Gibeau, die jetzt aufstand, die Hände in den Taschen ihrer Reithose. Klein und rundlich, mit einem Stirnpony, der ihr in die Augen fiel, war es schwer, in ihr die Draufgängerin zu sehen. Im allgemeinen eher zurückhaltend als gesprächig, räusperte sie sich nun. »Ich wollte sagen, daß ich eine Präzisions-Stuntfliegerin bin und sehr feinfühlig auf meine Maschine reagiere. Ich kann es mir nicht leisten, dies nicht zu tun. Ich habe festgestellt, daß meine Tragflächenkabel allesamt durchgeätzt waren. Nein, sie sind nicht von zu großer Beanspruchung gerissen. Ich habe einen offiziell bestätigten Bericht, daß die Kabel zu einem ziemlich gefährlichen Grad durch Säure angefressen sind. Warum? Ich hatte kurzzeitig den Gedanken, daß vielleicht jemand keine Kanadierin in diesem Derby haben wollte. Dann dachte ich, Schwachsinn. Aber Alli hat darüber geklagt, daß irgendwas nicht in Ordnung war. Und das macht mich stutzig, wißt ihr. Sie war auch nicht von hier.

Das bringt mich zu der Überlegung, daß Madelyn, weil sie aus Australien kommt, besonders vorsichtig sein sollte.«

»Ich?« Madelyn Burnett-Eades, die hinter einigen anderen gesessen hatte, sprang auf. Mit fester Stimme sagte sie: »Das ist absurd!«

»Es kann nie schaden, vorsichtig zu sein«, sagte Eleanor bestimmt und bedeutete allen, sich zu beruhigen. »Trotzdem müssen wir vernünftig bleiben. So, und nun schlage ich vor, daß wir uns ein wenig für die Pressekonferenz und unsere nächste Etappe sammeln. Zuerst müssen wir uns die Karte anschauen – es gibt einige Änderungen ...«

Um zwölf Uhr fünfzig marschierten die Derby-Pilotinnen in einer geschlossenen Reihe gemäß der Auslosung für die nächste Etappe aus ihrem Schlupfwinkel. Wie ruhig und entschlossen sie aussehen, dachte Hazel. Ihr eigenes Gesicht kam ihr vor wie eine käsige Maske, die den inneren Aufruhr kaschierte, als sie wortlos an den Reportern vorbeigingen, die sich überrascht und beeindruckt zurückhielten.

Im unerbittlichen Sengen der Sonne stellten sie sich in der Lücke, die durch das Wegrollen der Monocoupe freigeworden war, zum Kreis auf – einige mit gesenkten Köpfen, andere blickten stoisch und kühn geradeaus. Der örtliche Funktionär der Air Exchange rief zu einer Schweigeminute auf. Neben Hazel schluchzte immer noch jemand – versuchte es zu unterdrücken. Sie blickte nicht auf, um zu sehen, wer es war, jedenfalls nicht Max. Direkt gegenüber sah sie Stevie, ausgezehrt und bleich, mit der dunklen Tolle, die ein Auge verdeckte; sie hielt Marshas Hand. Auch Marsha sah angeschlagen aus, mit dunklen Ringen unter den Augen. Obwohl zwischen ihr und Stevie bei der Auslosung eine Position lag, hatte sie mit Madelyn im Kreis den Platz getauscht. Hazel erinnerte sich an Allis letzte Worte zu ihr: »Sei so lieb und muntere Marsha ein bißchen auf, ja?«

Rasch schloß Hazel die Augen und griff nach der Hand ihrer Nachbarin – es war nicht Jo, Pamela stand neben ihr und erwiderte ihren Händedruck. Wie eigenartig – eine Frau, mit der sie kaum je zwei Worte gesprochen hatte und über die sie sich gern lustig machte.

Eleanor ergriff das Mikrophon, ohne sich anmerken zu lassen, daß ihre Worte von den Radiosendern im ganzen Land live übertragen wurden, und sagte laut und deutlich: »Wir, die Pilotinnen des Ersten Nationalen Frauen-Flugderbys, nehmen unsere Plätze auf diesem Flugfeld in Douglas, Texas, ein, um den Verlust einer unserer Kameradinnen bekanntzugeben. Zwei Pilotinnen sind andernorts durch technische Probleme aufgehalten und können deswegen nicht bei uns sein. Sie tun die Arbeit einer jeden Wettkampfteilnehmerin – ein Derby mit Gründlichkeit auszutragen, indem sie tun, was in ihren Kräften steht. In jedem Derby gibt es unberechenbare Faktoren: technische Fehler, menschliches Versagen oder durch die Elemente verursachte Schwierigkeiten. Im Moment wissen wir noch nicht, welche Faktoren bei Alexis Laraways Unfall eine Rolle gespielt haben.

Aber jede von uns hier kann voll und ganz unterschreiben, daß Alexis mit Hingabe und aller Vorsicht dabeiwar, genau wie sie es von uns erwartete. Sie war wie ein warmer Wind aus Alaska, der Freundschaft und Vertrauen in unser gemeinsames Unternehmen gebracht hat. In einer Bemerkung, die sie mir gegenüber kurz vor Beginn des Derbys nebenbei fallen ließ, verglich sie unseren Flug mit dem der ziehenden Wildgans, als Formation nicht sichtbar und doch einmütig. Das ist es, was wir versuchen weiterzuführen. Es ist uns ins Blut übergegangen; man könnte fast sagen, zum Instinkt geworden. Das sind wir ihr schuldig –«

Hier hörte sie abrupt auf zu sprechen, faltete ihr Notizblatt zusammen und steckte es in die Brusttasche. Sofort erklärte der Wettkampffunktionär die Etappe für eröffnet. Es folgte ein Moment desorientierten Schweigens, als die Frauen sich langsam in Bewegung setzten, immer noch betäubt. Einige umarmten sich, gingen von einer zur anderen und dann zu ihren Flugzeugen. Hazel ließ sich anstecken und umarmte ihre Kameradinnen. Es war Zeit, alle Kräfte zu sammeln.

»Sagt der Presse, daß sie den Rand halten soll!« Maxies Stimme übertönte alle, mit den Händen fuchtelte sie vor dem Gesicht eines Photographen herum. »Kein Kommentar, kein Kommentar, oder ich poliere hier persönlich ein paar Fressen!«

»Ist das eine Drohung?« höhnte eine männliche Stimme. Bodencrew und Kadetten gingen dazwischen, um alle bis auf das Bodenpersonal zurückzudrängen. Und wie ein glücklicher Zufall kreiste über ihnen eine der verspäteten Begleitmaschinen im Landeanflug.

Hazel gab einen Seufzer der Erleichterung von sich; das letzte, was sie jetzt brauchten, war Maxie im Clinch mit der Presse. Von wegen vernünftig bleiben.

Ich hoffe, du bist das da oben, Gus. Ich könnte dich jetzt wirklich brauchen, dachte sie. Es war tatsächlich Gus – sie konnte die Nummer erkennen, C-175. Seine Landung verursachte genügend Aufruhr, daß die Pilotinnen sich in den Schutz der Flugzeuge zu ihren Vorbereitungen zurückziehen konnten. Hazel ergriff die Gelegenheit, Jo wie Vera aus dem Weg zu gehen, indem sie zu der Maschine rannte, die über die Landebahn ausrollte und dann hielt. Die Luke öffnete sich, und Gus lehnte sich mit trüben Augen aus dem Cockpit, auf seinem Gesicht ein völlig erschöpftes Lächeln.

»Hattest du irgendwann wenigstens mal ein bißchen Ruhe, Gus?« fragte sie, als er heruntersprang.

»Ein bißchen«, antwortete er, sichtlich unrasiert.

»Meinst du, du könntest mit der Führungseskorte fliegen? Es würde mich beruhigen, dich vor uns zu wissen.«

Er nickte. »Solange ich hinten sitzen kann.«

Das sprach Bände. Fast jeder würde lieber selbst fliegen oder wenigstens navigieren, als sich auf einen beengten Rücksitz zu quetschen.

»Erzähl schon, Gus. Kannst du mir irgendwas sagen? Wir haben aus den Zeitungen so gut wie nichts erfahren.«

Er legte ihr den Arm um die Schultern. »Wir entdeckten den Unfallort bei Sonnenuntergang. Mußten auf einer Straße landen, dann zu Fuß hinmarschieren. War ziemlich holperig, da im Dunkeln zu laufen – viel Gestrüpp. Der Flugzeugrumpf glühte noch 'n bißchen und hat uns den Weg gewiesen, aber die Maschine war offensichtlich ziemlich schnell nach dem Absturz in die Luft gegangen. Al ist fast wahnsinnig geworden – er hoffte, daß sie nicht drin war. Das war's auch, was wir zuerst dachten – daß sie ... Wir konnten erst keine Leiche entdecken, das gab uns Hoffnung. Wir sandten Leuchtsignale aus. Ich ließ den Lockheedmann zurück nach Yuma fliegen und nur den Leuten von der Fluggesellschaft Nachricht über unsere Position geben. Unterdessen schwärmten wir aus, um zu schauen, wo sie abgesprungen sein konnte, riefen ihren Namen, suchten nach Spuren. Al entdeckte das Weiß des Fallschirms ...«

Erschöpft hielt er inne, sie spürte die Last seines Gewichts auf ihren Schultern. Er stieß einen Schluchzer aus, seine Brust hob und senkte sich, und er stotterte: »Al – Al hielt sie im Arm und wiegte sie wie ein Baby. Mann, sowas hab' ich noch nie gesehen.« Er faßte sich wieder und ächzte, während er sich streckte. Dann wandte er sich zum Rumpf des Flugzeuges um und lehnte sich mit erhobenen Händen und gesenktem Kopf dagegen. Sie rieb ihm sanft den Rücken und unterdrückte ihre eigenen Tränen.

Bilder schossen ihr durch den Kopf. Der Rennwagen ihres Bruders Dewey, wie er gegen eine Schutzmauer schmetterte, zersplitterte und in Flammen aufging. Sie erinnerte sich, wie lange es dauerte, die halbe Meile zu ihm zu rennen, während sie bereits wußte, daß es zu spät war. Sie hatten ihr erzählt, sie hätte geschrien und getobt – wenn sie sie nicht zurückgehalten hätten, wäre sie in die Flammen gesprungen, um ihn herauszuholen.

»Zu spät«, flüsterte sie. Das war es, was sie ihr immer und

immer wieder gesagt hatten. Er ist tot. Sie erinnerte sich, wie sie zu seinem Begräbnis gefahren war und auf dem Weg dorthin Bauern gesehen hatte, die Heu schnitten. Wie können sie Heu schneiden, wenn mein Bruder gestorben ist, hatte sie gedacht. Wie können wir mit diesem Derby weitermachen? dachte sie jetzt. Alli ist wirklich tot.

Sie spürte die Gegenwart anderer, die sich ihnen näherten, und drehte sich um. Es war die Führungseskorte, die kam, um das Flugzeug aufzutanken und startklar zu machen. Vera war unter ihnen.

»Er ist in Ordnung«, sagte Hazel schnell. »Vera, ich möchte, daß er vorneweg fliegt und du zur Nachhut wechselst.«

»Wirklich?« Veras Gesicht war verzerrt, als sei ihr vollkommen klar, daß sie miteinander reden mußten, daß etwas zwischen ihnen geklärt werden mußte, aber dafür keine Zeit war. »Ich bin weniger erschöpft als er. Könnte ich mich nicht um die Presse kümmern, wenn wir ankommen?«

Hazel machte eine ungeduldige Handbewegung. »Dann finde jemanden in der C-200, der mit dir tauscht, wenn du willst. Ich *brauche* Gus vorneweg.«

Veras Augen blitzten, aber ihre Züge blieben fest. »Das werde ich.« Sie drehte sich um und wollte gehen, Hazels Hand hielt sie zurück. »Mir ist klar, daß du deine Kamera verloren hast, und ich ...«

Vera lächelte leicht, einen Mundwinkel hochgezogen, ihre Unterlippe zitterte. Hazel wollte sie packen, sie festhalten, an sich pressen, ihr diesen schmierigen Overall vom Leib reißen und zu diesen wunderschönen Schultern finden. Diese Feststellung verblüffte sie völlig. Vera nahm sanft Hazels Hand von ihrer Schulter und hielt sie einen Augenblick fest. »Scht. Es ist ... ein Verlust – ein unhandliches Ding mit Liebhaberwert, aber nicht unersetzlich ... Alexis war so lieb ... Rede mit Gus. Ich möchte mit ihm vorneweg fliegen. Was immer er zu sagen hat – ich möchte es wissen. Es mag verfrüht gewesen sein, Alarm zu schlagen, aber wir alle finden, du hast richtig gehandelt.«

Gus drehte sich zu ihnen um, sein Gesicht wieder so, wie Hazel es kannte – jemand, der durch nichts zu erschüttern war. Hazel nickte, begleitet von einem Zucken ihrer Kiefermuskeln, als Vera rasch ihre Hand losließ und davoneilte.

»Du willst über das Wetten Bescheid wissen«, bemerkte er und zog das Logbuch mit der Kontrolliste hervor. Den Stift zwischen den Lippen, begann er mit der Routineüberprüfung auf der Backbordseite. Er stellte den Mechanikern auf der anderen Seite der C-175 eine kurze Frage bezüglich des Auftankens und fuhr dann mit seiner Runde um das Flugzeug fort. Hazel folgte ihm, während sie einen Blick auf ihre wartende Zephir warf.

»Ich will nur wissen, ob es ernstzunehmen ist, Gus«, sagte sie hastig.

»Weiß' nicht. Al glaubt, daß sie spät nachts Karten spielen und ihre Einsätze machen – aber so oder so ähnlich läuft das in jeder schäbigen Bar und auch bei Männerderbys. Ich geh' leider nicht zu sowas. Tut mir leid, daß ich kein Spieler bin, Preston – ich würde auffallen wie ein bunter Hund, wenn ich es versuchte. Al wollte es versuchen und mitmachen, rausfinden, wer der Buchmacher ist, wie es läuft.«

»Aber was denkt er... über Allis Flugzeug?«

»Es ist ihm ein Rätsel.« Gus blieb beim Schwanzruder stehen und überprüfte den Mechanismus.

»Könnte jemand... daran herumgepfuscht haben?«

»Al sagt, er sei fast ständig bei der Maschine gewesen. Wir haben beide nachts in den Schuppen geschlafen. Das heißt nicht, daß da nicht jemand hätte rumschleichen können, aber in Yuma glaubte Al, er hätte alles repariert. Und da waren dann beide bei der Maschine.« Gus zuckte die Schultern.

»Moment, nein – sie sind beide zum Essen reingekommen.«

Er sah sie scharf an, während er nachdachte. »Für wie lange?«

»Eine Viertelstunde vielleicht...«

»Wenn Sweeney da war, könnte ich nachdenklich werden.« Gus sah nicht auf, während er in seine Kladde kritzelte.

Vielsagend rieb Hazel vor seinem Gesicht Daumen und Zeigefinger aneinander.

»Du meinst, er hat jemanden bezahlt?« Er sah skeptisch drein, schien den Gedanken aber nicht völlig abwegig zu finden.

»Weißt du, daß Tagg Sweeney als Mechaniker angeheuert hat? Es steht in der Zeitung.« Sie zog den Ausschnitt hervor und reichte ihn Gus.

Er hielt ungläubig inne. »So eine totale Niete! Tagg muß nicht ganz richtig im Kopf sein.« Er steckte den Zeitungsausschnitt ein.

»Tja«, Hazel scharrte unbehaglich mit den Füßen. »Ich bin beunruhigt. Ich frage mich, warum Sweeney bei Al so wütend geworden ist. Und warum Sweeney unbedingt nach Osten wollte –«

»Das ist allerdings beunruhigend ... War Tagg zu der Zeit da?«

»Er war schon vor uns nach Phoenix geflogen.«

»Ich sollte wohl besser diese Kiste hier ins Rollen bringen. Wer steuert? Wo ist Frank?«

»Kümmert sich um Lila. Sie ist an erster Position.«

Er schob sich an ihr vorbei. »Ich will weder Sweeney noch Taggart vor mir haben, nicht in diesem Derby. Schätze, wenn die sich zusammengetan haben, führen sie nichts Gutes im Schilde.«

Erleichterung machte sich in Hazel breit – sie stand mit ihrem Verdacht nicht allein –, andererseits wußte sie auch, daß Gus für beide Männer einfach nichts übrig hatte. »Sie können uns nicht gefährlich werden, oder?«

Er sah sie bedeutungsvoll an und kratzte sich das stoppelige Kinn. »Sweeney ist ein Schmarotzer. Er nutzt jede Gelegenheit für seine Zwecke. Es mag ja angehen, daß ein Kerl andere benutzt, wenn die es genauso machen, aber doch nicht hier. Ich denke, in Tagg hat er seinesgleichen gefunden. Sie könnten das Derby für ein mieses Wettgeschäft mißbrauchen, Favoriten erzeugen, indem sie die Konkurrenz sabotieren. Alli flog eine Beech, aber sie nahm als Unabhängige teil ... kannst du mir folgen? Ein leichtes Ziel. Im Moment gehe ich noch davon aus, daß sie verunglückt ist, aber ich will wissen, warum die beiden vorausfliegen. Also, ich weiß, daß Sweeney wieder zu uns in die Eskorte wollte, aber Tagg hat nie bei uns wegen seinem Platz nachgehakt. Warum, zum Teufel, will ich wissen. Ich meine, was hat er vor? Paß auf, ich muß in fünf Minuten los.« Und lauter rief er: »Frank Wilczynski! Wir starten, Alter!«

Frank kam auf die Maschine zugerannt, während er in seine Jacke schlüpfte, und gab Lila, die schon abflugbereit in ihrem Cockpit saß, ein ›Alles klar‹-Zeichen. Er hatte Karte und Koordinaten bei sich und rief: »Hey, Gus – es geht nach El Paso! Gewitterstürme im Osten, deshalb können wir nicht nach Pecos fliegen!«

Gus schwang sich auf den Pilotensitz. Hazel betrachtete ihn besorgt.

»Ich bin nicht mehr müde«, brummte er als Antwort darauf. »Mach dich an deine Vorbereitungen, Preston.«

Sie sprang zurück, als er Gas gab und die anderen sich ins Cockpit zwängten und die Luke zuzogen.

Innerhalb weniger Sekunden waren sie in voller Fahrt und rollten die Startbahn hinunter.

Dieser Start hatte etwas Grimmiges, beinahe Leichtsinniges, was ganz untypisch war für Gus, und sie fluchte im stillen.

»Flugzeug im Anflug«, warnte eine Stimme durch ein Megaphon. Lila mußte hinter der abflugbereiten C-200 warten, Hannah setzte zur Landung an. Westlich am Horizont wurde ein weiteres Flugzeug sichtbar – Nancy.

Wegen drohender Gewitterstürme und ungewisser Auftankmöglichkeiten in Texas flogen die Pilotinnen nordöstlich, wobei sie die Kontinentalscheide mit dem rund sechstausend Fuß hohen Mount Riley als Orientierungspunkt überquerten. Dann verlief der Kurs zunächst weiter nördlich, den Eisenbahnschienen nach Steuerbord folgend, und führte dann in Richtung Rio Grande.

Es erschien wie ein Wunder, als alle ohne Probleme in El Paso ankamen.

Nach der Landung sah Hazel, daß das Flugplatzgebäude schwarz geschmückt war. »Ich wußte nicht, daß sowas üblich ist«, bemerkte sie, als sie auf Gus traf, der gerade aus dem Cockpit kletterte. »Haben wir das der National Air Exchange-Delegation zu verdanken oder dem Sponsorenausschuß?«

»Reg dich nicht unnötig auf«, mahnte Gus. »Mit besten Empfehlungen von Mr. Blaine, dem Ölfritzen, der so gern dieses Derby beenden würde. Er dachte wohl, daß er euch Wettkampfteilnehmerinnen damit so niederschmettert, daß ihr nicht mehr weiterfliegen könnt oder so. Reine Publicity und Eigennutz. Er hat nicht genug Einfluß, um die Treibstoffversorgung zu unterbinden, wie er gern möchte, aber er läßt permanent sein hohles Geschwätz vom Stapel, und die Presse ist begeistert.«

»Er ist hier?« empörte sich Hazel.

Gus klang erschöpft, als er sagte: »Nein, ich fürchte, er ist genauso schwer faßbar wie Tagg. Vielleicht haben wir Glück, und es kommt in Fort Worth zu einer Konfrontation. Aber wie auch immer, das Zeug wird nicht lange da hängen, es wird abgenommen. Maxie hat in einem Wutanfall schon angefangen, es runterzureißen. Meinte, eine solche Heuchelei kann sie nicht zulassen. Die Presse war natürlich hingerissen.«

»Klasse, Max«, sagte Hazel anerkennend. »Wie denken die anderen darüber?«

»Soweit alle einverstanden. Die, die später kommen, werden sich nicht mehr daran stören müssen.« Gus lächelte. »Eleanor hat eine Erklärung abgegeben.«

Bei Einbruch der Dunkelheit drohten Gewitterwolken, aber alle Flugzeuge standen sicher und abgedeckt am Boden. Als stillschweigende Geste für Alexis hatte Lila den vordersten Stellplatz freigelassen. Nach dem Abendessen stand Hazel in der Lücke und sah den dramatischen Farbenspielen am Himmel zu. Sie wartete – sie wußte, sie wartete darauf, daß eine weitere Pilotin landen würde. Fast glaubte sie das Geräusch zu hören, ganz schwach, das Dröhnen eines Flugzeuges, das in wenigen Augenblicken sichtbar werden mußte – weiß und glänzend rot.

Der Himmel leuchtete tiefrot gegen die Gewitterwolken an. Für einen Moment fühlte sie sich entrückt, an einen Ort jenseits von Kummer und Zeit.

Ja, Zeit. Sie war schnell geflogen heute und hatte Zeit gutgemacht, hatte ihren Vorsprung zu einer knappen Führung ausgebaut. Wie war das möglich, wo der Flug ihr wie eine Ewigkeit vorgekommen war? Die Gewitterdrohung hatte ihr den auf ihrem Rücken zusammengerollten Fallschirm sehr bewußt gemacht.

Im Zwielicht hörte sie hinter sich Schritte knirschen und drehte sich rasch um, erwartete Vera. »Jo! – Ich dachte, du wärst längst zu einem der Gästehäuser gegangen ...«

Jo knurrte: »Hast du nicht auch das Gefühl, daß Texas statt Rindern nur Hühner-Ranches hat? Einfach unglaublich, daß man uns zu jeder Mahlzeit Huhn auftischt!«

Hazel legte den Arm um Jo und gab ihr einen flüchtigen Kuß auf die Stirn. »Aber dein Bauch ist voll. Und es war anders zubereitet. Der Chefkoch ist Spanier, hat Maxie erzählt – sie sagt, die mexikanische Küche wird in dieser Gegend immer noch hochgehalten. Erfrischend scharf. Ich hatte überhaupt nichts dagegen, zu heulen. Es hat uns unendlich gutgetan.« Sie beschloß, eine kleine Entschuldigung anzubringen, weil sie in Führung gegangen war. »Ich hatte nicht damit gerechnet, heute so ein Tempo zu machen, aber das einzige, woran ich denken konnte, war, aus Douglas wegzukommen. Schleunigst.«

Jo antwortete steif: »Ich hab' heute Frauenbeschwerden. Weißt du, wie ich zu dir sagte, ich würde mich so schwer fühlen? Das Komische ist nur, seit den Neuigkeiten über Alli hat meine Blutung aufgehört, einfach so.« Sie schnippte mit den Fingern. »Ich bin ein Wrack und brauche jede Menge Schlaf.«

»Aber dein Motor ist gut gelaufen, oder? Du hast dein Tempo gehalten?«

»Ja, aber beim Einsetzen des Sturmes mußte ich auf andere Taktiken zurückgreifen. Das ist es auch, worüber Tagg mit mir gesprochen hat. Ich komme geradc vom Telephon. Ich fange langsam an, seine Methode zu durchschauen, obwohl er nicht mit mir darüber redet. Er fliegt voraus, gibt die Wetterbedingungen und die beste Route durch und testet dabei die Grenzen seines Motors aus, um mir dann Anweisungen zu geben, worauf ich achten muß...«

Hazel horchte auf. »Er fliegt aus taktischen Gründen voraus? Wie weit vor uns?«

»Na ja, mindestens einen halben Tag.« Jo wurde vorsichtig und sagte verteidigend, als sie an der Reihe der Flugzeuge entlanggingen: »Es ist nicht regelwidrig.«

Hazel schlug sich mit der Faust vor die Stirn. »Oh, komm mir jetzt nicht wieder damit. Ja, ja, zu dumm, daß *wir* daran nicht gedacht haben – ein Kundschafter, der vorausgeschickt wird und einen mit letzten Instruktionen versorgt.« Sie knuffte Jo freundschaftlich, um das Gespräch in Gang zu halten. Sie wollte unbedingt mehr hören.

»Das könnt ihr ja immer noch tun. Haze, das hier ist keine Flugreise, es ist ein Derby! Wir machen hier Geschäfte, wir sind im Begriff –« Sie unterbrach sich, als hätte sie plötzlich an Alli denken müssen, und sagte dann schnell: »Wie auch immer, Taggs Instruktionen sind speziell für meinen Cygnus-311. Er sagte mir, ich solle ein bißchen kürzer treten während dieser Etappe.«

»Dann wird er wohl die Überprüfung des Motors selbst vornehmen?«

»In Fort Worth. Er will außerdem, daß ich ab da einen Mechaniker habe, jetzt, wo Als Platz frei ist. Er hat beim Ausschuß einen Antrag gestellt. Lockheed wollte einen zusätzlichen Crewmann einsetzen, aber er sagt, es sollte ein Platz für ihn frei sein –«

»Und da will er Sweeney Crawford einsetzen?« Sie waren bei Madelyns Bullett angelangt, wo Hazel unwillkürlich den Propeller ergriff und auf Spiel überprüfte, aber er war in Ordnung.

»Genau.« Jo blieb stehen. »Woher weißt du das?«

»Ich habe den Artikel über Tagg gelesen«, sagte Hazel achselzuckend und ließ den Propeller los. »Der Rest ist Vermutung. Ich kann mir nicht vorstellen, daß das akzeptiert wird. Sweeney wurde aufgefordert, das Derby zu verlassen.«

»Er ist nicht ausgeschlossen worden!« Zum Teufel – Hazel hörte Tagg aus Jos Mund. »Er wurde von Maxie entlassen, weil sie nicht miteinander auskamen, und später war dann für Tagg kein Platz mehr frei, weil du ganz schnell Vera Davis eingesetzt hast, obwohl er den Vorrang gehabt hätte.«

»Moment mal. Er hätte den Sitz haben können. Aber er hat Sweeney erst nach Beginn des Derbys eingestellt. Ich weiß nicht, wieso er jetzt anfängt, sich zu beschweren.« Hazel gefiel das nicht, ganz und gar nicht. Sie mußte Gladys Jenney anrufen und sie bitten, Sweeney draußenzuhalten. Sie war drauf und dran, laut zu verkünden, daß Sweeney eine absolute Null sei, aber sie hatte keine Lust, mit Jo um die Wette zu brüllen. Außerdem, was wußte sie schon über Sweeney – nicht genug. Sie sah Jo direkt an. »Ich kann Sweeney nicht hindern, deinen Motor zu warten, aber ich will ihn nicht bei der Eskorte dabeihaben, und ich werde mich diesbezüglich äußern.«

»Du willst was? Dazu hast du kein Recht!« brauste Jo auf. »Es gibt keinen Grund –«

»Meinst du nicht, daß die Tatsache, daß er mit Frauen nichts anfangen kann, Grund genug ist? Ich will eine Eskorte, die absolut hinter uns steht.«

»Es ist mir egal, was er über mich oder über uns denkt – er mag Flugzeuge, und er arbeitet für Tagg, der ihn für einen guten Mechaniker hält. Außerdem, wenn wir uns um die Meinung von Männern kümmerten, würden wir nicht fliegen. Wenn du bei Gladys Einspruch einlegst, werde ich protestieren – ich muß es. Aber wie auch immer, ich glaube, daß ich besser mit ihm auskomme als Maxie.«

»Meinst du?« sagte Hazel trocken, aber sie war wütend. Jo war diejenige, der angeblich so viel daran lag, daß alles hieb- und stichfest war, die große Verfechterin der Sicherheit. Hazel hatte das Gefühl, diese Frau nicht mehr zu kennen. Vielleicht hatte sie sie nie wirklich gekannt. Wie konnte sie so beiläufig davon reden, daß Als Platz frei war? Sie war schon im Begriff, Jo einen Vortrag über faule Wetten zu halten, ihr zu erklären, daß sie Sweeney keinen Millimeter über den Weg trauen sollte – und hätte womöglich viel zuviel gesagt, da schnitt ihr Jo das Wort ab.

»Hör mal, ich bin hergekommen, um dich von diesem verdammten Flugplatz zu holen. Du mußt hier weg. Es gibt noch ein Leben außerhalb der Startbahn, weißt du? Also, eine wunderbare Mrs. Cannon wartet darauf, uns zu ihrem Haus zu bringen. Du brauchst Ruhe, um wieder ein bißchen klarer zu sehen. Nebenbei bemerkt, du könntest gut ein Bad vertragen – du stinkst zehn Meter gegen den Wind! Wir können da auch Wäsche waschen.«

Hazel war immer bereit gewesen, Jo überallhin zu folgen, und Jo war die Zögernde gewesen, die die Bedingungen stellte. Und nun, ganz plötzlich, schien Jo *ihr* nachzulaufen! Wie seltsam, daß Jos Vertraulichkeit sie nicht entwaffnete wie früher immer. »Ich gehe nicht mit. Okay? Wir würden doch nur wieder in getrennten Schlafzimmern enden. Ich werde hierbleiben wie die Crew. Wir kriegen Eimer mit Wasser, so daß wir uns waschen können. Damit bin ich aufgewachsen, und es wird mir auch jetzt reichen. Ich bin zu ... zu aufgewühlt, um wegzugehen und bei irgend jemandem Schlafgast zu sein. Ich möchte atmen können. Ich glaube nicht, daß wir beide im Moment zusammen sein sollten.« Die Entschiedenheit in ihrer Stimme überraschte sie selbst, und dann wurde ihr plötzlich bewußt, daß sie annahm, Vera würde bei der Crew sein.

Jo wandte sich frostig ab. »Gut. Mach, was du willst. Aber halt dich auch aus meinen Angelegenheiten raus. Gute Nacht.«

Hazel sagte nichts. Sie blickte Jo nach, die in Richtung der Flugplatzgebäude verschwand, und ärgerte sich, daß sie sich Jo noch weiter entfremdet hatte, wo sie sie hätte ins Vertrauen ziehen sollen. Wenn ihr Verdacht gegen Taggart und Sweeney sich bestätigte, war Jo in Schwierigkeiten. Und alles in allem könnte es gar nicht schlecht sein, Sweeney offiziell in der Eskorte zu haben. Da konnte man ihn im Auge behalten. Und vielleicht sollte sie ebenfalls eine Vorhuteskorte losschicken, eine Etappe vorweg, wie Taggart. Mit ihm gleichziehen.

Aber Jos unsensibler Spruch – wie konnte sie nur so gleichgültig sagen ›jetzt, wo Als Sitz frei ist‹? Verdammt. Der Satz ging ihr nicht aus dem Kopf. Hazel ging zu ihrer Zephir, um sich ein Lager aufzuschlagen. Wo steckte Vera? War es denkbar, daß an der Arctic herumgepfuscht worden war, nur um an Als Sitz zu kommen? Der Gedanke war kaum zu ertragen. Sie mußte mit Al sprechen – unbedingt. Allis Tod mochte nicht gerade beabsichtigt gewesen sein, aber was, wenn ihre Maschine versagen *sollte*? Und warum? Warum die Travel Arctic? Nein, nein, nicht nur, um an Als Sitz zu kommen. Es gab andere Möglichkeiten, eine neue Sitzzuweisung herbeizuführen. Nein, das ergab keinen Sinn. Die Wetten. Es mußten die Wetten sein.

Im Krieg war das sogenannte ›Manöver Hundekampf‹, ein Überraschungsangriff von hinten, eine wirksame Luftkampf-Methode. In dem Robertson-Artikel hatte Eleanor erklärt, daß bei Derbys ›Manöver Hundekampf‹ ebenfalls einen Überraschungsangriff von hinten bezeichnete: Pilot und Crew sabotierten die anderen Wettkampfteilnehmer im Schutz der Dunkelheit oder in unbeobachteten Momenten, um den Wetteinsatz zu erhöhen oder einen bestimmten Ausgang des Derbys zu sichern. Hazels Kiefermuskeln verkrampften sich. Die Travel Artic war eine Beech-Maschine, eine von dreien, neben Hannahs und ihrer eigenen. Dazu kamen die Maschinen, die ebenfalls mit Wright-Motoren liefen – Stevies und Nancys. Marsha mit ihrer Spartan und Sarah Morris-Newton mit ihrer Taperwing benutzten ebenfalls Beech-Teile. War die Travel Arctic eine willkürliche Zielscheibe gewesen? Um jemand Beliebiges aus dem Derby zu eliminieren? Was war mit Lockheed? Eleanors Vega, ja, aber Madelyn, Pamela und Lila benutzten alle Teile und Service von Lockheed. Louise Gibeau hatte zu keiner der beiden Firmen Verbindung, Maxie auch nicht. Dasselbe galt für Jo, Tagg kaufte seine Teile unabhängig von den beiden Firmen. Nur drei der Fliegerinnen hatten keinerlei Firmenverbindungen, eine klare Minderheit.

Warum Al und Al? Hatte Sweeney einfach etwas gegen Alan gehabt? Weil Al ihm nicht geholfen hatte, einen Sitz zu bekommen? Warum hatte sich Sweeney überhaupt an Al herangemacht, wenn Tagg ihn doch angeheuert hatte? Offenbar war das mit Tagg erst später zustande gekommen. Oder hatte Tagg sein Vorausfliegen überhaupt erst angefangen, als Sweeney unerwartet rausflog? Warum mißtraute Gus eigentlich gerade Sweeney so sehr? Was wußte sie schon über persönliche Feindschaften?

Während ihre Gedanken wirren Spekulationen nachhingen, erreichte Hazel ihr Flugzeug und stellte fest, daß bereits eine Bodenplane unter der Steuerbordtragfläche ausgebreitet war – mit Blick auf die restlichen Flugzeuge, die gesamte Landebahn hinunter bis zu den erleuchteten Schuppen am anderen Ende. Sie hätte die Seite vorgezogen, die von allem abgewandt war, aber das war nicht Sinn und Zweck der Aktion. Decken, mit Seilen an den Verstrebungen der Tragflächen und Landeklappen befestigt, boten einen Windschutz. Eine nicht angezündete

Lampe stand auf dem Boden mit Sicherheitsabstand zur Tragfläche, daneben eine Schachtel Streichhölzer. Vera hatte offenbar alles ganz vorschriftsmäßig haben wollen. Hazel holte eine Decke aus dem verschließbaren Fach im Rumpf des Flugzeuges, setzte sich in das behelfsmäßige Zelt und zündete die Lampe an. Vielleicht würde Vera wiederkommen, wenn sie Licht sah. Wo war sie nur? Nach dem ganzen Tumult und all den Beileidsbekundungen, die entrichtet und entgegengenommen werden mußten, hoffte sie auf ein wenig Zeit allein mit Vera.

Allein? *Allein*? Natürlich, sie wollte herausfinden, was weiter zu tun war... Hazel war es plötzlich unbehaglich. Sie hatte nie eine andere gewollt als Jo. Wie war es möglich, daß jetzt...?

»Da bist du ja!« Vera, die Glut einer Zigarette ein Glimmen vor dem dunklen Umriß ihres Körpers. Sie trat die Kippe mit dem Fuß aus, bevor sie nähertrat.

Hazel sprang auf und wurde rot. Veras Gesicht wirkte im Schein der Lampe weicher, ihre grünen Augen leuchteten. Hazel stand stocksteif da und konnte ein idiotisches Grinsen nicht unterdrücken.

Vera hob eine Augenbraue. »Das ist das erste Mal, daß ich dich heute lächeln sehe.«

Plötzlich ernüchtert murmelte Hazel: »War ein harter Tag.« Sie wich einen Schritt zurück und stieß sich am Rumpf der Zephir den Hinterkopf.

»Du und dein verspannter Kiefer.« Vera kam näher und strich sanft mit den Fingerspitzen über Hazels Gesicht.

Wie steif Hazel sich fühlte, hölzern vor Beherrschung, ihre Treue zu Jo, ihre ganze Vernunft bremste sie, während sie zugleich in Vera versinken wollte.

»Hazel – komm, leg dich mit mir hin.«

»Ich kann nicht – bin nicht müde.« Hazel streckte eine Hand aus, um Vera zu hindern, noch näher zu kommen.

»Oh«, Vera trat zurück, »Natürlich. Oh, bitte versteh mich nicht falsch – entschuldige. Ich will mich nur mit dir zusammen ausruhen und Wache halten – Waffengefährtinnen. Paß auf, ich weiß, du gehörst einer anderen. Gehören – so rede ich sonst nicht, aber es trifft's, richtig? Ich bestreite nicht, daß mir deine Freundschaft sehr wichtig ist. Ich werde dir nicht zeigen, daß ich total scharf auf dich bin, darauf könnten wir uns einigen. Du bist so schüchtern, so korrekt …«

»Vera, ich bin nicht – schüchtern oder korrekt.« Hazel faßte sie bei den Schultern. Sie wollte sich nicht länger zurückhalten, ihre Leidenschaft brach durch. So wie die Zephir sich in Windböen stürzte, ließ sie sich fallen, und ihre Lippen fanden Veras Mund.

Vera zog sie sanft zu Boden. Hazel spürte ihre Hände, die stärker waren, als sie sich vorgestellt hatte, und rasch über ihre Kleidung wanderten auf der Suche nach Knöpfen, nach unverhüllten Stellen. Sie glitten unter ihr Hemd, Wärme auf Hazels Haut. Ungeduldig zerrte Hazel an den Knöpfen dieses verdammten Overall-Oberteils, ihre Lippen erforschten das wunderschöne Dekolleté, dann wieder Veras Mund, ihre Hände tasteten, bis sie endlich Veras Brüste umfassen konnten. Ah, was für Brüste, voll und weich …

Veras Hände waren zu Hazels Bauch und Hüften vorgedrungen. Wieviel Kraft Vera hatte – Hazel war verblüfft. Sie spürte, wie ihr Körper mit dieser sie packenden, fordernden Kraft näher herangerückt wurde. Dann lag Vera plötzlich auf ihr, preßte sich durch ihre Kleider hindurch an sie. Heiliger Ackergaul – Hazel schnappte überrascht nach Luft, aber Veras eindringende Zunge verschloß ihr den Mund. *Ich* sollte doch eigentlich oben liegen, oder?

Vera strich mit den Händen über Hazels Hüften, ihre Finger fanden einen Weg unter ihre Wäsche. »Ich will dich«, flüsterte Vera in ihr Ohr, während sie daran knabberte. »Und wenn es nur für heute nacht ist. Ich will dich. Laß mich rein.«

»Geht mir genauso.« Überglücklich und befreit öffnete Hazel ihre Hose, ließ rasch den Blick schweifen, um sicherzugehen, daß niemand in der Nähe war. Sie fühlte, wie heiß und angeschwollen sie zwischen den Schenkeln war, sie wollte Veras kräftige Finger dort spüren, ihre ganze Hand. Veras Schambein drängte sich rhythmisch gegen ihres, in schneller werdendem Takt.

»Ich will dich mit meinem Mund spüren, Hazel...«

Hier? Direkt unter einer Tragfläche, auf einem Flugplatz? Heller Wahnsinn. Aber wie sehr sie sich danach sehnte! Als ob Vera das wüßte, wanderte ihr Mund langsam an Hazels Körper hinunter, ihre Lippen streiften Hazels bebende Brustwarzen. Ihre Finger tauchten bereits in Hazel ein, steigerten ihre Lust zu nacktem Verlangen, Lippen und Zunge knabberten und leckten ihren straffen Bauch, Hazel hielt es nur durch die Gewißheit aus, daß sie sich gleich völlig hingeben und in der Leidenschaft dieser Frau versinken würde. Wie sie sich danach sehnte.

Ein Geräusch ließ sie jäh innehalten. Ein Auto brauste über den Flugplatz, helle Scheinwerfer genau auf den Deckenverschlag gerichtet, der Wagen kam mit Vollgas im Zickzackkurs auf sie zugerast.

Beide Frauen erstarrten mitten in stöhnender Bewegung, dann warf Vera eine Decke über Hazel und duckte sich. »Achtung!«

Hastig rollten sie unter dem Flugzeug hindurch zur anderen Seite, bereit, die Flucht zu ergreifen, Hazel zerrte ihre Hose bis zur Taille hoch wie einen Kartoffelsack und sah gerade noch, daß der Wagen gleich in die Tragfläche der Zephir krachen würde, als das Fahrzeug herumgerissen wurde und mit quietschenden Reifen zum Stehen kam.

»Ha-ha! Wußte ich doch, daß ich euch hier erwische!« ertönte eine laute, ausgelassene Stimme zwischen Flüchen und Trittgeräuschen, als jemand aus dem offenen Wagen kletterte. »Wie hat euch mein kleiner Looping gefallen?«

»Aber wußte sie auch, *bei was* sie uns hier erwischt?« stöhnte Vera leise.

»Max! Du gottverdammter Drecklappen, du – du hast uns zu Tode erschreckt!« rief Hazel und bemühte sich, ihr Hemd in die Hose zu stopfen, während sie und Vera um den Schwanz der Zephir herumkamen.

»Jaah? Ihr habt doch noch nicht geschlafen, oder? Habt ihr nicht!« Maxie blieb stehen und lachte hinter den blendenden Scheinwerfern hervor.

»Ma-xie!« tadelte Hazel.

»Hey, Preston. Ich hab' einen Witz für dich. Was rennt quer übern Flugplatz, um zur anderen Seite zu kommen?«

»Weiß ich nicht. Mach doch mal die Dinger aus.«

»Ein Hühnchengericht!« Maxie brüllte vor Lachen und schaffte es mit Mühe, die Scheinwerfer auszuschalten, dann torkelte sie schwankend auf den Verschlag zu.

»Hey, woll'n wir Armdrücken machen, Preston? Komm, komm, ich brauch'n bißchen Bewegung. Fühl mal meine Muskeln, los komm, fühl meine Muskeln. Wir benutzen die Motorhaube hier, sie ist sogar warm...«

»Max, nicht doch. Du weißt, daß ich keine Chance habe. Woher wußtest du, daß ich hier bin?«

»Jo, meine Liebe, Jo, die soo traurig ist, so traurig ohne dich!«

Hazel hörte, wie Vera neben ihr tief einatmete. »Das ist sie *nicht*, Max!«

»Oh, bitte, bitte, du brauchst hier jetzt nicht einen auf schuldbewußt zu machen. Hey, als ich erfuhr, daß du hier draußen zelten würdest, wußte ich, daß ich nicht in einem netten sauberen Haus würde bleiben können. Ich dachte mir, ich mache deine Anwesenheit auf diesem verdammten Flugplatz hier bekannt. Obwohl hier richtig nette Leute sind, richtig nett – haben mir ihr Auto geliehen, damit ich hier alles kontrollieren kann. Wollen uns vielleicht für unseren Kummer entschädigen? Na, ich hab's jedenfalls nicht abgelehnt.«

»Und was hat sie sonst noch nicht abgelehnt?« flüsterte Vera.

»Los, Preston, fühl meine Muskeln, fühl meine Muskeln!«

»Du bist betrunken, Maxie.« Hazel ging zu ihr und faßte sie am Arm. »Ich fühle sie ja, ich fühle sie, immer hart wie Stein.«

»Jaah!« sagte Maxie schleppend, mit einer Stimme wie durch dicken Qualm und einem grimmigen Glühen in den Augen. Sie zog eine Flasche aus ihrer Tasche.

Hazel nahm sie ihr ab und öffnete sie, um daran zu schnuppern. »Gin. Wo hast du den Fusel her?«

»Bitte, frag nicht... Ich mußte einfach welchen haben. Was glauben diese verdammten Idioten, wie wir dieses Derby überstehen sollen, vor allem in einer Zeit wie dieser? Manchmal muß man's sich ein bißchen geben, weißt du? Alli war meine Freundin.« Die letzten Worte kamen mit einem tiefen Seufzer der Verzweiflung heraus.

»Ich weiß.« Hazel zog Maxie zu sich heran, umarmte sie zärtlich und küßte ihre feuchte Stirn, während sie sie unter die Tragfläche führte. »Dein Geheimnis ist bei uns gut aufgehoben, Süße. Unser aller Geheimnisse sind gut aufgehoben.«

»Nimm einen Schluck Gin.« Maxie wischte sich die Tränen aus den Augen.

Ein Gewitterblitz schreckte sie auf. Im grellen Aufleuchten sah Hazel Veras Verschwörermiene. Donner hämmerte durch die folgende Dunkelheit, und dann setzte prasselnder Regen ein. Hazel schraubte die Flasche auf. »Dann bringe ich einen Toast auf Alli aus. Schöner scharfer Stoff.« Und in das ohrenbetäubende Krachen des nächsten Donners hinein brüllte sie: »Gelungenen Flug, Alli!« Sie warf den Kopf zurück, nahm einen großen Schluck und reichte Vera die Flasche.

Der herabprasselnde Regen war warm. Hazel rannte hinaus, um die Plane des Wagens über die offenen Sitze zu ziehen. Das Gesicht dem Himmel zugewandt, brach sie in wildes, haltloses Gelächter aus, während Maxie im Deckenverschlag in sich zusammensackte. Vera deckte sie zu, packte sie gut ein und setzte sich dann daneben, zitternd in eine Decke gekuschelt.

Hazel kam zurück in den Schutz des Verschlages und fühlte sich erstaunlich nüchtern für den großen Schluck Gin, den sie in sich hineingekippt, und die heiße Leidenschaft, die sie herausgelassen hatte. Als sie auf Maxie hinuntersah und ihrer Freundin sanft den Rücken rieb, forderten die Ereignisse des Tages ihren Tribut. »Ich schätze, wir sollten uns auch ein bißchen ausruhen«, sagte sie matt.

Vera nickte. Draußen fiel der Regen und schloß sie in ihrer behelfsmäßigen Zuflucht ein.

»Ich halte Wache, Hazel. Schlaf ein bißchen«, sagte Vera schließlich und beugte sich über Maxie, um Hazels Hand zu fassen.

»Gut – aber nur, wenn du in der Nähe bleibst.« Hazel erwiderte den Händedruck.

»Ich gehe nirgendwohin.« Vera wollte ihre Hand zurückziehen, aber Hazel ließ nicht los. Mit Veras Hand auf ihrer Brust legte sie sich hin, versuchte, nicht an Jo zu denken, und ließ sich in einen unruhigen Schlaf fallen.

Wir sind vielleicht nicht als Formation sichtbar, aber ich persönlich sehe uns als einen Schwarm Wildgänse, die einmütig durch die Lüfte ziehen. Wenn eine die Führung übernimmt, dann nur, um den Wind zu brechen. (Gelächter)

Alexis Laraway
aus den Notizen für eine Reportage, E.W.

6

Am frühen Morgen beschloß Vera, Maxies geliehenen Wagen zu seinen Besitzern zurückzufahren. Sie ließ Hazel Wassereimer und Kaffee da, um Maxie zu wecken.

Als Vera in den Fahrersitz kletterte, stellte sich Hazel aufs Trittbrett. Mit kleinen Augen und immer noch schläfrig sagte Vera: »Vielleicht war es gut, daß Maxie sich als Anstandsdame zwischen uns gelegt hat, bevor wir völlig den Kopf verloren haben. Wir können es immer noch dabei belassen und brauchen nichts zu bereuen.«

Hazel beugte sich vor, nahm Veras Hand und schlang ihre Finger in ihre. »Ich will aber nichts dabei belassen. Vera – wenn wir fliegen, sind die meisten unserer Entscheidungen spontan, was auch immer geschieht. Ich muß mir in solchen Momenten selbst trauen können, daß ich die richtige Entscheidung treffe. Verstehst du?«

»Vielleicht. Nur, daß ich dich warnen muß ... dieses Derby ist eine kurzfristige Angelegenheit, ein Projekt. Wenn es fertig ist, gehen alle wieder zurück zu ihrem eigentlichen Leben. Und schlimmer ... Alli ist tot, wir stehen alle noch unter Schock. Ich weiß – einige von uns wissen, wie Leute beim Fliegen sterben. Glaub mir, ich hab's gesehen. Und immer, wenn ich auf eine Tragfläche rauskletterte ... du stehst am Rande der Ewigkeit, wohin wirst du fallen ... nochmal für eine Weile zurück ins Leben? Wie können wir überhaupt irgendwelchen Gefühlen trauen, wenn wir so in der Schwebe hängen? Schau mal, wenn es nicht Jo in deinem Herzen gäbe, könnten wir so spontan sein, wie wir wollen. Aber was immer du auch tust, du wirst etwas verlieren. Ich weiß schon jetzt ... wie ich mich fühlen werde, wenn du dich von mir abwendest.«

»Du weißt, daß du der Grund bist, warum ich dieses Derby jetzt noch ertrage«, sagte Hazel heftig und verstärkte ihren Griff. »Wir können über alles reden, wenn das Derby vorbei ist.«

»Und die Ewigkeit bis dahin?« Veras Züge wurden weich vor Zärtlichkeit, aber sie senkte den Blick auf ihre Hände. »Ich weiß, daß Jo dich jeden Moment brauchen könnte, und dann bin ich der Eindringling.«

»Bitte, sag das nicht...« Hazels Kiefer verkrampfte sich. »Wann immer ich einen Augenblick Zeit finde, möchte ich mit dir zusammen sein. Mit Jo fühle ich mich ständig beschränkt. Mit dir spüre ich den Himmel...«

»Wie beim Fliegen im offenen Cockpit?« Vera lachte herzhaft und löste ihre Finger aus Hazels, umfaßte mit beiden Händen das Steuerrad. »Ich hoffe sehr, daß dieses Gefühl dich oft überkommt, denn ich werde da sein.« Sie schaute weg. »Als ob ich anders könnte.« Sie blickte auf und lächelte. »Komm schon, ich sehe, daß Maxie sich aufsetzt. Laß mich fahren, damit ich bald zurück bin.«

»Ja, sei bald wieder da – ich möchte unbedingt, daß Gus eine Vorhuteskorte bekommt, um Tagg einzuholen.«

»Ach, keine Sorge, der wird ganz offen in Fort Worth warten, um seine Motorchecks zu machen, weißt du nicht mehr? Wir müssen nur an ihm dranbleiben. Und solange wir die Flugzeuge bewachen, kann er nichts machen. Ich werde den Flugplatz nicht verlassen – ich werde mit meiner Kamera überall sein. So, und jetzt ab.«

Hazel sprang vom Trittbrett und ließ Vera den Motor starten. Da entdeckte sie auf dem Rücksitz eine zusammengefaltete Zeitung. Sie ergriff sie im letzten Moment, bevor Vera davonbrauste. Das gestrige Abendblatt. Kein Wunder, daß Maxie einen Drink gebraucht hatte – Alexis Laraways nüchterne Todesanzeige war umgeben, nein, bis zur Belanglosigkeit erdrückt von Artikeln über das Derby, pro und contra. Der verdammte Mr. Blaine lamentierte immer noch in einem fort: *Es war schon ein Fehler, den Damen zu erlauben, sich hinter das Steuerrad eines Automobils zu setzen, müssen wir uns nun auch in der Luft durch sie gefährden lassen?* Warum gaben sich die Zeitungen bloß mit ihm ab? Kein Wunder, daß Eleanor sich krummlegen mußte, um eine positive Berichterstattung zu kriegen, wenn dauernd solcher Schwachsinn Seiten um Seiten füllte.

Aber was war das hier? Hazel faltete die Zeitung zurecht, um besser lesen zu können: Maximilian Schulz widersprach dem Ölfritzen im Namen des Sponsorenausschusses – offensichtlich noch vor der Nachricht, daß Maxie die schwarzen Bänder heruntergerissen hatte –, und er bekam Großbuchstaben:

DAMENDERBY WIRD FORTGESETZT!

...es ist wohl höchste Zeit, daß Mr. Blaine diese jungen Damen einmal kennenlernt! Einem mutigeren, entschlosseneren Haufen wird er nie wieder das Glück haben zu begegnen. Wie kann er so schnell vergessen, daß unsere eigenen Mütter in Planwagen hierher in den Westen kamen? Haben sie vielleicht die Pionierarbeit gefährdet, als sie die Zügel in die Hand nahmen – oder als sie halfen, das Land zu bestellen?

Hazel hatte Großpapa Schulz mit seinem widerspenstigen weißen Haar und seiner stattlichen, beinahe herrischen Erscheinung das erste Mal bei der Organisation des Derbys getroffen. Ein Mann, der gewohnt war, seine Ziele durchzusetzen, der in seinen Entscheidungen keine Einschränkungen oder Widersprüche duldete.

»Hey, Max«, grüßte Hazel ihre Freundin, vergnügt in sich hineinlachend, »feiner Zug von deinem Opa, daß er uns unterstützt. Ich hab's gerade gelesen...«

Maxie stöhnte und hielt sich die Hand an die Schläfe. »Bitte verschon mich damit, ich krieg' Kopfschmerzen davon.«

Große Wolkenbäusche türmten sich wie Berge über dem feinen Nebel im Osten. Obwohl sie majestätisch und starr wirkten, trieb der Wind sie vor sich her über die vorgesehene Route. Aufgrund der Wetterlage mußte der Start um eine Stunde verschoben werden, ehe Pamela in ihrer roten Bellanca als erste der Staffel losfliegen konnte.

Der Kurs sollte sich am nördlichen Rand des Diablo-Plateaus und den südlichen Ausläufern der Sacramento Mountains entlangziehen und dann weiter in Richtung des Rio Pecos. Die Pilotinnen würden den Rio Grande hinter sich lassen, in Pecos kurz zwischenlanden und dann geraden Kurs in Richtung Fort Worth einschlagen. Midland wurde ebenfalls als Zwischenstop angeboten, aber ohne längere Verzögerungen. Sobald die Mehrheit der Pilotinnen gesichtet war, sollten die ersten schon wieder aufbrechen und zur späten Mittagszeit Abilene überfliegen.

Hazel war diesmal an vierter Stelle, hinter Eleanor und Nancy, die jetzt voll und ganz dabei war. An fünfter Stelle kam Madelyn, dann Maxie. Hazel würde Jo nicht im Auge behalten können, die weit hinten flog. Das Gute daran war, daß sie sich gewiß nicht in den Weg kommen würden, Hazel brauchte das.

Ihre Hand tat weh, als sie Jos engen linken Handschuh überstreifte. Obwohl ich nichts zu bereuen habe, gar nichts, versuchte sie sich zu überzeugen. Aber es würde schwer sein, Jo in die Augen zu sehen. Nicht nur wegen Vera. Was, wenn sie Sweeney oder Tagg oder gar beide entlarvten? Was, wenn die tatsächlich ein ›Manöver Hundekampf‹ angezettelt hatten oder, schlimmer, in Allis Unfall verwickelt waren? Sie wollte nicht darüber nachdenken, was das für Jo bedeutete, die jede Warnung in den Wind geschlagen hatte. Schließlich hatte Jo wie alle anderen Augen und konnte selbst sehen, was das für Typen waren. Und Jo war es gewesen, die das Ganze als Wettstreit zwischen ihnen beiden definiert hatte – *sie* hatte den Handschuhtausch gewollt!

Als Hazel Pecos entdeckte, sah es genau wie in der Beschreibung aus, ein Wüstenstreifen mitten durch die Büffelgraslandschaft. Eine sehr schmale Landebahn, aber lang genug. Auf der einen Seite waren fein säuberlich Zelte als Unterkünfte aufgestellt, allerdings in der prallen Sonne, sie würden wie Öfen sein. Das einzige, was an Pecos nicht behagte, waren die vielen Automobile. Aus der ganzen Gegend waren Leute gekommen und hatten ihre Wagen planlos entlang der Landebahn geparkt, um zuzuschauen. Hazel konnte die C-200-Begleitmaschine der Beech erkennen, die zur Unterstützung bereitstand, die C-175 war gestartet, kurz bevor sie zur Landung ansetzte.

Sie brachte ihre Maschine runter und war mit der Zügigkeit ihrer Landung zufrieden. Wieder war sie eine gute Zeit geflogen, hatte ihr Tempo gefunden. Nun brauchte sie dieses Tempo nur noch zu halten. Sollte Jo ruhig versuchen, sie einzuholen.

Die Reporter hatten eines der Zelte besetzt und warteten, Stifte griffbereit, während die einzelnen Pilotinnen landeten. Sah Hazel da Enttäuschung auf ihren Gesichtern? Keine Katastrophe zu verzeichnen. Reichte es nicht, daß Nancy ihnen ein Ausbrechen bei der Landung mit kleineren Beschädigungen ihrer Maschine lieferte?

Maxie war es, die ihnen dann ein Ereignis bot. Schon wieder abflugbereit im Cockpit ihrer Zephyr, die Schutzbrille auf der Nase, beobachtete Hazel, wie Maxie ganz sanft mit dem Wind heranglitt. Sie wartete, daß die Curtiss Robin vor ihr landete. Als ihre Räder die Landebahn berührten, bemerkte Hazel seitlich eine Bewegung. Wie konnte das sein? Ein Automobil raste im rechten Winkel auf die Landebahn zu – viel zu nah! Maxie hatte keine Chance, den Wagen zu sehen, ihre seitliche Sicht war sowohl durch den riesigen Motor als auch durch ihre Steuerbord-Tragfläche verstellt. Sah denn der Fahrer das Flugzeug nicht? Er trug die Verantwortung – war er blind? Verdammt, das Flugzeug würde ihm den Kopf absäbeln!

Verzweifelt wickelte Hazel sich aus ihren Riemen, stand in ihrem Cockpit auf und brüllte nach den Männern der Bodencrew, die hastig auf die Landebahn schwärmten, wie wild in Richtung des Autos winkten und ebenso hastig zur Seite sprangen, als die Fahrzeuge sich zu nahe kamen, viel zu nahe.

Zu spät. Die Spitze von Maxies Steuerbordtragfläche zersplitterte an der Rückseite des Wagens, durch den Aufprall wurde sie fast im Kreis geschleudert. Der Rumpf bekam Schlagseite nach Backbord, so daß die andere Tragfläche auf dem Boden entlangschabte.

»Miss Mack«, schluchzte Hazel, sprang hinab und rannte zu den anderen, die am Ort des Geschehens zusammenströmten – Funktionäre, Reporter, Mechaniker und Zuschauer.

Maxie stand aufrecht in ihrem Cockpit, immer noch mit Helm und Fallschirm, und sah bestürzt, aber unverletzt aus. Sie starrte hinunter auf ihre geliebte »Mackie«, die ganz zerknautscht aussah, dann auf das klaffend aufgeschlitzte Faltdach des Ford.

»Max, Max. Komm her«, befahl Hazel und streckte den Arm aus.

»Landebahn freimachen, Landebahn freimachen!« rief der Bodenaufseher.

Maxie kletterte mühsam herunter, marschierte auf das Auto zu und brüllte: »Dieser Dreckarsch täte besser daran, nicht verletzt zu sein, denn ich werde ihm die Fresse einschlagen –« Sie hielt abrupt inne. »Hey, wo ist der verdammte Fahrer? Da ist kein verdammter Fahrer!« Außer sich suchte sie die andere Seite ab, als müsse er dort die Flucht ergriffen haben.

Verblüfft stellte auch Hazel fest, daß niemand da war. Ein kurzer Blick sagte ihr, daß der Wagen über relativ flaches Gelände gerollt, aber von einem höheren Punkt gekommen war. Vermutlich im Leerlauf stehengelassen und losgerollt. Es waren noch andere Automobile in dieser Richtung geparkt, Neugierige kamen herbei, aber niemand bekannte sich zu diesem Wagen.

Jemand rief: »Wo ist der Besitzer des Fahrzeugs?«

Ein nervöser Funktionär, dem sich Reporter an die Fersen geheftet hatten, kam zu Maxie gerannt und keuchte: »Was ist hier passiert?«

»Ein abgehauenes Automobil, das ist hier passiert!« brüllte Maxie. »Und es gibt keinen verdammten Fahrer!«

»Keine Flüche, keine Flüche bitte, Miss Schulz. Dies ist ein Damenwettkampf.«

»Oh, Himmel nochmal«, murmelte Hazel und versuchte Maxie mit sich fortzuziehen. Aber Maxie war nicht von der Stelle zu bewegen, die Hände in die Hüften gestemmt, stand sie breitbeinig da, und ihre Augen blitzten so wütend, daß Hazel ein paar Schritte zurückwich und sich auf einiges gefaßt machte.

»Sie wollen mich wohl verar...« setzte Maxie an, unterbrach sich aber, als sie die Reporter entdeckte. Unvermittelt drehte sie sich auf dem Absatz um, nahm ihren Helm ab, zog die Handschuhe aus und marschierte ohne ein weiteres Wort davon. Hazel konnte ihr nur mit Mühe folgen.

»Die einzige Reporterin, mit der ich spreche, ist Eleanor. Sag ihnen das!« knurrte Maxie leise. »Und wenn ich fluche, dann ist das verdammt noch mal inoffiziell!«

»Sie ist schon unterwegs zum nächsten Zwischenstop!«

»Ich will sie hierhaben, jetzt sofort. Ich hätte draufgehen können. Wo zum Teufel sind die von der Bodensicherheit?« Maxie blieb ohne Vorwarnung stehen und ergriff Hazels Kragen, als wollte sie sie hochheben. »Warum ich, Preston? Warum *ich*? Was geht hier vor? Das war Absicht! – Tut mir leid, ich schätze, ich habe das alles nicht wirklich ernst genommen... Ich wette, es hat was mit dem süßen kleinen Artikel meines Opas zu tun, nicht wahr? Oder damit, daß ich die Bänder runtergerissen habe.«

»Max –« Aber Hazel wußte, daß es unmöglich war, sie zu trösten. Für Maxie war das Rennen gelaufen, es war ihr nur noch nicht ganz bewußt, war unter dem schützenden Schock noch nicht durchgedrungen.

Maxie sah Hazel an, ihre Augen funkelten, aber nicht vor Wut. Es war etwas anderes. »Merkwürdig. Vorhin... als du mich an der Schulter berührt hast... als ich mich umdrehte – da dachte ich, ich schaue direkt in Allis Augen. Ich habe sogar ihre Stimme gehört! Sie sagte ›Laß gut sein, Maxie‹. Und dann hab' ich dich gesehen. Kannst du das glauben?«

Hazel nickte, sie zitterte. Einen Moment lang standen sie schweigend da, dann nahm Hazel Maxies Arm, und sie gingen weg von diesem ganzen Rummel, hinaus in die Büffelgraslandschaft, beide immer noch in voller Montur. »Hör zu, Max. Was sollen wir jetzt unternehmen? Ich habe für die Sicherheit der *abgestellten* Flugzeuge gesorgt, aber man hat uns ausgestochen. Ich weiß nicht, was ich denken soll, ob Mr. Blaine mit dieser Sache zu tun hat, oder... schau mal, wenn Sweeney vor uns hier war, hat er vielleicht irgendeinem Lakaien Schmiergeld gezahlt? Um mal eben eine weitere unabhängige Teilnehmerin aus dem Weg zu räumen... Oder wenn *er* der Lakai ist, dann hat wohl eher Tagg...«

»Sweeney... *Taggart?* Oh, hoffen wir lieber, daß es ein Unfall war«, Maxie stöhnte, als würde ihr Schmerz allmählich fühlbar. »Mir wär's lieber, es wäre dieser Mister Ölig, dann könnten er und mein Opa sich meinetwegen um zwölf Uhr mittags duellieren, aber wenn jemand aus unseren eigenen Reihen dahintersteckt – oh, arme, arme Jo. Ich mach' ihn fertig, ich mach' Tagg fertig, wenn ich rausfinde, daß er seine Finger da drin hat. Oh, aber wie kann ich das – ich bin raus!« Sie wirbelte herum, um wie der Teufel zurück zum Flugfeld zu stürmen. »Ich werde der Sache auf den Grund gehen, da kannst du Gift drauf nehmen! Wenn sie irgendwas angezettelt haben, wodurch Alli abgestürzt ist... dann war das Mord! Alli wurde...«

Hazel packte sie. »Sachte. *Denk nach*. Du weißt nicht, ob es nicht doch ein blödsinniger Unfall war. Es gibt bisher keinen Bericht, weder offiziell noch inoffiziell, der auf Manipulation an der Arctic hindeutet. Wir haben keinerlei Anzeichen, keine Beweise, nichts! Außer unserem Argwohn, unserem Verdacht.«

Sie standen hilflos in der gleißenden Sonne, Maxies schwarzes Hemd war schweißgetränkt, als sie ihre Fliegerjacke und den Fallschirm abstreifte. »Wir sind keine Wildgänse«, sagte sie niedergeschlagen, »eher Enten in einer Pfütze... Preston, was würden wir tun, wenn wir Kerle wären, hier draußen auf der Derbystrecke? Mit all diesen angeblichen Unfällen. Louise,

Alli und ich, wir sind alle Unabhängige, ich meine, warum wir? Leichter loszuwerden, weil wir keine Firmenbindung haben? Alles nur, um die, die übrigbleiben, weiter nach vorn zu bringen? Vielleicht um Jo, die letzte Unabhängige, nach vorn zu bringen? Wer immer auch dahintersteckt – wäre jetzt nicht der nächste logische Schritt, ein paar Kabel an der Rearwyn zu lockern? Hm?«

»Maxie!« Hazel sah sie entsetzt an. »In jedem Derby gibt es ein paar echte Unfälle.«

»Tja, und genau darauf bauen die. Wir sollten uns lieber etwas einfallen lassen, oder du solltest dein Tempo drosseln, altes Mädchen. Dieser Pfuscher wird sich auch deiner annehmen, Firmenbindungen hin oder her, hör auf mich – wie ich hätte auf dich hören sollen.«

In diesem Moment kam einer der Männer von der Bodencrew auf sie zugerannt. »Miss Schulz, Ma'am, die Funktionäre wollen Sie sprechen. Sie haben den Besitzer des Wagens ausfindig gemacht – stockbesoffen. Er weiß nicht mehr, wo oben und unten ist.«

»Um zehn Uhr morgens?« Maxie schlug sich ungläubig auf den Schenkel.

»Die Polizei verhört ihn gerade. Kann sich an nichts erinnern.«

»Sehr verdächtig!« sagte Maxie finster.

»Manche Leute haben die ganze Nacht gezeltet, um das hier zu sehen«, sagte er, zuckte entschuldigend die Schultern und fügte hinzu: »Die Funktionäre wollen wissen, ob Sie jetzt starten, Miss Preston.«

Sie sah ihn scharf an, einer von den einheimischen Lappen, und dachte: Ich könnte den wahren Täter vor mir haben. »Ich komme sofort.« Sie entließ ihn mit einem Wedeln ihrer Handschuhe.

»Ich werde mich um diese Schweinerei kümmern«, sagte Maxie. »Verdammt, ich muß meinem Opa telegraphieren und ihn erstmal besänftigen, sonst stürmt er sofort los, um Rache zu üben. Das wäre das letzte, was ich jetzt gebrauchen könnte.

Er wird es als persönlichen Affront ansehen, weißt du? Er wird glauben, daß er einen persönlichen Feind hat, wird nicht im Traum daran denken, daß er eine Vollidiotin herangezüchtet hat. Also muß ich in der Maschine der Nachhuteskorte einen Platz ergattern, und dann sehen wir uns in Fort Worth. Ist nicht Als Sitz immer noch frei?«

»Für diese Etappe haben wir jemanden draufgesetzt, aber Tagg hat beantragt, daß Sweeney ihn bekommt.«

»Tut mir leid, der Platz ist besetzt. Ich werde Jenney von hier aus telegraphieren. Ich sorge mit Vera zusammen für eine stärkere Überwachung. Ob Sweeney wohl überrascht sein wird, mich zu sehen?«

Hazel grinste kurz. »Was wirst du Jo sagen?«

»Ich werde ihr sagen, daß mein Unfall kein Unfall war, daß ich das Gefühl habe, die Unabhängigen stehen auf der Abschußliste, und daß sie vorsichtig sein soll. Daß ich einen Platz haben *muß*. Das ist alles. Sie wird mit mir nicht so rumzanken wie mit dir. Ich bin zu groß und zu durchsetzungsfähig. Sie wird mir vielleicht nicht glauben wollen, aber sie wird mich anhören müssen. Und ich werde einen Weg finden, den Mistkerl aufzuhalten, der dieses Wettfliegen vermasseln will. Wir müssen. Ich bin zwar aus dem Rennen, aber ich werde die Strecke nicht verlassen. Das bin ich Alli schuldig.«

Beklommen ging Hazel zu ihrem Flugzeug. Sie hatte in den vergangenen Minuten nicht auf die Zephyr aufgepaßt – was hätte alles daran manipuliert werden können, während sie mit Maxie sprach. Aber am hellichten Tage mit all den Pilotinnen in der Nähe? Trotzdem, auch wenn sie ihre Checks schon gemacht hatte, sollte sie sich einfach sorglos in ihren Cockpitsitz schwingen? Nervös überprüfte sie noch einmal oberflächlich das Nötigste. Ihr Aufenthalt dauerte schon viel zu lange, deshalb beeilte sie sich nun, weiterzukommen. Sie mußte Vera da oben einholen.

Während Hazel flog, wirbelten ihre Gedanken schnell wie ihr Propeller. Schön, sagte sie sich, ich bin keine Idiotin. Ich habe viele solche Unfälle gesehen, damals auf den Rennplätzen, in der Zeit mit Dewey. Unfälle waren Unfälle, immer wieder, durch Experten bewiesen, selbst wenn die Rennfahrer das Gefühl hatten, daß etwas faul war. Zum Beispiel weiß ich, daß Deweys Verunglücken ein Unfall war, nicht? Er ist auf einen Ölteppich geraten. Und ich weiß, daß die Jungs auf ihn wetten mußten, weil er immer Witze darüber machte. Aber ich habe *immer* gewußt, daß es ein Unfall war. Niemand ist hingegangen und hat Öl verschüttet; die Rennbahn war sogar vorher mit Sägemehl gereinigt worden, und andere Wagen waren bereits darüber gefahren. Er hat einfach die Kurve zu knapp genommen und ist in die Straßenrinne geraten.

Selbst jetzt noch mußte sie ungläubig den Kopf schütteln, wenn sie daran dachte. Er hatte einfach die Kurve zu knapp genommen. Zweifel – ja, sie hatte immer Zweifel gehabt.

Sie versuchte vernünftig zu bleiben und ging die bisherigen technischen Probleme durch: Schön, also Louise entdeckt, daß ihre Kabel durchgeätzt sind – etwas, das schon im Werk passiert sein kann. Wir haben keine Erklärung dafür, aber das liegt zum Teil daran, daß die Moth ein Ersatz in letzter Minute war, weil Louise ihre eigene Maschine nicht ins Land bringen durfte. Zwar hat sie die Moth vor dem Derby getestet, aber vielleicht ist sie doch ohne ausreichend gründliche Überprüfung aus dem Schuppen geholt worden? Jedenfalls kommt es ihr spanisch vor. Und Alli? – Ein Unfall. Vielleicht ist sie ja in diese Abwinde geraten, wie Jo vermutete. Aber sie hat über ein technisches Problem geklagt, von dem Gus allerdings sagt, Al war sicher, es in Yuma behoben zu haben. Vielleicht hat er es doch nicht geschafft. Und Maxie? Auf keinen Fall, auf gar keinen Fall war das ein Unfall! Es scheint einfach zu lächerlich. Es gibt zwei Fakten, die mich darauf bringen, daß die ganze Sache stinkt: Erstens, Al erzählt mir, daß womöglich faule Wetten im Gange sind, und zweitens, ich sehe nicht, daß Taggart uns offen oder gar freundlich gegenübersteht. Warum?

Hazel hielt eine Höhe von viertausend Metern und glitt über

die Wolken hinweg, die aussahen wie Nebel über einem See ohne Boden. Sie wußte durch den scharfen Wind und das Gefühl, langsam atmen zu müssen, auch ohne ihre Meßgeräte, wie hoch sie sich befand. Sie würde auf dieser Höhe eine gute Zeit machen, aber sie mußte an Maxie denken. Wie würde es sein, wenn sie mit Jo redete? Und wie lief Jos Flug?

Nach einigen raschen Berechnungen im Kopf und einem Blick auf den Kompaß änderte sie ihren Kurs um ein paar Grad nach Nordosten. Abermals überprüfte sie ihre Koordinaten. Sie hatte zu stark ausgeglichen, nachdem sie in Schräglage gegangen war, und war dadurch leicht vom Kurs abgekommen. Ruhig, befahl sie sich, richte dich einfach nach dem Kompaß. Von Zeit zu Zeit konnte sie kleine Ausschnitte der Landschaft unter sich sehen, wo die Wolkendecke sich teilte oder dünner wurde. Ansonsten gab es nur den endlosen Horizont, wo Wolken und Himmel sich trafen. Es gab keinen Ort, wo sie im Moment lieber gewesen wäre – genau das brachte sie zu sich, war der Grund, warum sie flog.

Wäre sie unterhalb der Wolken geflogen, hätten die heftigen Stöße der Seitenwinde sie erheblich zurückgeworfen, und die Nebeldecke selbst war zu dick, um sich länger darin aufzuhalten. Aber hier direkt über den Wolken fand sie einen geschützten Korridor. Eine weniger erfahrene Fliegerin wäre vielleicht weiter nach oben gegangen und hätte dort mit höheren, stürmischeren Winden aus Südosten zu kämpfen gehabt.

Die erste Etappe kam ihr jetzt wie ein Witz vor – ein Nachmittagsausflug über flirrender Wüstenhitze. Die Wetterlage hatte sich geändert, seit sie sich von der Küste entfernt hatten. Es gab nun wechselnde Winde und Regenstürme.

Für den Augenblick hatte der Kitzel dieses Lebens in der Luft sie ganz ergriffen und ließ sie ihre Sorgen vergessen. Während ihre Tragflächen im Takt des ruhig laufenden Motors vibrierten und ihre Füße gleichmäßig das Ruder hielten, suchte sie sich den besten Kurs, nutzte die Winde und donnerte über die Wolken, die wie ein schaumkronenbedeckter Ozean anmuteten.

Es tat gut, sich so lebendig zu fühlen. Zu gut. Wie hatte Vera gesagt – bis zum Äußersten gehen. Sie schätzte diesen leichten Flug, wie ein Segler, der durch die rauhe See abgebrüht genug ist, einen tüchtigen Wind schätzt, weil dieser Segler weiß, daß sich irgendwo in der Ferne ein unausweichlicher Sturm zusammenbraut. Während sie kurz über ihre Schulter blickte, um die Wolke zu beobachten, die durch ihren Luftschraubenstrahl aufgewirbelt wurde, fühlte sie plötzlich Zorn, Zorn darüber, daß diese einfachen Freuden noch durch andere Mächte als die Gefahren des Wetters bedroht werden konnten. Die Sehnen ihres Unterkiefers spannten sich. Grimmig knirschte sie mit den Zähnen, sie hatte sich verändert. Für Angst war jetzt kein Platz mehr. Nur noch Herausforderung: sich dieser Geschwindigkeit und Kraft hingeben, in diesen unendlichen blauen Äther eintauchen und ihn meistern.

Es war eine Möglichkeit, um Alexis zu trauern, eine Möglichkeit, sie loszulassen. Denn das war es, was auch sie geliebt hatte. Und was Maxie liebte.

Während sie Kurs auf Fort Worth nahm und den Brazos überquerte, kam ihr ein Satz in den Sinn: »Je kompetenter ich werde, je risikofreudiger ich werde, desto beschützerischer wird er.« Lila hatte das in einem Interview zu Eleanor über ihren Mann Frank gesagt.

Warum kam ihr das gerade jetzt in den Sinn? Der Satz ließ sie nicht mehr los. *Je kompetenter ich werde,* hämmerte es im Takt mit den Kolben, die ihre Karosserie vibrieren ließen. Es gab doch zwei Arten von Beschützertum. Die eine hatte etwas mit Ritterlichkeit zu tun – die Schwächeren, die Bedürftigen zu beschützen. Die andere hatte mit Herrschaft zu tun – wie bei Mr. Blaine, der das Derby beenden und Fliegerinnen vom Himmel fernhalten wollte. Warum? Weil wir gut genug sind, um eine Bedrohung darzustellen? Manipulierte jemand an den Flugzeugen herum, um sie einzuschüchtern?

Als sie sich für den Landeanflug in Schräglage begab, fielen ihr Jos Worte wieder ein: »... wir sind Abweichlerinnen.« War das alles, was sie am Ende sein würden, nach all den Mühen? Der Gedanke war unerträglich.

Sie kletterte aus dem Cockpit über die Tragflächenleiter direkt in Veras Arme.

»Wie war meine Zeit?« war alles, was sie herausbrachte, während Vera ihr half, den Fallschirm abzuschnallen, um sie dann in das Pilotinnenquartier zu geleiten.

»Insgesamt vier Stunden und siebenundvierzig Minuten!«

»Gut.«

Hazel war erschöpft und hungrig. Was bedeutete ihre Zeit? Nicht viel, bevor nicht Sarah und Jo gelandet waren. Eleanor war nicht mehr in der Spitzengruppe, sie konnte sich lediglich in der 130-Meilen-Liga halten. Hazel hatte ernsthafte Zweifel, daß Jo mit der Rearwyn auf Dauer schneller als 140 Meilen würde fliegen können. Wenn sie es doch tat, wäre das eine harte Prüfung für ihre Kolben, denn Hazel hielt eine zügige Geschwindigkeit von 145, und der Motor lief von Etappe zu Etappe besser. Sie hatte zwar nicht direkt danach gefragt, aber durch aufmerksame Beobachtung wußte sie, daß Jo vor dem Start zu dieser Etappe die Zündkerzen ausgewechselt hatte. Eine Vorsichtsmaßnahme? Sie wandte sich aber zunächst dringlicheren Angelegenheiten zu. »Vera, hast du eine Funkmeldung aus Pecos bekommen?«

»Bestätigt. Gus und Eleanor wollen eine Unterredung, sobald du wieder zu Atem gekommen bist. Offensichtlich sind alle ziemlich aufgeregt – Unfall oder nicht, sowas darf nicht noch einmal passieren. Ein Fahrer, der sein Auto so parkt, daß es auf das Flugfeld rollt, und dann irgendwo anders besoffen aufgestöbert wird!« Vera schüttelte den Kopf als sie die Flugplatzbaracke betraten.

»Wo ist Tagg? Ich hab' ganz deutlich sein Flugzeug gesehen, als ich ankam.«

»Er ist hier und wartet auf Jo, aber wir haben Wachen aufgestellt. Sweeney ist bei ihm. Da ist ein Telegramm für dich. Ich hol' dir Wasser, oder lieber Saft?«

»Egal.« Hazel nahm das Telegramm von dem Schalterbeamten der Flugplatzpoststelle entgegen.

Debatte um freien Platz. Stop. Sponsor beansprucht Vorrecht. Stop. Brauche nähere Informationen. Stop. Gladys.

Nun, wenigstens war die Entscheidung noch offen. Sie wußte, daß Gladys Jenney die Sache so lange wie möglich hinauszögern würde, wenn Hazel, eine der Hauptorganisatorinnen, sie darum bat. Maxies Telegramm war inzwischen bestimmt schon unterwegs, wenn nicht gar schon angekommen. Hazel beschloß, einen zweiten Antrag zu telegraphieren:

Platz ist für Maxie. Stop. Sicherheitsmaßnahme. Stop.
Zu viele Unfälle. Stop. Brauche Maxie. Stop. Hazel.

So, das sollte wohl reichen, um deutlich machen, wie wichtig die Platzfrage war, ohne mit dem Finger auf jemanden zeigen zu müssen. Hazel wollte einen Anruf tätigen, zweifelte aber, ob sie die nötige Ungestörtheit finden würde. Die Telephone waren offen aufgestellt, und immer waren Leute in der Nähe. Es konnte lange dauern, bis sie die Möglichkeit hatte, ungestört zu sein. Sie würde wenn möglich die nächste Etappe abwarten müssen.

»Entschuldigen Sie, Ma'am«, sagte der Postbeamte, als sie ihr Telegramm bezahlte, »ich habe der anderen Lady zu wenig Geld rausgegeben, würde es Ihnen was ausmachen, es ihr zu geben?«

»Wem?« Hazel schaute in das ernste, ein wenig verlegene Gesicht des jungen Mannes, der ihr zwei Münzen hinhielt.

»Die mit den dunklen Haaren, die mit Ihnen zusammen reingekommen ist. Ich hab' ihr zuviel berechnet.«

»Oh, natürlich, natürlich.« Sie spielte mit den Münzen in ihrer Handfläche, ließ sie in ihre Hosentrasche gleiten und lächelte ihm kurz beruhigend zu.

Hazel ließ sich auf eine Liege an der Wand fallen, die normalerweise den Postfliegern zum Ausruhen zwischen zwei Flügen diente, und schloß die Augen. Strategische Überlegungen nahmen sie in Anspruch und wirkten fast wie ein Balsam gegen den Schmerz des Verlustes: Wenn ich weiter so gut bin, wird dann auch mir etwas passieren? Steckt Taggart hinter alldem? Sollte sie Jo das Tempo vorgeben lassen? Oder Sarah? Welcher Gefahr war Sarah dadurch ausgesetzt, daß sie ebenfalls in der Spitzengruppe war? Wäre es um ihrer aller Sicherheit willen besser, dieses ganze Unterfangen als Ausflug zu betrachten und nicht als Wettkampf?

Vera brachte ihr Wasser und sogar Sarsaparillentee mit Zucker.

»Oh, hier ist übrigens dein Wechselgeld von dem Postangestellten.« Hazel wühlte in ihrer Tasche und gab Vera das Kleingeld. Veras bestürzte, ja entsetzte Miene überraschte sie. »Ist schon gut, Vera, er scheint sehr ehrlich zu sein – hat sich einfach verrechnet.«

»Oh, na ja, ich dachte bloß, er hätte dich damit nicht belästigen sollen«, sagte Vera hastig. »Zumal es gar nichts Wichtiges war. Nur ein Telegramm an meine Mutter, daß es mir gut geht. Ich will nicht, daß sie sich Sorgen um mich macht, bei alldem hier... Ich muß jetzt gehen und ein wachsames Auge auf alles haben... Ich bin in zehn Minuten zurück. Ruh dich aus.«

Hazel sah Vera nach, bis ihr die Augen zufielen. Die Vibrationen des Motors kribbelten immer noch in ihren Händen, krochen ihre Arme hinauf. Sie schlummerte ein, während sie auf das Eintreffen der restlichen Fliegerinnen und das besondere Röhren der Rearwyn wartete, das sie ganz sicher wecken würde. Sie wollte aus dem Weg und irgendwo beschäftigt sein, wenn Jo eintraf – wenigstens, solange sie noch keine Möglichkeit gehabt hatte, mit Maxie zu sprechen.

Hörte sie da nicht die Rearwyn? Es kam ihr vor, als hörte sie sie alle paar Minuten, während sie sich in einem unruhigen Schlaf hin- und herwarf. Schlief sie wirklich? – Nein, sie war wach und lauschte. Wo waren Tagg und Sweeney? Standen sie da draußen rum? Sie fand keine Ruhe. Sie setzte sich auf der Liege auf, sackte dann wieder zurück. Vielleicht noch ein paar Minuten. Es würde lange dauern, bevor sie sich wieder ausruhen konnte. Vera würde kommen und sie wecken. In diesem Bewußtsein ließ sie sich tiefer in die Müdigkeit hineinfallen.

Sie konnte das Dröhnen eines Flugzeuges hören, aber es stürzte vom Himmel. Ein weißes Flugzeug mit glänzend roter Bemalung. Spring, rief sie, spring! Aber es war Jo, die herausstürzte. Sie rannte ihr zur Hilfe. Warum zog Jo nicht an der Leine? Jo stürzte abwärts. Warum öffnete sich der Fallschirm nicht? Zu spät! Öffne deinen Fallschrim, Jo...

Jemand rüttelte sie an der Schulter. Hazel setzte sich ruckartig auf. Sie hoffte auf Erleichterung, hoffte, Vera vor sich zu sehen. Sanfte, vertraute Hände. Aber es war Jo, die ihr in die Augen sah, ihr Gesicht bleich und müde.

Hazel rieb sich den Kopf, Angst schnürte ihr die Kehle zu. Jo war die letzte, die sie jetzt sehen wollte, aber sie schaffte es, zu sagen: »Ich habe dich gar nicht landen hören. Ich dachte, ich würde dich hören.«

»Tut mir leid, ich wußte nicht, daß du schläfst. Du hast gestöhnt...«

»Gestöhnt?«

»Bist du in Ordnung? Ich hätte dich nicht gestört, wenn... Ich mußte dich sehen. Ich muß mit dir reden.« Jos Gesicht, jetzt ganz nahe, war verzerrt.

»Ist was passiert?«

»Kannst du gehen? Können wir irgendwo hingehen? Diese ganzen Leute hier machen es so schwierig...«

»Klar.« Hazel stand auf. Ihr war schwindelig. Sie wollte nicht reden. »Wie hält sich dein Motor?«

»Bestens, bestens. Laß uns hier lang gehen. Wir können ein bißchen den Weg hochlaufen. Ich muß mich in Kürze mit Tagg treffen. Er überprüft mit Sweeney die Maschine.«

Sie gingen aus der Flugplatzbaracke hinaus auf einen Kiesweg, auf einer Seite von einem ausgetrockneten Bach und einer Reihe Pappeln, auf der anderen von einem Lattenzaun gesäumt. Hazel blinzelte in das helle Licht der Spätnachmittagssonne, ihr Sichtfeld verschwommen. Jos seidiges Haar war noch vom Helm plattgedrückt, und auf den Wangenknochen hatte sie die roten Abdrücke ihrer Schutzbrille. Was konnte so dringend sein? Hazel wagte keine Vermutungen. Sie wünschte nur, Maxie oder Eleanor wären bei ihr. Heiliger Ackergaul – es ging um *Vera*! Jo wollte mit ihr über Vera reden.

»Ich möchte wissen, was vor sich geht!« Jo ergriff ihren Arm, wie sie es schon lange nicht mehr getan hatte – sie hakte sich bei ihr ein, wobei sie mit den Fingern Hazels Unterarm nahe des Handgelenks umfaßte. Hazel hatte es immer geliebt, wie Jos Ring- und Zeigefinger sich dabei unter die Manschette ihres Hemdes schoben. Heute ging es ihr durch und durch.

»Was?« Linkisch legte Hazel ihre Hand auf Jos und hielt sie fest.

»Maxie sagt, sie kommt als Sicherheitskraft mit, du hättest zugestimmt, daß sie den freien Platz kriegt.«

»Ja.« Hazel hätte am liebsten einen Seufzer der Erleichterung von sich gegeben – damit wurde sie fertig. »Kannst du ihr das verübeln nach dem, was in Pecos passiert ist? Wir brauchen eine Kontrolle über das, was auf den Flugplätzen passiert, wenn wir wir landen. Wenn irgend jemand in der Lage ist, vorauszufliegen und dafür zu sorgen, daß Leute und Autos aus dem Weg sind, dann sie.«

Jo blieb stehen, fassungslos, als hätte ihr Unglauben ihr die ganze Etappe lang im Nacken gesessen. »Warum bist du entschlossen, zu verhindern, daß ich die Unterstützung bekomme, die ich brauche? Warum kannst du sie nicht gegen einen Mechaniker deiner Fluggesellschaft austauschen? Du hast doch genug davon! Was gibt dir das Recht?«

Hazel verharrte einen Moment schweigend. Es stimmte schon, das war es, was sie unter anderen Umständen wahrscheinlich auch getan hätte. Auch wenn sie den relativ hohen Anteil von Beech-Mechanikern mit der Anzahl von Pilotinnen rechtfertigen konnte, die den Beechservice brauchten. Was sie dann jedoch sagte, war: »In den Wettkampfregeln steht nichts, was eine solche Entscheidung verhindern würde – wie du mich immer zu erinnern beliebst. Habe ich recht? Ich muß dafür sorgen, daß dieses Derby weitergeht ...«

»Ich habe dir gesagt, daß ich Protest einlegen werde! Er ist der Mechaniker meines Sponsors, und er ist die ganze Crew, die ich habe! Das hat Vorrang, Hazel, ich brauche ihn, ich brauche jemanden bei mir.«

»Der Vorrang der Sponsoren endete mit dem Anmeldeschluß. Wir haben Sweeney schon mal aus diesem Wettkampf gefeuert. Ich denke, daß es besser ist, wenn er ihm auch weiterhin fernbleibt.« Hazel schaute ihre Freundin so ruhig an, wie es ihr möglich war. »Es ist nun mal so, daß ich ihm nicht traue, und ich möchte dich und dein Flugzeug auf keinen Fall ihm anvertrauen, wenn ich den Verdacht habe, daß er an einem hübschen, kleinen Wettgeschäft beteiligt ist. Du kannst von der Beechcrew Unterstützung bekommen.«

»Und wie kommst du zu der Annahme, Sweeney habe irgendwas mit Wetten zu tun, falls es überhaupt welche gibt? Was für Beweise hast du? Du weißt nicht mal, ob er –«

»Das Wort von Al ist alles, was ich brauche, zumindest bis ich mehr weiß. Er hätte mir nichts gesagt, solange er nicht sicher war. Und günstigerweise ist er jetzt aus dem Rennen. Ein ziemlich beunruhigender Umstand, finde ich. Es geht um eine Sicherheitsmaßnahme. Ich werde dir einen Mechaniker stellen. Ich werde dir helfen, soviel ich kann. Es passieren zu viele unerklärliche Dinge. Hat Maxie dir nicht erzählt, was geschehen ist?«

»Doch. Ein betrunkener Fahrer hat sein Auto unbeaufsichtigt gelassen. Ich kann da allerdings keine Verbindung zu Sweeney sehen. Wie kommst du nur darauf?« Jo war rot angelaufen, die Abdrücke ihrer Schutzbrille färbten sich weiß. »Hat Allis Tod dich so mitgenommen, daß du nicht mehr klar denken kannst? Verdammt nochmal, wir stehen alle unter furchtbarem Druck! Aber du übertreibst es wirklich. Ich glaube, du suchst einfach einen Sündenbock, irgendeinen Grund, irgendeine Entschuldigung für Allis Unfall. Jemanden, dem man die Schuld zuschieben kann. Und obendrein beeinflußt du noch andere! Natürlich hören sie auf dich. Maxies Maschine kollidiert mit einem Auto, das sich selbständig gemacht hat, und du sagst: ›Oh, Maxie, das ist eine Verschwörung – das war Absicht.‹ Und deine nette neue Photographinnenfreundin da, ganz aus dem Häuschen wegen dir, rennt mit ihrer Kamera rum, verbreitet reizenderweise deine Panikmache und photographiert alles, was ihr vor die Linse kommt.«

»Was meinst du damit, alles?«

»Gerade eben, als ich gelandet bin. Sie schwirrte um Taggart und mich herum wie eine Hornisse, als wir versuchten, uns zu besprechen.«

Hazel mußte lachen, und ihr Ärger verflog. »Ja, sie photographiert alle bei der Landung. Du solltest dich darüber freuen. Du warst doch diejenige, die Publicity wollte. Es war das erste Mal, daß du mit Tagg zusamengetroffen bist. Bitte sehr: ein Photo von Taggart in Besprechung mit der Spitzenfliegerin.«

»Es war belästigend und völlig unangebracht, als wollte sie herausfinden, wie mein Flug gelaufen war. Wahrscheinlich, um dich zu informieren.« Jo ruderte vor Ärger wild mit den Armen, ihre blaugrauen Augen funkelten.

»Warum? Läuft bei dir was nicht ordnungsgemäß? Habt ihr vielleicht den Motor ein bißchen frisiert? Hat er dich unter Druck gesetzt? – Hör mal, wenn ich wissen will, wie deine Zeit war, muß ich doch nur auf den Plan schauen. Ich brauche keine, die für mich Informationen eintreibt – zumal ich selbst rausfinden kann, wie oft du schon deine Zündkerzen ausgewechselt hast.« Hazel sah Jo scharf an. »Wer fühlte sich wirklich belästigt? Du oder Tagg?«

Jo zögerte für den Bruchteil einer Sekunde. »Nun ja, er. Er war völlig unvorbereitet. Niemand mag es, plötzlich eine Kamera vor der Nase zu haben. Seine Reaktion war nicht ungewöhnlich. Wie wir alle, zieht auch er eine geplante Berichterstattung vor. Er bat sie zu gehen.«

»Und du hast sie ihm nicht vorgestellt? Nein. Bis dahin hattest du dich gar nicht daran gestört, warst vielleicht sogar geschmeichelt?«

Jo fauchte: »Ich war noch kaum aus meiner Maschine geklettert. Mir ging alles mögliche im Kopf rum. Das ist ein sehr heikler Zeitpunkt, wie du selber genau weißt. Da willst du nur deine Crew und die wohlverdiente Ruhe. Du erwartest sogar von Gus, daß er dich abschirmt, ist es nicht so? Und jetzt vielleicht von Vera? Dazu hast du sie eingesetzt, stimmt's?«

Bestürzt straffte Hazel ihre Schultern. »Was? – Warte mal. Jetzt mach aber mal halblang. Ich habe sie zu gar nichts eingesetzt. Ich habe nichts anderes vor, als Maxie für den Rest des Derbys als Sicherheitskraft einzusetzen. Vera ist was anderes – sie photographiert einfach für die Reportage. Dazu habe ich sie eingesetzt, ja. Warum bist du so aufgebracht?«

»Weil ich den Eindruck habe, daß du hemmungslos mit mir konkurrierst. Kannst du es nicht ertragen, daß ich gut bin? Es ist fast, als wolltest du, daß ich versage, als müßtest du unbedingt gerade an *meinem* Sponsor, gerade an *meinem* Mechaniker irgendwas Faules finden! Du kannst es nicht ertragen, daß ich das hier alleine kann und dich vielleicht in deinem eigenen Spiel schlage. Ich mag einfach nicht glauben, daß du tatsächlich von mir erwartest, daß ich einen deiner Mechaniker nehmen soll.«

»Mein Spiel?«

»Ja, dein Spiel, Miss Aushängeschild der Beech Aircraft! Ich bin dir ein Dorn im Auge, und du pflanzt Mißtrauen, wo du nur kannst. Siehst du nicht, wie dominant Beech ist? Du willst mich mit einem Mechaniker *versorgen*? Begreifst du nicht, daß Tagg niemals einen Firmenmechaniker an sein Flugzeug lassen würde? Wer hat hier ein Motiv, das Derby zu manipulieren und die unabhängigen Sponsoren zu behindern? Beech will das Monopol haben oder zumindest die vielversprechenden Neulinge rausdrängen. Meinst du nicht, daß sie gern alles über Taggs Konstruktion wissen würden? Taggs ganze Zukunft hängt davon ab, wie sich dieses Flugzeug bewährt. Glaubst du, Beech oder Lockheed wollen, daß er Erfolg hat?«

Sie hatten den Bach erreicht und blieben im spärlichen Schatten der Pappeln stehen. Zu ihrer Rechten war in einiger Ferne der Flugplatz zu hören, von der anderen Seite des breiten Weges kam das Muhen der Rinder, die auf kleinen Koppeln zusammengepfercht waren. Der Geruch der Tiere erfüllte die Luft, ein Gestank, der Hazel bewußt machte, wie angespannt sie war. Es war der Geruch der Angst.

Sie sprach ruhig. »Ich sehe das nicht so, Jo. Riechst du diese Tiere? Sie sind in Panik, weil sie bald geschlachtet werden. Im Ernst, ich glaube, unser Derby wird bald in einer ähnlichen Klemme stecken, wenn wir keine Sicherheitsmaßnahmen ergreifen. Es ist mir wirklich egal, ob du gewinnst, wenn es ein fairer Kampf ist. Aber fair muß er sein. Nein, ich kann nichts beweisen, aber ich will herausfinden, was vor sich geht, und *ich weiß nicht wie!* Bevor Al nicht alles wegen Alli geregelt hat, kann er uns nicht helfen – und er ist völlig draußen und hat wenig Chancen, uns wieder einzuholen. Sehr günstig! Wenn ich tun könnte, als wäre ich ein Mann, würde ich losziehen und es rausfinden! Aber ich kann nicht in die Bars gehen wie Al in Alaska. Er wäre in der Lage gewesen, was auszuspionieren – Schwarzbrennerei und ungewaschene Männer, die schmutzige Geschäfte machen. Aber ich kann das nicht! Nicht nur, weil ich eine Frau bin, sondern auch weil ich damit beschäftigt bin, ein Derby zu fliegen und uns alle vor weiteren ›Unfällen‹ zu bewahren. Glaub nicht, daß du immun bist. Wenn du nicht die Leistung erbringst, die diese Spieler erwarten, kann es passieren, daß man dir beim Verlieren nachhilft wie vorher beim Gewinnen. Begreifst du das nicht? – Es geht um Geld. Die Einsätze sind manipuliert. Das ist Manöver Hundekampf auf neue Art – eine Neuerung, die auf unsere Kosten geht.«

Jo warf ihr einen kalten, abschätzigen Blick zu und pfiff durch die Zähne. »Woher, um alles in der Welt, hast du diese Theorie? Eine Bemerkung von Al und das Wissen darum, daß

Gus eine persönliche Abneigung gegen Sweeney hegt ... Hast du völlig den Überblick verloren?« Jo ließ die Schultern sinken, als wäre ihr plötzlich alles zuviel, und seufzte. »Paß auf, wenn du Sweeney derart ablehnst, schön, ich brauche ihn nicht unbedingt als Eskorte. Laß Maxie sich um uns kümmern. Wenn es dich erleichtert.«

Hazel streckte die Hand aus. »Ja, würdest du das tun? Wenn du keine Firmenangehörigen als Crew haben willst, bin ich sicher, daß wir Frank überreden können, dir zu helfen.«

»Das wäre dann abgemacht.« Jo wandte sich um und wollte zum Flugplatz zurückgehen.

»Da ist noch was ... Ich mag es nicht, daß Taggart uns vorausfliegt.«

»Tagg? Wie kommst du ...? Willst du damit sagen, daß er ...?«

»Schau ihn dir einfach mal so genau und streng an, wie du mich noch vor einer Minute angeschaut hast. Das ist alles, worum ich dich bitte, Jo. Was sind seine Beweggründe in diesem Derby? Was für ein Sponsor ist er für dich, für eine Pilotin?«

Jo warf den Kopf zurück und lachte lauthals, aber die sonst so melodischen Töne klangen bitter. »Gott bewahre! Schön, ich werde einen prüfenden Blick auf ihn werfen. Aber dann mußt du auch etwas für mich tun, wie du mir, so ich dir. Ich bin nicht blind, weißt du. Ich bin nicht blöd. Ich glaube nicht eine Sekunde, daß Tagg verdächtig ist, solange ich glauben soll, daß an deinen amourösen Absichten gegenüber Vera nichts dran ist. Klar? Nachtwache auf dem Flugplatz und so weiter. Was ist der wahre Grund, daß du unbedingt draußen zelten mußt? Darüber wirst *du* dir mal ein paar warme Gedanken machen.«

Hazel war sprachlos. Der Augenblick, der für eine schlagfertige Antwort blieb, verstrich. Wurde zu einer langen Pause. Sie fühlte sich wie in einem enger werdenden Gehege eingesperrt, die Gatter schnappten zu, schlossen ihr wild klopfendes Herz ein, das ihr bis zum Halse schlug. Sie merkte, daß sie mit den Füßen scharrte, ihr Atem ging heftig und schmerzhaft wie bei unterdrücktem Schluchzen. Alles, was sie jetzt sagte, würde sie verraten. Was war die Wahrheit? Konnte sie auf einer Hälfte bestehen – *ja, Taggart ist ein gefährlicher Mann* – wenn sie die andere Hälfte abstritt – *nein, da ist nichts zwischen Vera und mir?*

Jos Stimme zitterte leicht. »Ja. Ich dachte es mir. Wir können ebensogut offen sprechen. Ich wußte, daß sie es von Anfang an auf dich abgesehen hatte, vielleicht schon, bevor sie dich überhaupt kannte. Eine Klette, die hier ist, um dir zu schmeicheln, dich zu benutzen und einen Keil zwischen uns zu treiben.«

»Das ist lächerlich!«

»Ist es das? Ach, Hazel, in vielen Dingen bist du so gut, im Organisieren, darin, eine Aufgabe von Anfang bis Ende durchzuführen, aber mit deiner Menschenkenntnis ist es nicht weit her. Vielleicht war es sogar das, was ich so erfrischend fand, als ich dich kennenlernte – direkt vom Lande, voller Integrität und gutem Willen, aber nicht gerade abgeklärt, was Leute angeht. Dir gefällt die Art nicht, wie Tagg seine Rolle in diesem Derby spielt, und sofort verdächtigst du ihn, daß er irgendwas im Schilde führt. Dabei kennst du ihn überhaupt nicht. Warum wendest du dieselbe Regel nicht auf Vera an? Nur weil du sie bezaubernd findest? Weißt du, es war kein Zufall, daß ich Maxie losgeschickt habe, dich zu suchen. Ich wußte, daß sie betrunken war und in kultivierter Gesellschaft besser nicht gesehen werden sollte. Wer, glaubst du, hat ihr das Automobil beschafft und sie zu dir geschickt? Mein Liebling Haze, wir sollten uns beide vor Schmeichelei in acht nehmen und vor der Sucht nach Ruhm. Das hier ist kein Kinderspiel. Wir befinden uns in einem Wettkampf. Wir sind ernsthafte Gegnerinnen, aber laß uns versuchen, keine Feindinnen zu werden. Ich möchte daran glauben, daß es dazu nicht kommt.« Sie hielt Hazel einen linken Handschuh entgegen. »Vielleicht solltest du den wieder an dich nehmen.«

Betroffen klopfte Hazel auf ihre leeren Beintaschen. »Ich habe meine Handschuhe nicht bei mir.«

»Irgendwann demnächst dann? Komm, wir gehen jetzt besser

zurück. Es gibt noch eine Menge zu tun.« Jos Tonfall war beinahe vergnügt, hätte da nicht ein leiser Schmerz mitgeklungen.

»Er darf nicht nach Independence kommen. Ich lasse nicht zu, daß er nach Independence kommt«, sagte Hazel dickköpfig, als sie Jo folgte.

Bei der Erwähnung von Hazels Heimatort, der nächsten Zwischenstation, drehte Jo sich um. Sie neigte leicht den Kopf und lächelte. »Der ungebetene Gast? Mach dir keine Sorgen. Er wird wahrscheinlich ohnehin gleich nach St. Louis weiterfliegen. Und wenn Sweeney keinen Platz in der Eskorte haben kann, wird Tagg mit ihm zusammen vorausfliegen müssen.«

»Ja, vorausfliegen wird er ohnehin«, sagte Hazel. Sie fühlte sich unbehaglich. Sie hatte ihren Standpunkt durchgesetzt, aber irgend etwas war schrecklich verkehrt, verdreht. Aus irgendeinem Grund hatte Jo ihr nachgegeben, aber sie kam sich irgendwie dumm vor. Was sollte sie wirklich davon halten?

Jo war sachlich, war es immer gewesen, behielt in heiklen Situationen die Ruhe. Sie war eben von der nüchternen Sorte. Hatte Hazel das nicht damals bei ihren Auftankmanövern in Florida gemerkt und zu schätzen gewußt? Hatte Jo nicht normalerweise das richtige Gespür?

Aber nicht immer, nicht immer. Auch sie war manchmal blind für ganz offensichtliche Dinge – ihre Beziehung zum Beispiel. Vorsichtig bis zur Ängstlichkeit? Oder nur realistisch und vernünftig, wie sie immer so gern behauptete?

Wie verläßlich war ihre Vorsicht gegenüber Taggart? War sie überhaupt vorsichtig? Wenn sie so leicht Hazels Gefühle für Vera durchschauen konnte, konnte sie dann nicht auch Taggart als das sehen, was er wirklich war? Oder irrte sie, Hazel, sich vielleicht doch in Taggart? Wurde womöglich auch er von Sweeney hintergangen?

Als sie sich trennten, küßte Jo sie mit einem unbekümmerten, aber taktischen Lächeln flüchtig auf die Stirn. Hazel nickte ihr zum Abschied zu und ging zu ihrer Zephyr. Dort konnte sie die wesentlichen Teile noch mal durchchecken, sich vielleicht ablenken und allein sein. Sie betete, daß Vera feinfühlig genug war, sich im Augenblick fernzuhalten. Ja, sie wollte sie nicht sehen. ›Wenn wir spontan sein könnten‹, hatte Vera gesagt...

Hazel fand ihre Handschuhe in dem Schließfach im Rumpf ihrer Maschine. Vera hatte sie dort verstaut. Sie nahm sie und schlug sich damit in die linke Handfläche, musterte die Nähte von Jos Handschuh. Die Naht zwischen Zeigefinger und Daumen war bis zum Zerreißen gedehnt, die Stiche traten bereits heraus. Wie konnte sie einen solchen Handschuh zurückgeben? Sie würde Jo ein neues Paar kaufen müssen – schließlich war Jo es, die einen Waffenstillstand angeboten hatte.

Während sie zu den goldenen Worten *Presch vor, Preston,* die auf dem hellen Blau der Zephyr prangten, hochstarrte, wurde ihr Kopf langsam wieder klar. Was liegt in meiner Macht? fragte sie sich. Meine Maschine zu fliegen, wenn es geht. Dann fiel ihr schlagartig ein, was hinter Jos Waffenstillstandsangebot steckte: Jo war daran interessiert, daß Maxie als Wachverstärkung mitflog! Oh, der Grund war so simpel, daß Hazel lachen mußte und die Handschuhe einmal kurz und heftig gegen die goldenen Buchstaben schlug. Jo wollte, daß Maxie entweder mit Vera und Hazel Wache hielt oder aber eine Situation schuf, in der Hazel weniger leicht den Komfort eines Hotels ablehnen konnte. *Verflixt, hat sie mich drangekriegt!*

Zum Abendessen gab es gegrilltes Beefsteak.

»Ha-ha«, lachte Maxie verzückt. »Ich wußte doch, daß das in diesen Pferchen da keine vierbeinigen Hühner sind, was?«

»Bestätigt.« Hazel saß mit verdrießlichem Gesicht neben ihr und rührte das Essen nicht an.

»Hey, Kleine. Du solltest lieber was essen. Wir haben morgen wieder eine lange Strecke vor uns, und du willst doch da oben nicht wegtreten, oder?«

»Kartoffeln reichen. Ich kann nichts essen, von dem ich weiß, daß es eingepfercht und verzweifelt war.«

»Guter Gott, Mädel.« Maxie hielt mitten im Kauen inne und legte eine Hand auf Hazels Rücken. »Was ist los mit dir?«

Hazel ließ kurz den Blick über den langen, vollbesetzten Tisch schweifen. Jo saß am anderen Ende, neben ihr auf einer Seite Taggart und auf der anderen Eleanor. Fast alle Pilotinnen waren anwesend bis auf Marsha, die schon wieder krank und vom Arzt zur Untersuchung ins Krankenhaus geschickt worden war. Stevie war natürlich bei ihr. Ebenfalls abwesend war Vera, die auf dem Flugfeld bleiben und mit der Crew zu Abend essen wollte.

Wie zum Scherz lehnte Hazel sich an Maxie, lächelte schwach und schniefte. »Flugmüdigkeit. Kümmer dich nicht drum.«

»Oh, oh«, Maxies Stimme bekam einen tiefen ruhigen Klang. »Du hast mit Jo geredet, stimmt's? Ich hatte gehofft, du würdest damit warten und mich das mit dir zusammen machen lassen.«

»Ich hatte keine Wahl. Sie ist von sich aus zu mir gekommen. Zu blöd – ich hätte nicht gedacht, daß sie das tut.«

»Was – kämpft sie immer noch um den Sitz? Als ich mit ihr sprach, schwor sie Stein und Bein, daß sie das tun würde. Sagte, ich sei völlig übergeschnappt, was Sweeney angeht und so.«

Hazel zuckte die Achseln und nahm einen Schluck von dem Bitter Lemon, das sie bestellt hatte. »Sie wird mich nicht verdächtigen, daß ich was mit Vera anstelle, wenn ich Taggart nicht verdächtige, daß er was mit dem Derby anstellt.«

Maxie klappte der Kiefer herunter. Sie nahm rasch einen Schluck Wasser, als sei ihr schlecht geworden. »Das kann man ja wohl kaum vergleichen.«

»Danke, Maxie. Die Bestätigung hab' ich gebraucht«, knurrte Hazel.

»Preston! Hör mir zu. Der Vergleich hält doch wirklich nicht stand. Wir haben hier zwei total verschiedene Angelegenheiten, die eine betrifft dein Herz, die andere das Derby und somit einen ganzen Haufen Leute. Es geht darum, daß wir mehr über Taggart wissen wollen und darüber, was Sweeney im Schilde führt. Taktieren sie nur rum oder tun sie irgendwas, was uns schadet? Da sitzt er, ißt zum ersten Mal, seit das Derby angefangen hat, mit uns am selben Tisch, ein Sponsor – ein Betrüger? Du traust ihm nicht. Warum? Laß uns *damit* anfangen.«

Hazel überlegte einen Moment. »Nun, er hält sich nicht an die Regeln. Schön, er ist also ein Einzelgänger, ärgert sich über die Präsenz der Fluggesellschaften. Das kann ich ihm noch nachsehen. Ich bin mit Jo und Eleanor eine der Hauptorganisatorinnen, und trotzdem hat er sich noch nie mit mir besprochen, kein einziges Mal. Null Kommunikation. Nur über Jo, und was ich da mitkriege, gefällt mir nicht. Aber auch damit kann ich umgehen. Er heuert einen Mechaniker an, den wir rausgeschmissen haben, von dem Gus nichts hält, und das ist der Punkt, wo ich anfange, mir ernstlich Sorgen zu machen. Jo sagt, ich hätte keine gute Menschenkenntnis, mag sein – aber ich gehe nach meinem Pferdeinstinkt, da ich nun mal ein Mädchen vom Lande bin. Dieser Mann beunruhigt mich, und ich traue diesem Gefühl. Ich brauche einen Weg, herauszufinden, was mich so verdammt mißtrauisch macht. Ich will wissen, was er vorhat, um meiner eigenen Zurechnungsfähigkeit willen. Und ich muß mitansehen, wie Jo ihm ausgeliefert ist ... das gefällt mir nicht. Ich finde es aufreibend.«

Maxie zuckte die Schultern. »Gibt es eine Möglichkeit, alle Zweifel auszuräumen? Laß mich mal hören, was Al zu sagen hat. Ist dir klar, daß er bisher kaum Zeit hatte, Allis Bestattung zu organisieren? Und wir haben immer noch nicht raus, wie diese Wettgeschäfte laufen.«

Kopfschüttelnd aß sie heißhungrig weiter, als müsse sie das jeden Moment auf eine Antwort bringen. Mit vollem Mund schwenkte sie ihre Gabel. »Du solltest erstmal die Sache mit der guten Vera regeln. Euch beiden ist wohl ganz plötzlich was ziemlich Übles über die Leber gelaufen, was?«

»Wieso? Hat sie was zu dir gesagt?«

»Das brauchte sie nicht. Ihr habt euch in entgegengesetzte Ecken des Flugfeldes verzogen wie einstudiert. Was wirst du unternehmen?«

»Keinen Schimmer, Max.«

Nun deutete Maxie mit ihrer Gabel auf Eleanor. »Wir sollten mal mit der da sprechen. Sie sitzt nicht umsonst neben Taggie.«

Hazel warf einen kurzen Blick zum anderen Ende des Tisches. Nein, fürwahr. Eleanor schaute auf, ein ganz kurzer Blick nur, und fuhr mit ihrem Interview fort, während sie aß und sich zwischendurch Notizen machte.

In diesem Moment entstand an der Tür Unruhe, und ein Bote des Krankenhauses kam herein mit der Nachricht, bei Marsha Banfill sei Typhus diagnostiziert worden, ihr Zustand sei ernst, und sie müsse sich vom Wettkampf zurückziehen. Alle Pilotinnen wurden gebeten aufzuschreiben, was sie in den letzten Tagen gegessen und getrunken hatten.

»Heiliger Ackergaul – wir haben alle das gleiche gegessen.« Hazel hatte jetzt noch weniger Appetit als vorher. Sie befühlte ihre Stirn, um zu sehen, ob ihre innere Hitze nicht auch Fieber sei.

»Jaah, Hühnchen.« Maxie schob ihren Teller weg. »Da reicht ein verdorbenes Stückchen oder ein infizierter Koch.«

»Tja, damit wäre eine weitere Unabhängige weg vom Fenster. Ich schätze, wenn es nach Jo geht, sollte ich das nicht als vorsätzliche Verschwörung betrachten.«

»Ha.« Maxies breite Brust hob und senkte sich, als sie sich auf ihrem Stuhl reckte. »Wie ich es sehe, haben wir ein Flugzeug ohne Pilotin. Sehr verführerisch, sehr verführerisch von meinem Standpunkt aus.«

»Max, natürlich! Du könntest das Derby als Pilotin beenden! Laß uns sofort mit ihren Sponsoren reden. Das ist dieses Paar mit dem Bekleidungsgeschäft, stimmt's?« Hazel lachte auf. »Max! Du kriegst eine komplette Garderobe bei der Sache, und Make-up! Klamotten und eine Ausstaffierung für Flugreisen. Klasse!«

Maxie sah an ihren schwarzen Reithosen hinunter und auf ihre Westernstiefel. »Könnte ich nicht eine neue Mode einführen?«

Hazel schlug Maxie auf den Oberschenkel. »Los, komm. Laß uns mit ihnen reden.«

Einen Finger an den Lippen, bedeutete Maxie Hazel zu warten. »Was ist dann mit dem freien Sitz?«

Hazel zuckte die Schultern. »Ich bin's leid. Sweeney wird ohnehin dabeibleiben. Vielleicht hatten wir recht – es ist besser, ihn die ganze Zeit im Blick zu haben, als daß er hinter unserem Rücken herumschleicht.«

»Preston, ich bin eh schon gestrichen. Lassen wir's dabei. Du weißt, daß mein Opa alle Hebel in Bewegung setzen würde, um mich wieder ins Rennen zu bringen, und das will ich nicht. Er nimmt das alles ziemlich persönlich, wie es aussieht, aber ich hab' ihn erstmal damit beschäftigt, Miss Mack zurückzubringen, ohne Tragflächen, mit der Eisenbahn. Nein, ich will inoffiziell dabeisein, wenn wir Marshas Sponsoren dazu überreden können – ich meine, sie haben diesen ganzen Anzeigenkram gemacht – ich will das Derby bis zum Ende mitmachen, aber ich will eine Etappe vorausfliegen. Wie wär's damit?« Sie neigte den Kopf und hob die dicken schwarzen Augenbrauen.

Hazel sah sie liebevoll an. »Max, du bist klasse. Wir werden das arrangieren. Wir müssen einfach. Laß uns Eleanor schnappen – sie ist bei solchen Verhandlungen einfach spitze.«

Als sich die Essensgruppe zerstreute, begaben sich Maxie und Hazel zu Eleanor und weihten sie ein.

»Wir müssen ein paar Telephonate führen«, sagte sie eifrig.

»Ellie, du hast Zugang zu einem privaten Telephon?« Hazel war neugierig. »Wie hast du das gemacht?«

»Tja.« Eleanor machte eine geheimnisvolle Pause. »Du gehst zur Telephonistin in der Zentrale, schaltest dich direkt in die Leitung und benutzt ein Paar Kopfhörer. Ich mache das immer bei den Zeitungsredaktionen. In den Telephonzentralen sitzen Frauen – sie sind verständnisvoll und können sehr hilfsbereit sein.«

»Herrje, Ellie, du bist immer so auf Zack«, sagte Hazel beeindruckt.

»Bin ich das?« Eleanor blieb abrupt stehen, ihre blauen Augen zwinkerten trotz ihrer ernsten Haltung. »Hier entlang, Ladies.«

»Du denkst also nicht, daß ich allmählich durchdrehe?«

»Jaah, was hast du aus Taggie rausgekriegt?« fiel Maxie ein.

Eleanor wartete ein paar Schritte, bis sie aus dem Flugplatzgebäude heraus waren. »Wir müssen zum Pressebüro. Jetzt heißt es erstmal das Taxi finden, das sie mir schicken wollten, ah, ist das eins? Ich muß die Wettkampfneuigkeiten und meinen Bericht über Maxie durchgeben, aber ich glaube nicht, daß ich irgendwas von Tagg verwenden kann. Kommt weiter... Taggart ist ein kaltblütiger Bursche. Nein, auf den ersten Blick ist er von der humorlosen, faden Sorte. Schmallippig. Hart. Läßt sich auf keine Unterhaltung ein. Du weißt nie, welche Karten er in der Hand hat. Ich fragte ihn, wie er den Verlauf des Derbys einschätzt. Schwer zu sagen, meinte er. Nichts weiter. Dann fing ich an, über die sonderbaren Vorfälle zu sprechen, warf alle möglichen Metaphern und Ausdrücke, die im Wettgeschäft üblich sind, durch den Raum...«

Das Taxi fuhr vor, und der Fahrer steckte mit einem »Miss Wilson?« den Kopf heraus. Sie stiegen ein, und Eleanor gab ihren Frendinnen mit einem Wink zu verstehen, daß sie jetzt nicht sprechen würde. Hazel verfiel in ein enttäuschtes Schweigen.

Maxie riß zuerst die Geduld. »Und?«

Eleanor schüttelte den Kopf mit Blick auf den Fahrer und beugte sich dann näher zu den beiden anderen. »Er fing an, nervös zu zucken, fuhr sich durch die Haare, kratzte sich im Nacken, warf mir ein herablassendes Lächeln zu. Ich denke, jede schärfere Reaktion wird er an Jo auslassen, die ohnehin schon völlig angespannt ist, wenn ihr mich fragt. Sie wird die volle Wucht abkriegen und es auf die ein oder andere Art zu uns durchsickern lassen. Aber was wichtiger ist: ich habe ein Telegramm von einem Kollegen bekommen, der ein paar Nachforschungen über Tagg angestellt hat und sagt, er habe ein paar interessante Einzelheiten erfahren – ich muß ihn anrufen und rausfinden, worum es geht. Ich wollte mit ihm sprechen, als ihr zu mir kamt, wir haben also eine Menge Arbeit zu erledigen. Wen wollt ihr anrufen – Gladys und die Mortons, richtig?«

Unter Eleanors Führung suchten sie sich ihren Weg zum Redaktionsbüro. In dem kleinen Raum mit den zwei Schreibmaschinen und einer Setzmaschine herrschte eine Atmosphäre, als würde hier Pionierarbeit geleistet, der Verleger, der den Großteil der Arbeit offenbar als Einmannbetrieb erledigte und völlig überarbeitet schien, winkte sie in die Telephonzentrale an der Rückseite des Gebäudes.

Sie riefen Gladys Jenney an, um nach Als Verbleib zu fragen und Nachrichten für ihn zu hinterlassen, und baten darum, daß er und Gladys sich für die folgende Nacht verfügbar hielten. Jenney hatte noch keine Neuigkeiten zum Unfallbericht, sie wußte nur, daß Alexis' Leichnam immer noch beim Leichenbestatter lag und Al die Verschiffung in ihre Heimatstadt in Oregon vorbereitete, wo sie in engstem Familienkreis beigesetzt werden sollte. Jenney würde dann im September öffentliche Gedenkgottesdienste in Kalifornien und New York arrangieren.

Dann riefen sie die Mortons an und verhandelten über Maxies inoffizielle Übernahme der Spartan, so daß Marsha nach ihrer Genesung immer noch die ursprünglich geplante Tour fortsetzen konnte. Dafür hätten sie Maxie auf dieser Tour gerne als Ersatz für Marsha, falls diese ihren Verpflichtungen nicht würde nachkommen können. Maxie schluckte, als sie das hörte, und drückte beide Daumen, daß es Marsha bald besser ging.

Nachdem sie aufmerksam in den Kopfhörer gelauscht hatte, sah Eleanor zu Maxie auf, die dicht bei ihr stand, und sagte sehr ernst: »Portia Morton möchte bitte deine Maße wissen.«

Maxie stöhnte, und Hazel mußte an sich halten, um nicht loszulachen.

»Sag ihr, ich kann mich in alles reinquetschen, was Marsha paßt.« Maxie machte eine heftige Handbewegung und sah Hazel vorwurfsvoll an. »Ich werde meine eigenen Klamotten tragen, das sag' ich dir, Preston. Ich fliege ihr kleines Flugzeug, wohin immer sie wollen, aber das ist alles, was ich vorführe.«

Eleanor sah sie erneut an. »Und vergiß das Banner nicht auf der letzten Etappe...«

»Welches Banner?«

»... ja ... ja ... sag' ich ihr. Maxie, hinter dem Sitz ist ein Banner. Du mußt es am Schwanz befestigen ... darauf steht ›Mortons Bekleidungshaus grüßt das Derby‹.

Maxie verdrehte die Augen. »Das schlägt dem Faß den Boden aus.«

Als nächstes kam Eleanors Kollege zu Wort, ihren Brummlauten nach zu urteilen, gab es Wichtiges. Als sie fertig war, nahm sie schnell die Kopfhörer ab, zog den Stecker heraus und nickte der Nachtschicht-Telephonistin dankbar zu. Die bekam noch ein Autogramm und ein bißchen Geplauder, bevor die drei nach draußen eilten, um ungestört zu reden. Maxie blieb stehen, um sich eine Zigarre anzuzünden.

»Interessante Neuigkeiten, meine Freundinnen«, sagte Eleanor. »Offenbar war Tagg vor einigen Jahren Hilfsingenieur bei den Wright-Motorenwerken. Klug und ehrgeizig. Wenig bekannte Tatsache, hm? Er wurde wegen Vertragsbruchs gefeuert. Mein Informant ist dem nachgegangen, indem er mit den Anwälten sprach, die damals den Fall bearbeiteten. Es handelte sich um Vertrauensbruch. Offenbar hat unser Knabe Informationen eingeheimst, aber nicht in Konstruktionspläne umgesetzt. Die Sache wurde nicht gerichtlich ausgetragen, aber anscheinend drohte er damit, Wright und Beech zu verklagen, weil sie *seine* Konstruktionsideen geklaut und verwendet, den Profit eingestrichen und den Ruhm kassiert hätten. Wenn man seine Geschichte für bare Münze nimmt, ist ein Großteil der Wright-Konzeption auf seinem Mist gewachsen. Mittlerweile ist nachgewiesen, daß der Wright-Motor zum Patent angemeldet wurde, bevor er überhaupt dort gearbeitet hat. Folglich riet ihm sein Anwalt, von gerichtlichen Schritten abzusehen.«

Mit ihrer Zigarre im Mundwinkel und tief in den Hosentaschen vergrabenen Händen stieß Maxie eine große Rauchwolke aus. »Mann, ich will verdammt sein – ein gefallener Engel?«

»Laß mich mal ziehen«, bat Hazel. Sie nahm die Zigarre, ihre Hände zitterten, als sie den Rauch einsog. Sie versuchte ihre Gedanken zu ordnen. »Jo sagt, er ist sehr vorsichtig – will keinen Beech-Mechaniker in der Nähe seines Flugzeugs sehen. Hat er vielleicht einfach einen Wright-Motor genommen und umgemodelt, womöglich seinen treibstoffsparenden Apparat eingebaut? Oder ihn so frisiert, daß er eine etwas andere Mischung braucht? Es ist ziemlich einfach, an Wright-Teile heranzukommen, den Motor mit Teilen aus verschiedenen Lieferquellen zusammzubauen oder sie selbst herzustellen, wenn man ein erfahrener Ingenieur ist. Ich weiß, daß das Modell, das Jo fliegt – oder sollten wir sagen, der Prototyp? – den Versuch darstellt, einen Hochleistungsmotor mit einem möglichst leichten Korpus zu kombinieren, wobei er wegen der höheren Belastung den Rahmen verstärkt hat. Und ich muß zugeben, immer, wenn ich sie von Testflügen zurückkommen sah, wirkte alles sehr ausgewogen. Aber bei langen Strecken habe ich meine Zweifel. Er muß auch Zweifel haben, und er hat einen Groll auf Beech. Jetzt wissen wir wenigstens, warum. Und was sein mögliches Motiv betrifft – er muß seine Konstruktion unter Beweis stellen. Kommt, laßt uns zum Flugplatz gehen und einen Blick auf Mortons Spartan werfen.«

»Warte mal.« Eleanor runzelte die Stirn und sah sie entsetzt an. »Motiv hast du gesagt? Er... mein Informant hat irgendwas über einen Konstruktionsstreit gesagt – es ging nicht primär um Motoren, er sagte was über Treibstoffeinsparung, aber er sprach auch von einem ›Auspuffsystem‹.«

Hazel gab Maxie die Zigarre zurück. »Also ist er Experte für Auspuffanlagen? Neulich in Santa Monica, wißt ihr noch, da hatten Al und Al Auspuffprobleme ... irgendwas, das Al schon in San Bernardino zu reparieren versucht hatte, aber vergeblich. Tagg hatte in Santa Monica jede Menge Zeit, am Auspuff der Arctic herumzubasteln. Die Rearwyn stand direkt daneben, an ... an dem Morgen, als Vera kam, um die ersten Photos von mir zu machen. Verdammt. Ich bin in der Lücke von der Rearwyn auf und ab gegangen, und ich weiß noch, daß ich diesen weißen Rumpf sah, wenn ich aufblickte –« Hazel schloß die Augen, um ihrem Gedächtnis nachzuhelfen. »Es war die *Arctic*! Was stand auf der anderen Seite? Himmel. Keine Beech ... irgendwas in der CW-Klasse, was Tagg bestimmt nicht interessiert hätte ... Dann hat Vera mich angesprochen und auch noch ihre Kamera vor meiner Zephyr aufgebaut. Laßt uns gehen – vielleicht kann sie sich erinnern ...«

»Selbst im Dunkeln sieht sie aus wie ein Weihnachtsbaum«, sagte Maxie, als sie die grün-rot-goldene Spartan betrachtete. Ihr Blick fiel auf die goldene Reklamebeschriftung: *Mortons Damenbekleidung – zeitgemäße Ausstattung für die moderne Frau.* Sie riß die Zeltplane vom Cockpit, kletterte hinein und machte es sich bequem, strich mit den Händen über die Instrumente.

Eleanor, einen Fuß auf der Tragfläche, rief nach oben: »Und? Wie macht sich's?«

Hazel schlenderte um die Schnauze herum, drehte am Propeller und beanstandete, daß die Kolben bei diesem Modell nicht wie üblich im Kreis hinter dem Propeller angeordnet waren und daß die Maschine, obwohl ein Sportflugzeug, keinen Selbststarter hatte, aber Maxie war daran gewöhnt.

»Verdammt!« Maxie grinste zu ihnen hinunter. »Es wird reichen müssen, bis ich meine Mackie zurückbekomme. Muß halt meine Ellbogen einziehen und die Knie zusammenhalten. Au, oh, es geht nicht ... da ist ein Knüppel im Weg. Auaa ...« Sie erntete ein Aufstöhnen von den beiden anderen und wurde ernst. »Wir werden sehen, wie die Kiste sich macht. Liegt ihre Stärke nicht in der Art, wie die Tragflächen geschnitten sind, in diesem speziellen Winkel zum Rumpf? Ich kann kaum glauben, daß Marsha dieses Ding mit hohem Fieber geflogen ist und dabei ihre Zeit so gut gehalten hat.«

In diesem Moment tauchte mit einer Laterne in der Hand Vera auf, heftige Besorgnis malte sich auf ihrem Gesicht, dann deutliche Erleichterung. »Wie seid ihr denn hierhergekommen, ohne daß ich euch gesehen habe?«

Eleanor zog die Schultern hoch. »Wir sind einfach von da drüben gekommen –«

»Nein, wir sind doch querfeldein gegangen«, sagte Hazel.

»Na, dann habt ihr Glück gehabt, oder mein System ist nicht idiotensicher! Ich habe nämlich auf gut Glück Stolperdrähte um die Fluzeuge gespannt.«

»Stolperdrähte!« Maxies Lachen überrollte sie förmlich, als sie sich aus dem Cockpit stemmte.

»Na ja, nicht ganz auf gut Glück ... schon um bestimmte Flugzeuge. Um die Spartan hab' ich mir keine Gedanken gemacht.«

»Tja, vielleicht sollten wir uns jetzt Gedanken machen.« Eleanor unterrichte Vera über die neusten Entwicklungen und schloß mit: »Also wird Maxie vorausfliegen, auf potentielle Schwierigkeiten achten und Taggart im Auge behalten. Wir setzen Sweeney mit dir als Vorhuteskorte ein, wenn Jo in der ersten Hälfte fliegt, sonst folgt ihr mit der Nachhut. Meinst du, du kannst das aushalten?«

Vera klang sehr sachlich, als sie sagte: »Es wird vielleicht nicht gemütlich, aber ich habe vor, es ihm so unbehaglich wie möglich zu machen – beiden. Ich denke, je enger wir uns an sie ranhängen, desto besser. Das Pferd kann dich nicht treten, wenn du ganz dicht neben ihm stehst.«

»Ich glaube, das Unbehagen hat schon angefangen«, äußerte Hazel. »Jo hat sich stellvertetend über deine Photosession beschwert!«

Vera zuckte die Achseln. »Was soll ich da sagen? – Er ist so photogen.«

»Klar, weiß ich, aber ich soll ausrichten, daß du dich zurückhalten mögest.« Hazels Ton war entschuldigend.

»Zwanzig Fuß anstatt zehn?« Vera verzog den Mund. »Klar, kann ich machen.«

Maxie schaltete sich ein. »Sag mal, Vera, weißt du noch, wie du Hazel in Santa Monica das erste Mal photographiert hast? Wir haben uns gefragt, ob du dich vielleicht erinnerst, wie die Flugzeuge da aufgestellt waren ... hast du Bilder von diesem Tag?«

»Nein. Ich schicke meine Bilder alle nach Hause zu meiner Mutter, um sie später zu entwickeln, weil ich hier weder Zeit noch Möglichkeit dazu habe.«

»Kannst du dich an den Standort irgendeiner Maschine erinnern?« hakte Eleanor nach. »Wie sie aufgestellt waren?«

Vera schüttelte den Kopf. »Nein, ich habe mittlerweile so viele verschiedene Aufstellungen gesehen, ich weiß nicht mehr, wer wo stand. Vielleicht gibt es ein paar Bilder – ich habe an dem Tag Photos vom Flugplatz gemacht, die Reihe von Propellern und sowas. Ich könnte meiner Mutter telegraphieren, daß sie die entwickeln lassen soll. Wäre das hilfreich?«

Eleanor wiegte den Kopf. »Ziemlich umständlich, aber es könnte Prestons Erinnerung auffrischen und zeigen, daß Taggart die Möglichkeit hatte, herumzumanipulieren. Es ist möglich, daß die Arctic in den Tagen vor dem Derby gleich neben der Rearwyn gestanden hat. Wir wollen wissen, wer auf der anderen Seite war.«

»Warte mal – ich glaube, es war die Monocoupe – grün-weiß. Ich weiß noch, daß ich mir wünschte, ich könnte Farben photographieren. Ich erinnere mich – ich sah zwei Reihen Flugzeuge, nicht eine, weil die Rearwyn weg war. Und ich meine, als ich am Ende der ersten Reihe vorbeiging, fiel mir das Grün-Weiß auf. Und zwar eine Leichtgewicht-Maschine.«

»Eine CW, genau wie ich dachte«, rief Hazel aus. »Lila hat keine Spur von Ärger gehabt.«

Eleanor hob mahnend die Hand. »Das ist erst eine Seite. Bist du sicher, daß du nicht einfach dasselbe gesehen hast, Preston?«

Hazel beherrschte sich. »Ganz sicher. Die Monocoupe ist mehr grün als weiß. Ich war auf der Meerseite. Und du, Vera?«

»Ich ziemlich sicher ebenfalls. Ich ging auf der Meerseite und suchte die Zephyr.«

Maxie seufzte, die Hände in den Hosentaschen. »Was bringt uns das? Nicht viel. Ich weiß nur, daß Alexis vorher nie Probleme hatte. Dann, zwischen ihrem Flug von Alaska runter und der ersten Etappe, hat sich irgendwas verändert. Irgendwas, was sich erst nach einiger Zeit bemerkbar machte. Was ist unser nächster Schritt?«

Eleanor machte sich ein paar Notizen und steckte dann Block und Stift in eine Tasche. »Ich möchte gern alle Teile zusammenhaben, die Nachforschungen, die mein Kollege angestellt hat, das Bild. Ich wünschte, ich könnte den Fahrer dieses Automobils nochmal ein bißchen genauer befragen, aber während des Derbys sind uns die Hände gebunden, es sei denn, wir würden Tagg und Sweeney in den nächsten paar Tagen auf frischer Tat ertappen, wie sie herumschnüffeln oder pfuschen. Für den Augenblick ist unser Überleben alles, worauf wir achten müssen. Was vor Gericht Bestand haben soll, bedarf einer gründlicheren Beweisführung. Wir werden sehen. Vera, können wir deiner Mutter kabeln und sehen, ob sie diese ersten Bilder entwickeln kann?«

Vera runzelte die Stirn. »Ach je, gerade fällt mir ein – sie wird für ein paar Tage nicht zu Hause sein. Sie wollte ihre kranke Schwester besuchen.«

»Ich denke, ich kann meinen Informanten nochmal anrufen und fragen, ob es offizielle Photos von den Tagen vor dem Derby gibt.«

Maxie warf die Cockpitplane wieder über die Spartan und

sprang herunter. »Tja, ich könnte mal meine Sachen holen und in diesem Fach hier verstauen. Mal sehn. Yep. Sieht aus, als hätte Stevie Marshas Sachen rausgeräumt. Ellie, ich komm' mit dir.«

Hazel hatte den Eindruck, daß Maxie sich absichtlich ausklinkte, und fragte: »Und du überläßt sämtliche Sicherheitsvorkehrungen uns?« Irgendwie hatte sie Angst davor, daß Maxie sie mit Vera allein ließ.

»Ich denke, ihr schafft das schon«, murmelte Maxie und drückte sich an Hazel vorbei, um mit Eleanor davonzustapfen.

Vera und Hazel standen schweigend da, ohne sich anzuschauen.

Vera war es, die schließlich sprach. »Ich habe ein Plätzchen bei deiner Maschine eingerichtet. Laß uns dahin gehen. Ich hole warmes Wasser.«

»Du brauchst dich nicht um mich zu kümmern«, sagte Hazel ein wenig zu schnell. »Ich kann mir selbst Wasser holen.«

»Kein Problem ...« Vera trat einen Schritt zurück, bevor sie dann gemeinsam in Richtung der Zephyr gingen. Sie fügte hinzu: »Hier lang ist alles frei, nein, geh nicht da lang, sonst wirst du ...«

»... stolpern«, beendete Hazel den Satz, als Vera sie an der Schulter packte. Jetzt standen sie sich direkt gegenüber, nur Zentimeter entfernt. Hazel konnte nicht anders als grinsen, und als sie ihre Arme um Vera schlang, schmolz sie innerlich. Sie riß sie so heftig an sich, daß Vera das Gleichgewicht verlor und hilflos an ihr hing, die Kamera rutschte von ihrer Schulter und schlug gegen Hazels Hüfte. Rasch zog Hazel Vera auf die Füße und zur anderen Seite des nächsten Flugzeuges. »Leg diese blöde Laterne und die Kamera irgendwo ab.«

Vera kam dem nach, dann erwiderte sie Hazels Umarmung mit aller Kraft und schob sie in die Ecke, wo die Tragfläche mit dem Rumpf verbunden war. »Es war unerträglich. Wo warst du so lange?« Hazel kam nicht zum Antworten, denn ihre Lippen trafen sich, und Vera drängte sie mit ihren Hüften noch weiter in die Ecke hinein.

Hazel machte sich sanft los. »Jo weiß, was zwischen uns läuft oder auch nicht läuft. Aber es ist alles so verzwickt, ich kann es einfach nicht durchschauen.«

»Verstehe. Aber was ändert das?« Vera rührte sich nicht.

»Sehr wenig, außer daß ihr die Vorstellung behagt, Maxie als Sicherheitskraft dabeizuhaben, damit wir uns benehmen müssen. Ich glaube alledings nicht, daß es Max behagt, die Anstandsdame zu spielen – wir sind also nicht im geringsten vor uns sicher.«

»Sollten wir das sein?«

Hazel ließ sich in Veras kräftige Arme fallen, vielleicht nur um zu spüren, daß sie da waren. Sie fühlte Veras Hände über ihren Rücken abwärts wandern. Feuer sprühte aus diesen Fingerspitzen, die heftig an ihrer Hose zerrten. Hazel kam Vera entgegen, öffnete ihren Gürtel und ließ zu, daß Veras Hände sich unter ihre Kleidung schoben. Es gefiel ihr, in die Ecke gedrängt zu werden, mit der unteren Tragfläche eines Doppeldeckers als Stütze, die ihr erlaubte, ihr Becken gegen Veras zu pressen.

Wie süß die Sehnsucht war, wie schrecklich das Begehren, wie unerfüllt die Leidenschaft. Vera strich Hazels Schenkel auf und ab, ihre Zunge spielte an Hals und Schultern.

»Darf ich hier mit meiner Hand bei dir reingehen?« fragte Vera und ihr warmer Atem streifte Hazels Wange, während ihre Finger durch weitere Schichten Kleidung vordrangen. »Ah, das ist es, was ich will, ja, darf ich?«

Hazel klammerte sich an Vera und spreizte ihre Beine, pochend, schwellend, um Veras Finger aufzunehmen. Ihr ganzer Körper bebte.

»Ich will dich in einem Bett, einem richtigen Bett«, flüsterte Vera. »Ich will dich ohne Klamotten, mit meinem Mund an deinen Brüsten, an deiner Scham. Ich will dich ganz, ohne Einschränkung. Ich will, daß du dich mir auslieferst. Ja, so will ich dich. Ich will dich auf völlig zerwühlten Laken.«

»Zerwühlt?« Hazel schnappte nach Luft und öffnete sich, um Veras Hand so weit wie möglich in sich aufzunehmen. Veras

Handballen rieb an ihr, während ihre Finger hinein- und wieder herausglitten. Aber sie wußte, daß sie das nur reizen, verrückt machen würde.

»Ja, völlig zerwühlt.« Vera lachte ihr ins Ohr, leckte daran, preßte sich gegen sie. »Stundenlang und völlig zerwühlt.«

»Wir müssen gehen. Wir können das hier nicht machen«, protestierte Hazel mit geschlossenen Augen.

»Warum nicht?« Vera preßte sich noch fester gegen sie, ließ nicht nach. Hazel spürte wie sich Veras Becken gegen sie drängte, wie ihr Atem schneller ging. »Gib dich mir hin – du kannst es – du kannst es.«

Ihre Münder fanden sich, vielleicht um ihr Stöhnen zu ersticken, dann machte Vera sich los, vielleicht um sich auf ihre Hand zu konzentrieren, um Hazel zu dem Höhepunkt zu bringen, den sie von ihr wollte. Sie flüsterte: »Komm, Hazel, komm. Gib dich mir hin, Liebling. Diesmal zischt kein Auto auf uns los. So ist es gut, nimm mich auf, komm. Was glaubst du, warum ich überall Drähte gespannt habe? Ich bin deine Sicherheitsfrau. Ich bin...« Hazel war, als würde ihr ganzer Körper anschwellen, ihr Innerstes sich nach außen stülpen. Alles pulsierte, als Vera sich langsam zurückzog, sie mit geöffnetem Mund küßte, sich heftig an sie drückte. Hazel war ganz benommen von dieser Kraft, wollte sich ihr noch einmal hingeben. Sie preßte sich gegen Vera, deren Becken immer noch drängend schaukelte. Sie knetete Veras Rücken, ließ die Erregung anwachsen, bis Vera in ihr Ohr stöhnte, sich dann entspannte und gleich einem Adler mit ausgebreiteten Schwingen auf ihr hing.

»Ich glaube, das Flugzeug bewegt sich«, sagte Hazel, als sie ihr Gleichgewicht wiedergefunden hatte. »Das ist keine schwere Maschine – wem gehört sie eigentlich?«

Vera, die Hazel immer noch umklammerte, holte Luft. »Gold und schwarz – es muß wohl Stevies Eagle sein.«

»Oh, gut«, seufzte Hazel. »Sie hätte nichts dagegen.«

Vera warf den Kopf zurück und lachte, ohne Hazels Hüften

loszulassen. »Also, dann hilf mir, ich will dich ohne Klamotten. Meinst du, daß wir dafür jemals Zeit oder einen Ort finden?«

»Ich weiß es nicht. Ich weiß nur, daß die nächste Zwischenstation mein Heimatort ist, genau gesagt die Farm meiner Familie. Sie haben ein ganzes Feld für uns abgemäht...«

»Du bist da aufgewachsen?«

»Ja.«

Vera schob ihre Hand wieder zwischen Hazels Beine und streichelte sie liebevoll. »Du triefst vor Verlangen und du willst mehr. Ich denke, wenn wir an einem Ort sind, den du so genau kennst, dann wirst du schon wissen, wo wir für eine Weile ein sicheres Versteck finden können.«

Hazel streichelte Veras Haar, fuhr mit den Fingern hindurch. »Ja, natürlich. Der Heuboden und die Scheune stehen uns zur Verfügung, aber die sind für alle. Ich denke, ich weiß, wo wir hingehen können.«

»Gut – Maxie wird ein Weilchen die Wache übernehmen müssen.«

»Wache? Du sprichst über mein Zuhause. Ich habe drei große Brüder, die niemanden in die Nähe der Flugzeuge lassen, wenn ich es ihnen sage. Wir können vielleicht sogar mal eine ganze Nacht durchschlafen. Auf jeden Fall gibt es gutes Essen. Meine Mutter und alle meine Tanten werden die Sache in die Hand nehmen. Sie haben reichlich Erfahrung mit der Organisation von Picknicks für die Kirche. Das wird der Triumph meines Vaters – er war früher Wanderschauspieler –, eine Art Wanderzirkus auf seinem eigenen Scheunenhof zu haben!«

»Kein Hühnchen, hoffe ich.«

Hazel gluckste. »Eher sowas wie der geräucherte Schinken meines Großvaters. Und Kuchen aller Art. Es wird einen derartigen Rummel geben, daß es schwierig wird, wegzukommen, und das kann ich auch erst, nachdem ich wirklich allen gebührend Aufmerksamkeit gezollt habe.«

Vera zog ein Taschentuch hervor, wischte sich die Hände ab und hielt es Hazel dann schelmisch unter die Nase.

»Du Mufflappen!« rief Hazel ehrlich entrüstet.

»Genau.« Vera faltete das Tuch sorgsam zusammen und steckte es in ihre Tasche. »So – in sicherem Gewahrsam, meine Liebe.«

Hazel war berauscht von dieser Frau. Hatte es jemals vorher eine gegeben, die so voller Schwung, Sinnlichkeit und Schönheit zugleich war? Sie machte Sex, wie Hazel flog: bis zum Äußersten. Mit der Aussicht, die Tage mit Fliegen und die Nächte mit Vera zu verbringen, erschien Hazel die Welt so vollkommen, wie sie es sich immer gewünscht hatte.

Daß ich klein bin und ein Kissen auf meinem Sitz und Verlängerungsblöcke auf dem Ruderbalken brauche, bedeutet nicht, daß ich nicht fliegen kann. Aber ich stelle bei meinem Ehemann etwas fest:
Je kompetenter ich werde, je risikofreudiger ich werde, desto beschützerischer wird er.«

Lila Wilczynski
aus den Notizen für eine Reportage, E.W.

7

Soweit Hazel beurteilen konnte, hatte in der Nacht niemand Pfusch oder sonst ein Unwesen getrieben. Sie richtete sich halb auf ihrem harten Lager am Boden auf und sah Vera davonschlüpfen, die ihre Stolperdrähte entfernen wollte. Maxie lag noch fest in ihre Decke gewickelt da und atmete schwer und gleichmäßig im Schlaf. Hazel sank zurück und döste, dachte daran, wie Vera die ganze Nacht unter der Kleidung ihren Arm um sie geschlungen hatte, erinnerte sich an das Gefühl dieser runden Brüste, der vollen und doch muskulösen Hüften.

Sie hätte darin schwelgen können, wäre da nicht im Hinterkopf der Gedanke an Jo. Wie lange waren sie jetzt zusammen? Mit Unterbrechungen seit zwei Jahren. Aber ihr Gewissen konnte eines nicht ausstechen – noch nie hatte sie so ungestümen, so wunderbaren Sex gehabt. Mit Jo war es immer gewesen, als müßte sie ihre Leidenschaft im Zaum halten, wie sich in Klamotten zu zwängen, die viel zu klein waren. Damals war ihr das nie aufgefallen, Jo war ihre erste Liebe gewesen, ihre erste Erfahrung, und am Anfang machte das allein sie schon glücklich. Aber Jo schien immer über ihre Schulter zu schielen, hatte immer Angst, daß jemand etwas wissen, etwas sehen und verurteilen könnte. Mit Vera erlebte Hazel etwas, wovon sie nicht gewußt hatte, daß es ihr möglich war...

Hazel setzte sich auf. Sie strich ihre Haare zurück und blickte in den Himmel. Um sechs Uhr morgens war er über dem Flugplatz blau, aber von Südwesten her zogen tiefhängende Stratuswolken auf. Es würde bestimmt bald Regen geben. Sie rüttelte Maxie wach. »Zeit, in die Gänge zu kommen, Max. Bald wird der Regen uns einholen.«

Maxie rollte sich herum, setzte sich benommen auf und blinzelte in den Tag. Sie sagte nichts, sondern streifte langsam die Decke zurück und legte sie zusammen.

Es dauerte nicht lange, und die anderen Pilotinnen erschienen nach und nach auf dem Flugplatz, als habe das aufziehende Wetter auch ihre Sorgen geweckt. Hazel beobachtete Taggarts Anmarsch. Er ging schnurstracks auf die Rearwyn zu, wo Sweeney schon die Motorhaube geöffnet hatte. Himmel, was für eine Crew, dachte Hazel. Oh, man mußte keinen gestärkten Overall anhaben, um vertrauenswürdig auszusehen, aber Sweeney wirkte mehr wie ein Rummelplatzarbeiter, der ein grellbuntes Karussell ankurbelt, als wie ein Mechaniker, der für einen streng geheimen Testmotor verantwortlich ist. Taggart sah etwas flotter aus mit seinem glatt zurückgekämmten Haar. Während sie sich an ihre Arbeit machte, behielt sie die beiden im Auge. Dann sah sie Jo, die zu den Flugvorbereitungen kam. Aus ihrer Körperhaltung zu schließen war sie angespannt oder verärgert. Hazel konnte Taggs Gesicht nicht sehen, merkwürdig, wie er sich immer außer Sicht hielt. Nun, wenn er nie aus dem Schatten trat, um sich offiziell als Teilnehmer des Derbys zu zeigen, dann gab es nur eine Möglichkeit: *Sie* mußte auf *ihn* zugehen. Hazel lächelte bei dem Gedanken. Wo war Vera? Zeit für ein paar Photos. Binnen kurzem hatte Hazel die Photographin aufgetrieben und lud auch noch Sarah mit ihrem Mann und Mechaniker Sam sowie Gus, der sie mißmutig ansah, ein, sie zu begleiten.

Als sie sich der Rearwyn näherten, rief Hazel nach Jo. Verdammt, war da nicht ganz schnell die Motorhaube zugefallen? Die beiden Männer drehten sich erstaunt zu der Gesellschaft um. Jo warf Hazel einen bösen Blick zu und sagte: »Haze, wir sind mitten in einer Besprechung. Wir haben keine Zeit ...«

»Oh, es wird nicht lange dauern. Ein Werbephoto von den derzeitigen Spitzenfliegerinnen des Derbys und ihren Crews. Guten Morgen, Tagg.« Hazel setzte ihre unbekümmertste Miene auf. Warum ihn nicht wie einen guten Bekannten ansprechen. Er nickte schweigend, abweisend. Oh ja, er ist undurchschaubar, nicht, Jo?

Und bevor es sich die Rearwyn-Crew versah, war das Flugzeug zum Bildhintergrund erklärt, vor dem Vera die drei

Pilotinnen in der ersten Reihe aufstellte und die Mechaniker anwies, sich dahinter zu plazieren. Nachher bekomme ich bestimmt eins aufs Dach, aber fürs erste habe ich, was ich wollte, dachte Hazel und grinste für die Kamera. »Noch eins, Vera«, sagte sie, als die Gruppe auseinanderzubröckeln drohte. »Ich möchte eins von Tagg und mir.« Sie wandte sich ihm mit ausgestreckter Hand zu, blickte mit einem Lächeln in die Kamera und dann direkt in Taggs Augen. Er wirkte unbehaglich, ja sogar aus der Fassung gebracht, nahm aber ihre Hand. Sie spürte seinen eisernen Griff, irgend etwas an dem Ring, den er trug, schnitt scharf in ihre Hand. Sie sagte: »Danke. Ich bin erfreut, endlich Ihre Bekanntschaft zu machen. Wenn Sie irgend etwas von mir als Organisatorin brauchen, lassen Sie es mich bitte wissen. Und möge das beste Team gewinnen. Ich freue mich auf die noch verbleibenden Tage des Derbys.«

»Verbindlichen Dank«, erwiderte er tonlos und schob sich demonstrativ ein großes Stück Kautabak in den Mund. Aber waren seine Ohren rot, oder sah er immer so aus? War er verärgert?

»Und, wie wäre es mit einer harmlosen Wette?«

»Was?« Er zog seine Hand heftig zurück und sah sie verblüfft an. Warum brannte ihre Handfläche?

»Ja, ich wette natürlich auf meine Zephyr, und Sie auf die Rearwyn. Wer gewinnt, kauft eine Flasche Schwarzgebrannten, damit wir auf den Sieg anstoßen können. Sind Sie dabei?«

»Hazel –« schaltete Jo sich in deutlich rügendem Ton ein.

»Was ist, sind Sie dabei?«

Taggart zuckte die Schultern, ein Mundwinkel verzog sich kaum merklich, was sie als Lächeln deutete. »Harte Drinks bei einem Damenwettkampf? Nur wenn Sie's sagen.«

»Seid ihr auch dabei?« wandte Hazel sich an die Morris-Newtons. Sie nickten.

»Obgleich wir nicht trinken«, sagte Sarah entschuldigend.

Sam fügte erklärend hinzu: »Wir sind der Meinung, daß es unser Reaktionsvermögen beeinträchtigt, und wir brauchen absolute Präzision, wenn wir Katastropheneinsätze fliegen. Aber wir würden gern eimerweise Eiscreme ausgeben.«

»Das tut's auch«, sagte Hazel zufrieden. »Wir können natürlich nicht wissen, was für unvorhersehbare Dinge vielleicht in diesem Derby passieren, nicht wahr?« Sie sah Taggart scharf an. »Eine, die völlig außerhalb der Spitzengruppe liegt, könnte uns noch alle überraschen! Was meinen Sie?«

Er antwortete gedehnt: »Ich denke, Eiscreme ist genau das Richtige für dieses Derby.«

Diesen Spruch würde sie ihm nicht vergessen, auch wenn sie jetzt alle aufforderte, sich die Hände zu geben. Sweeney lehnte an der Motorhaube, als wollte er jeden fressen, der es wagte, mal ganz unverbindlich hineinzuschauen.

»Was zur Hölle war denn das eben?« wollte Maxie wissen, als sie bei ihr und der Spartan vorbeikamen. Abflugbereit wartete sie darauf, daß Taggart startete.

»Das wüßte ich auch gern«, sagte Gus. »Wenn ich nicht genau wüßte, daß du auf irgendwas aus bist, würde ich sagen, du hast gerade eine verdammte Närrin aus dir gemacht.«

»Nun, das ist die einzige Möglichkeit, wie wir ihn mal unter die Lupe nehmen können. Ich wollte ihn sehen, mir einen näheren Eindruck verschaffen«, sagte Hazel und untersuchte ihre Handfläche, wo sie einen langen Kratzer entdeckte. Sie hatte das Gefühl, daß niemand sonst, der ihm die Hand geschüttelt hatte, so ein Wundmal trug.

»Und?« fragte Vera.

Hazel schob die Hände unter die Achseln, stellte sich breitbeinig hin, um selbstbewußter zu wirken, als sie sich fühlte, und nagte an ihrer Unterlippe. »Ich denk' drüber nach. Ich will dich nicht länger aufhalten, Gus ...«

Er nickte ihr zu und eilte davon, um die C-175 durchzuchecken.

»Ich muß auch los.« Maxie zog ihre Handschuhe an.

»Ja, mach«, drängte Hazel. »Behalt ihn im Auge, ja?«

* * *

Maxie startete ungefähr zehn Minuten nach Taggart in Marshas Flugzeug. Madelyn führte diesmal die Staffel an, dann kam Eleanor, die froh war, wieder die zweite Position gezogen zu haben. Sie schätzte es, anzukommen und mit der Presse zu verhandeln, bevor die anderen Pilotinnen eintrafen.

An ihren Propeller gelehnt schlürfte Hazel den letzten Rest Kaffee, den Vera ihr gebracht hatte, bevor sie sich der C-175-Begleitcrew anschloß.

Gus hatte seine Checks beendet, und bevor er sich auf den Pilotensitz der C-175 schwang, kam er mit federnden Schritten zu Hazel hinüber und übergab ihr das Kontrollbuch. Flüsternd befahl er: »Mach heute nicht so schnell, Preston.«

Erschrocken verschluckte sie sich beinahe an ihrem Kaffee. »Warum?«

Er zuckte die Schultern, beinahe entschuldigend. »Nur wegen des Wetters. Laß den Wettkampf sich selbst regeln. Ich muß los.«

Sie war immer noch erschrocken, als sie in ihr Cockpit kletterte, um die Instrumente zu überprüfen. Es erinnerte sie deutlich daran, daß Jo immer noch das Rennen anführte, da ihre Gesamtzeit bisher die beste war. Daß Gus einen ungestörten Moment abgepaßt hatte, um ihr diesen Rat zu geben, verlieh seinen Worten tiefere Bedeutung – es war eine Warnung. Und es war schon die zweite Warnung heute, wenn sie den Kratzer mitzählte, der immer noch in ihrer Hand brannte. Oh, sie könnte natürlich vernünftig sein und den Wink annehmen, sie könnte es aber auch wagen, ihn zu ignorieren. In ihrer kleinen Rattenfalle konnte sie problemlos 156 Meilen pro Stunde schaffen. Sollte sie das Derby nicht fliegen, wie *sie* wollte? Sie wollte verdammt sein, wenn sie Taggart die Kontrolle überließ. Warum nicht ihn reizen, bis er endlich mal rauskam und brüllte? Sie würde bereit sein.

Zu allem Überfluß war Jo zwei Positionen vor ihr in der Staffel, mit Hannah dazwischen, und damit außer Reichweite. Argwöhnisch beobachtete Hazel Jo aus der Ferne. Die

Auslosung kam ihr diesmal wie ein Hohn vor. Wie sehr sie sich wünschte, die Rearwyn zu jagen.

Sie sah zu, wie die Pilotinnen der ersten Staffelhälfte nacheinander starteten, und fragte sich, ob alle vor dem Aufziehen der Wolken und des Regens hochkommen würden. Im Radio war klarer Himmel über Tulsa durchgesagt worden.

Bevor sie sich dessen recht bewußt war, war sie dran und ließ ihren Motor an, sein Vibrieren lief durch ihren Körper und erfüllte sie mit freudiger Erwartung. Der Himmel gehörte ihr, als sie aufstieg, ihre blau-goldenen Tragflächen glänzten in der östlichen Sonne, die jeden Augenblick von der Wolkenwand verschluckt werden würde.

Es gab keine andere Möglichkeit, die Wolken zu überwinden, als weiter aufzusteigen. Nebelfetzen wirbelten wie Tentakel um sie herum und tanzten wie Staub in ihrem Luftschraubenstrahl davon. Ich muß noch höher gehen, dachte sie. Aber durch diese Wolkenschicht zu fliegen war wie einen Berg zu erklimmen, der sich bewegte. Undurchsichtiges Weiß hüllte sie gänzlich ein. Das waren mehr als nur Stratuswolken, sie reichten in eine Höhe von mindestens zehntausend Fuß. Schon bald konnte sie die Sonne nicht mehr spüren und kaum noch die Enden ihrer Tragflächen erkennen. Während sie ihren Kompaß im Auge behielt, steuerte sie nach Norden, immer nach Norden. Dieser Flug erforderte genaue Navigation nach Instrumenten, vor allem Kompaß und Uhr.

Die Wolkendecke wurde dünner und öffnete sich schichtweise, wo es dann nieselte. Sie war eingebettet zwischen schwarzen Wolkenschichten unter ihr und einer Decke aus grauen über ihr, aus denen es auf sie herunterspritzte. Luftdruck lastete auf ihren Tragflächen und drückte sie nach unten. Ruhig Blut, ruhig Blut, ermahnte sie sich, als sie abermals in eine Wand eintauchte, ihren ganzen Mut für eine scheinbar unausweichliche Barriere zusammennehmend. Statt dessen gab die Wolke nach. Teilte sie sich nicht sogar für sie? Und in dem Wolkenfeld, das sie dann überquerte, lauerten keine Blitze. Sie selbst hatte die Macht in Händen, bahnte sich entschlossen ihren Weg. Sie versuchte wieder Höhe zu gewinnen in dieser eiskalten, nassen Luft.

Wegen des Luftdrucks kam sie allerdings nicht auf mehr als dreizehntausend Fuß. Mehr als sonst mußte sie auf dieser Etappe ihr Tempo steigern, mußte eine gute Flugschneise finden. Jo hatte die Rearwyn ungeheuer vorangeheizt, aber die Zephyr hatte ihre maximale Leistungsfähigkeit noch gar nicht erreicht. Gus hatte gesagt, die Zephyr könne unter den richtigen Bedingungen 170 Meilen pro Stunde schaffen. Hazel spannte ihre Kiefermuskeln. Die richtigen Bedingungen! Mit bewußtem Leichtsinn steigerte Hazel langsam das Tempo – 150, dann 160 Meilen pro Stunde. Wenn ich so schnell fliegen kann, dann werde ich so schnell fliegen. Sie würde nicht zulassen, daß Taggart ihr Derby bestimmte, nicht solange sie noch irgend etwas in der Hand hatte.

Bruchstücke blauen Himmels leuchteten ab und zu über ihr, um gleich wieder verschluckt zu werden.

Kein Red River war zu sehen, an dem sie sich eigentlich orientieren sollte, nichts von seinen nördlichen oder südlichen Nebenarmen. Es war schon schwierig, gegen die Elemente anzukämpfen, aber noch schwieriger würde es sein, irgendwo in dieser Suppe Tulsa zu finden. Nach einer weiteren Berechnung ihrer Geschwindigkeit und ihrer Zeit im Verhältnis zu ihren Kompaßkoordinaten begann Hazel mit dem Sinkflug. Schon bereute sie, daß sie sich zu dieser Temposteigerung entschlossen hatte. Was, wenn sie über das Ziel hinausgeflogen war? Über ihr Funkgerät kamen nur atmosphärische Störlaute, kein Zielsignal. Sie war also nicht im Frequenzbereich. Wo blieb das erwartete Aufbrechen der Wolkendecke?

Sie ging auf fünftausend Fuß herunter, aber das brachte sie nur ins Zentrum des Unwetters. Sie kam sich vor wie eine Fliege, die in die Suppe gefallen war. Sie hätten niemals bei diesen Bedingungen fliegen sollen, gleichzeitig wußte sie aber auch, daß sie alle den Zeitplan einhalten wollten.

Sie fing an zu kreisen, machte eine Kehrtwendung und versuchte, den Arkansas zu orten. Nach ihren Berechnungen sollte sie jetzt eigentlich den Flugplatz erreicht haben. Immer noch kein Fluß – sie müßte eigentlich Gebäude sehen, haufenweise Farmen. Aber es war kein Fluß in Sicht. Endlich erspähte sie eine Straße und flog darüber hinweg, dann in einer Schlaufe zurück, überlegte, ob sie landen und sich neu orientieren sollte. Ihr besseres Wissen sagte ihr, daß sie dort im Schlamm steckenbleiben würde.

Schließlich entdeckte sie während eines weiten, in Schräglage ausgeführten Bogens, bei dem sie hoffte, den Fluß nach Backbord zu erspähen, rein zufällig hinter den Kornfeldern die Umrisse von niedrigen Gebäuden. Keine Scheunenhöfe, sondern Flugzeugschuppen! Wie hatte sie den Fluß verpassen können? Durch den Nebel konnte sie Flugzeuge ausmachen. Dann sah sie das blinkende Lichtsignal. Wie schwach es in der diesigen Luft aussah. Mit einem Aufschrei sauste sie wie eine Schwalbe hinab und ging zum Landeanflug über, als das Zielsignal schwach über die Störlaute hinweg ertönte.

Die Reifen der Zephyr berührten den nassen Boden des Flugfeldes, und sie spürte, wie das Flugzeug schlingerte, als sie sich abmühte, das Ruder unter Kontrolle zu behalten und die stürmischen Winde zu durchbrechen. Sie war gezwungen, am Ende der Landebahn auszubrechen, und ihre Reifen rutschten, bevor sie seitlich zum Stehen kam. Aber sie wußte, daß es weitaus schlimmer hätte kommen können.

Bei diesem Wetter gab es nur wenig Belästigungen durch Zuschauer oder Presse, und die Pilotinnen schienen den Regen gelassen hinzunehmen. Die Schlafbaracke für die Postflieger war ruhig, und fast alle waren erpicht darauf, sich hinzulegen und ein paar Minuten Schlaf zu erhaschen. Ein Feuer in dem kleinen Kohlenofen erwärmte ihre Lebensgeister, nachdem sie Helme und Handschuhe zum Trocknen ausgelegt hatten.

Alle hatten es geschafft, außer Pamela Christy. Eine Nachricht kam, daß sie es knapp eine Stunde hinter Fort Worth vorgezogen hatte, auf besseres Wetter zu warten.

Hazel besprach sich kurz mit Gus, bevor sie ihr Lager aufschlug. Er warf einen Blick auf ihre Zeit und schimpfte: »Flirte nicht mit deiner Sterblichkeit. Laß sie doch das Tempo machen. Ich fürchte, Taggart hat noch eine Überraschung für Jo und sein Flugzeug in petto – vor allem jetzt, wo sie so gut fliegt, verstehst du? Aber wie auch immer, ihr Motor ist ihr heute fast abgesoffen, und sie konnte nur 140 Meilen pro Stunde halten.«

Während sie ihm half, das Flugzeug gegen den Nieselregen abzudecken, fragte sie: »Gus, glaubst du wirklich, daß er da einen umgebauten Wright-Motor drin hat?«

Er lachte. Es war das erste Mal seit Tagen, daß sie ihn lachen sah, und sie hatte ihn immer für einen relativ glücklichen Mann gehalten. »Er *klingt* nicht so, außer er ist *sehr* verändert worden. Ich traue ihm sowas allerdings ohne weiteres zu. Offen gesagt, ich glaube nicht, daß er die nötigen Teile hat, um einen völlig neuen Motor zu bauen, aber man weiß nie. Übrigens, sie hat schon wieder die Zündkerzen ausgewechselt. Irgendwas stimmt mit diesem Motor nicht, was immer es ist.«

»Er würde versuchen, der Zephyr was anzutun, wenn er die Gelegenheit hätte, nicht wahr?«

Gus schüttelte den Kopf. »Ich weiß es nicht. Ich war schon bei einigen Derbys – er und Sweeney haben schon mindestens einmal in der gleichen Crew zusammengearbeitet. Beim Florida-New-York-Derby letztes Jahr gab es eine Reihe von ungeklärten Pannen bei einigen der Flugzeuge. Ein Beech-Mann erwischte die beiden, wie sie ziemlich früh morgens über einer unserer Maschinen hingen. Die Motorhaube war geöffnet, also war klar, daß sie da irgendwas dran machten. Sie behaupteten, sie würden bloß mal schauen, aber selbst das ist verdächtig. Der Crewmann war ein alter Pokerspezi von Tagg, also lief es auf die Tour: ›Jungs, laßt es sein, dann hab' ich nix gesehen‹. Das betreffende Flugzeug hatte keine

Schwierigkeiten, und der einzige Grund, warum Bates mir je davon erzählt hat, war, daß er Schiß hatte. Er mußte bei irgendwem sein Gewissen erleichtern. Falls sie ihm gedroht haben, hat er mir nichts davon erzählt, aber nach dem Derby hat er seinen Dienst als Crewmann quittiert und in der Fabrik angefangen. Warum?«

»Das ist eine ermutigende Geschichte, Gus. Ich wünschte, du hättest mir schon vor Beginn des Derbys davon erzählt.«

»Es ist mir nicht eingefallen. Es waren Gerüchte, und ich wußte ja nicht, daß die beiden wieder dabeisein würden. Erst als ich sie zusammen sah, habe ich mich daran erinnert. Ich hätte sicher einen klareren Kopf gehabt, wenn Alli nicht abgestürzt wäre. Ich meine, ich hatte gerade die ganzen Wettkampfvorbereitungen hinter mir, und wir waren eben erst losgeflogen ...«

Sie wollte nicht, daß er sich entschuldigte, und hob eine Hand. »Wo ist Sweeney?«

Gus deutete mit dem Daumen in Richtung der Schuppen. Hazel sah Vera mit ihrer Kamera in der Hand dort stehen. Vielleicht wartete sie darauf, daß die Sonne durchbrach. »Preston, sie wissen verdammt genau, daß wir sie beobachten. Ich habe Maxie geraten, nicht die ganze Strecke nach Kansas City allein zu fliegen. Ich weiß, daß sie ziemlich viel Selbstvertrauen hat, aber sie ahnt vielleicht nicht, worauf sie sich da einläßt.«

»Sie würden sie schikanieren?« Aber Hazel hatte daran eigentlich keinen Zweifel.

»Sie hatte bereits einen Unfall –«

»Sie ist bei den Funktionären und Gesellschaftsdamen.« Hazel wünschte, sie könnte sie irgendwie warnen, ihr von dem Händedruck erzählen, den sie bekommen hatte. »Hast du schon mal mit Frank und Sam über all das gesprochen?«

»Ja, sie haben mich über Al und Al ausgefragt. Sie kennen Tagg nicht, aber sie wissen, was so alles auf Rennplätzen passiert. Die beiden haben ihre Nasen unter ihren eigenen

Motorhauben – sie machen dieses Derby ihren Frauen zuliebe mit, aber für sie ist es Urlaub. Sie nehmen es nicht sonderlich ernst und sehen deshalb keinen Grund, warum hier jemand sabotieren sollte. Was ich sagen will ... sie haben mich ausgelacht.«

»Du meinst, für sie ist das nur ein ›Weiberderby‹«, sagte Hazel trocken.

Er hob den Kopf. »Na ja ... mehr eine Art Reise.«

Hazel mußte ihre Arme verschränken, um nicht vor Ärger damit herumzufuchteln. »Sam sollte sich ein paar Gedanken darüber machen, daß Sarah in der DW-Klasse und in der Spitzengruppe ist. An ihr Flugzeug ist leichter ranzukommen als an meins.«

Gus streckte die Hand aus und stupste sie mit dem Daumen an der Schulter. »Sam ist beim Militär, vergiß das nicht. Offizier. Tagg würde sich wohl ungern mit der Luftwaffe anlegen, und die würde Sam ihm auf den Hals hetzen, wenn er ihm in die Quere kommt.«

»Oh.« Hazels Lippen spannten sich. »Das muß ihn nicht unbedingt abhalten. Wart's ab – es wird wie ein einfacher Unfall aussehen. Was eben so bei Weiberderbys passiert.«

»Preston, ich weiß, wenn ich Sam brauche, wird er helfen – er hat Al sehr gemocht, weißt du? Sie haben sich vor dem Derby ein bißchen ausgetauscht, freundschaftlich. Sam sagt, er hat bisher keine Schwierigkeiten mit Sarahs Taperwing gehabt. Na, komm, du gehst jetzt besser rein und trocknest dich ein bißchen.«

Sie verließ ihn, um sich zu den anderen an den Kohlenofen zu setzen. Jo lag auf einer Liege mit dem Gesicht zur Wand. Sie schottete sich ab, vielleicht weil sie wußte, daß ihre Zeit bei dieser Etappe eher schwach gewesen war. Es waren keine Liegen mehr frei, einst hätte Hazel nicht gezögert, zu Jo zu gehen und sich neben ihr auszustrecken. Nun entschied sie sich statt dessen für einen Platz auf dem Boden neben dem Ofen. Sie setzte sich, den Rücken an die Wand gelehnt, neben Madelyn, die zwischen angezogenen Knien mit beiden Händen einen Becher Kaffee umfaßt hielt.

»Du siehst aus, als bräuchtest du ein bißchen Wärme. Sind die Wolken mittlerweile ein bißchen aufgebrochen?«

»Innerhalb der nächsten Stunde vielleicht.« Hazel nahm einen Schluck von dem Kaffee, den Madelyn ihr hinhielt. »Danke.« Es war eher flüssige schwarze Galle als Kaffee.

»Stevie hat schon wieder Probleme. Sie will nicht, daß der Himmel allzu schnell aufklart, damit ihr etwas Zeit bleibt. Jo dachte, ihr Motor würde absaufen. Mein Motor hat auch Zischlaute von sich gegeben. Ich war heute nicht besonders gut. Ich habe gehört, Pamela ist auf einem Feld gelandet.«

»Du lieber Himmel, ich hoffe, es war kein Kornfeld!« Hazel nahm noch einen Schluck Kaffee. »Aber ihre Bellanca ist auch eher ein Schönwetter-Modell.«

»Wessen Maschine ist das nicht?« rief Madelyn, ihre Stimme klang erschöpft.

»Ich glaube, wenn ich meine Maschine so wie sie im Atlantik gelandet hätte, wär' ich ein bißchen ängstlich, was Regen angeht.« Hazel reichte den Kaffeebecher zurück.

»Ja. Stell dir vor, der Farmer hat ihre Maschine sogar in seine Scheune geschoben. Das nenn' ich königliche Behandlung!«

»Nein, bäuerliche Behandlung!« lachte Hazel.

Sie spürte Madelyns Hand zärtlich ihr Knie tätscheln. »Ich hatte schreckliche Angst da oben. Ich mußte daran denken, was Louise gesagt hat – daß ich auf der Hut sein soll. Ich wurde das nicht mehr los. Wir müssen wirklich aufpassen, was wir uns einreden.«

Hazel erschrak. »Du hast vollkommen recht.« Sie griff hastig nach dem Kaffee, nahm einen Schluck und sagte dann ruhig: »Um ehrlich zu sein, ich hatte auch Angst. Die Wettervorhersagen stimmten hinten und vorne nicht, aber wenigstens war bei tausend Fuß die Sicht okay. Nur dadurch konnten wir überhaupt alle sicher landen.«

Madelyn nahm den Becher wieder entgegen. »Hannah ist

draußen, um mit der Crew ein Problem zu lösen. Ihre Treibstoffleitung ist schon wieder blockiert. Zum Glück hat ihr Reservetank funktioniert.«

Armer Gus, dachte Hazel, er wird gar nicht mehr trocken werden, wenn er die ganze Nacht draußen bleibt und hilft. Hmm ... wenn Hannahs Start sich verzögert ... Hazel sprang auf, ging zum Fenster und sah hinaus. Was wäre, wenn Hannahs Start sich verzögern würde? Oh, es ist besser, wenn du nicht aufwachst, Jo, Schätzchen. Schlaf weiter. Wenn Hannahs Start sich verzögert, dann kann ich dich endlich jagen.

Jemand tippte ihr auf die Schulter. Da stand Eleanor mit einem breiten Grinsen, während sie nach draußen deutete. »Siehst du das Helle da? Die Sonne wird bald durchkommen.«

Sofort erschien ein Lächeln auf Hazels Lippen. »Ja, so ist es.« Sie konnte fast glauben, jetzt würde mit dem Derby alles gut. Eleanor drückte ihr einen Zeitungsartikel in die Hand. »Hier, lies das, während du wartest. Es ist das, was ich über Alli geschrieben habe. Du kannst die Abschrift behalten.« Hazel las:

> Die beste Möglichkeit, Alexis Laraway gerecht zu werden, ist eine Anekdote. Ich erinnere mich, wie Ruth Stevie Lamb vor dem Derby Probleme mit ihrer Golden Eagle hatte und schon seit Stunden daran herumtüftelte, ohne etwas gegessen zu haben. Sie war völlig verzweifelt, und eine Freundin, Marsha, versuchte sie zu einer Pause zu überreden. Und da kam Alexis mit einem Teller Gurkensandwiches vorbei. Sie pries sie als »Tundraspezialität« und brachte Stevie damit auf Anhieb zum Lachen.
>
> Letzte Nacht sprach ich Stevie auf diese Begebenheit an. Sie nickte und erinnerte sich: »Sie nannte mich Little Lizbet Follensby, weißt du, nach dieser berühmten Flugakrobatin. Ich glaube, sie war eine große Heldin, als Alli sieben oder acht Jahre alt war. Little Lizbet war kaum größer als 1,50 m und machte Akrobatiknummern auf den Tragflächen der Curtiss Pusher ihres Liebsten. Sie war für ihr Temperament bekannt und für die

Art, wie sie schmollte, wenn sie ihren Willen nicht bekam. Ihr Freund versprach ihr Nerzstolas, Süßigkeiten, einen Abend in der Stadt, um sie zu diesen Vorführungen zu überreden. Es gehörte alles zur Show. Sie wurde so gut, daß sie Luft-zu-Luft-Übergänge machen konnte, wobei sie von einem Flugzeug auf ein anderes unter ihr sprang. Aber ein Sicherheitsbeauftragter, der für die Luftvorführungen zuständig war, machte ihrer Show ein Ende, nachdem eine andere Akrobatin bei derselben Nummer ums Leben gekommen war, und nahm ihr damit ihre Arbeit. Sie blies wochenlang Trübsal, aber den Sicherheitsbeauftragten konnte sie damit nicht erweichen... Wie auch immer, so hat sie mich jedenfalls genannt. ›Komm schon, Little Lizbet, schmoll nicht. Iß ein Tundra-Sandwich.‹ Das konnte ich nicht ablehnen.«

Wie Little Lizbet und wir anderen alle war sich Alexis völlig im klaren darüber, welche Gefahren eine Karriere in der Luftfahrt mit sich brachte. Aber sie war dazu entschlossen, denn sie wußte auch um das Vergnügen beim Fliegen, um das Gefühl grenzenloser Freiheit im Himmel, dieses Gefühl von Kraft und Geschwindigkeit, von atemberaubender Ehrfurcht, wenn man die Landschaft ganz tief unter sich ausgebreitet sieht.

Sie wird an all den entlegenen Orten Alaskas schmerzlich vermißt werden, denen sie eine wöchentliche und monatliche Verbindung zur Außenwelt war.

Jedes bahnbrechende Unternehmen fordert die Bereitschaft, Opfer zu bringen, aber auch, unbeirrt weiterzumachen. Ich denke an andere, wie zum Beispiel Julia Tuttle, die über dem Atlantik abstürzte, Jody Danvers, die über dem Pazifik abstürzte, und Sunny Coke, die bei einem nachmittäglichen Ausflug umkam. Sie alle versuchten, ihre Träume vom Fliegen zu verwirklichen, und ebneten damit uns anderen den Weg. Ja, sogar Little Lizbet Follensby, die 1915 aus ihrem Flugzeug stürzte, als sie sich auf ihre Show vorbereitete – auch ihre Leistungen sollten nicht unterschätzt oder gar vergessen werden.

Ich kann nur hoffen, daß ihre Heiterkeit und ihr Siegeswille Alli auch in den letzten Minuten des Schreckens und der Angst begleitet haben.

Hazel seufzte tief, als sie den Artikel sorgfältig zusammenfaltete und in ihre Brusttasche steckte. Eleanor war gegangen, um sich mit anderen zu unterhalten. Hazel drehte sich wieder zum Fenster und starrte hinaus. Sie dachte an das Gurkensandwich, das Eleanor ihr in Santa Monica gebracht hatte, kühl und saftig war es gewesen. Ein Sandwich, das Alli gemacht hatte. Und dabei mochte sie Gurken nicht mal.

Sie grübelte über das Wort ›Opferbereitschaft‹. Klang eher nach einem Lamm, das zur Schlachtbank geführt wird. Wenn Alli so weit für sie alle gegangen war, dann waren sie es ihr schuldig, diesen Wettkampf nicht aus der Hand zu geben. Konnte sie es einrichten, Tagg gerade soviel an der Zephyr herumpfuschen zu lassen, daß sie trotzdem noch weiterfliegen konnte? Das tun, was Alli nicht mehr vermochte.

Eines war ihr klar geworden – sie würde niemandem nachgeben, sie würde bis zur völligen Erschöpfung fliegen, wie es bei jedem fairen Derby erwartet wurde. Was auch geschah, so würde sie es machen. Madelyns Worte kamen ihr in den Sinn: ›Wir müssen aufpassen, was wir uns einreden‹. Nein, sie würde nicht aus Angst handeln, sondern weil sie sich nicht beirren ließ. Und wenn sie dabei draufging.

Zielstrebig machte sie sich auf die Suche nach Papier und Stift und fand einen Winkel, wo sie sich niederlassen konnte. Sie schrieb drei Nachrichten, jedesmal die gleiche: Tulsa. Ich bin äußerst besorgt darüber, daß das Derby von einem Wettgeschäft beeinflußt wird, bei dem auch Sabotage mit im Spiel ist. Ich bin mir bewußt, daß ich mich in jedem Moment, auf jeder Etappe mit vorsätzlich herbeigeführtem technischem Versagen konfrontiert sehen kann. Ich werde beim Fliegen mein Bestes geben. Sollte mir etwas passieren, müssen mein Tod und der von Alexis Laraway untersucht werden. Gus Henderson,

Eleanor Wilson, Maxie Schulz und Vera Davis sind im Besitz von Informationen, die dabei hilfreich sein könnten. Was wir bisher zusammengetragen haben, ist rein spekulativ. Aber mein Tod wäre ein handfester Beweis.

Sie fügte nicht hinzu: Dies schreibe ich, weil ich Angst habe.

Sie kaufte bei der Poststelle des Flugplatzes Umschläge und verschloß die Nachrichten darin. Einen Umschlag gab sie Eleanor und einen behielt sie für sich, bis sie ihn ihrer Familie würde aushändigen können. Den letzten drückte sie kurz an ihre Wange, während sie auf den Flugplatz hinausging. Eigentlich hatte sie die Nachricht mit Gus im Sinne geschrieben, aber jetzt erschien es ihr sinnvoller, sie Vera zu geben.

Vera machte gerade Photos von den Flugzeugen, die in der eben durch die Wolken brechenden Sonne glänzten. Sämtliche Crews waren dabei, die Cockpits zu reinigen.

»Ich werde diese Serie ›*Nach dem Regen*‹ betiteln«, sagte Vera zur Begrüßung und ließ, als sie Hazels ernste Miene sah, ihre Kamera los, so daß sie an ihrem Riemen pendelte. »Oh-oh.«

»Nichts Ernstes, Vera«, Hazel lächelte. »Ich habe hier eine versiegelte Nachricht, von der ich möchte, daß du sie eine Weile verwahrst. Würde es dir etwas ausmachen?«

»Eine versiegelte Nachricht?« Vera sah bestürzt aus. »Hört sich ernst an. Schreibst du mir darin, daß du mich loswerden willst? Oder ist es ein Liebesbrief? Ein Abschiedsbrief?«

»Heb ihn einfach für später auf. Würdest du das tun? Nur für den Fall, daß mir etwas zustößt.«

»Wie morbid! Dir wird nichts zustoßen«, schnaubte Vera.

»Tja, na ja, Alli hat das vielleicht auch irgendwann gesagt. Vielleicht ist es, weil ich gerade Eleanors Nachruf gelesen habe. Hier, nimm das auch. Hast du mal von Little Lizbet Follensby gehört?«

Vera lächelte, ihr Blick schweifte ab, als sie Hazels Umschlag einsteckte. »Lizbet, ja ... sie war erstklassig. Ich fing gerade erst an, als sie starb. Sie führte kein sehr glückliches Leben, aber das tat ich auch nicht. Vielleicht haben wir diese Akrobatiknummern gemacht, um dagegen anzukämpfen, unglücklich und jämmerlich arm zu sein. Um jemand zu sein! Ich weiß, daß sie verrückt war nach Schmuck... echt oder Trödel, das war ganz egal – wie ein verhungerndes Kind nach Schokolade.«

»Und du?« fragte Hazel sanft.

Vera richtete sich auf. »Ich selbst mochte immer lieber Zaster – klingende Münze, könnte man sagen. Es war die einzige Möglichkeit, mich aus dem Abgrund herauszukaufen –« Sie hielt inne, als hätte sie zuviel gesagt. »Ist doch wahr, oder?«

»Vermutlich.« Hazel steckte die Hände in die Gesäßtaschen und beugte sich zurück, um den größer werdenden blauen Streifen am Himmel zu beobachten. »Kommt drauf an, wer dir das Geld gibt und was du verkaufen mußt, um es zu kriegen... Jeden Tag ein Stück von deinem Leben?«

Vera schwieg kurz. »Paß auf, ich muß zum Helfen – aber ich sag' dir was: Lizbets Weg ist eine Art. Sie hat ehrliche Arbeit geleistet, und man hat sie ihr weggenommen. Ich hab' eben weitergemacht – aus keinem triftigeren Grund, als sie einen hatte, aus ihrem Flugzeug zu fallen. Manchmal frage ich mich, ob ihr Weg nicht der leichtere war.« Sie wandte sich um und ging in Richtung der C-175.

Hazel, benommen von dem unerwarteten Ausbruch, flehte: »Warte! So können wir nicht auseinandergehen!«

Vera drehte sich um, ein schwaches Lächeln auf den Lippen. »Wenn es nur einen Moment gäbe, wo ich dich küssen kann, dann wäre es jetzt, liebste Hazel. Später...« Sie streckte die Hand aus und berührte kurz Hazels Lippen – fuhr langsam mit dem Finger von einem Mundwinkel zum anderen, als wollte sie ihr bedeuten, zu schweigen. »Danke für den Artikel, und deinen Brief werde ich sicher aufbewahren.«

Endlich! Ja, dieser Fleck am Himmel mußte die Rearwyn sein. Sie zog mit leicht nordöstlichem Kurs über den Wolken dahin. Es mußte Jo sein. Die Versuchung war zu groß. Mit einem hemmungslosen Johlen beschleunigte Hazel, gab Gas und behielt den Geschwindigkeitsmesser im Auge. Sie ließ ihrer Maschine freien Lauf, erhöhte die Geschwindigkeit auf 158 Meilen pro Stunde.

Sie würde Jo einholen, die Lücke gerade so weit schließen, daß sie dann beim Kreisen, während Jos Landung, keine Zeit verlor. Sie würde sich an den Schwanz der Rearwyn heften, bis sie Independence erreichten.

Die ganze Stadt würde zur Preston-Farm kommen, um ihr Mädchen in ihrem blau-goldenen Flugzeug landen zu sehen. Es würde beinahe so ein Rummel werden wie bei der Viehmesse.

Der alte Preston veranstaltete eine Show, wie er es seit dem Krieg nicht mehr getan hatte. Die Stadt hatte sogar das Feuerwerk, das normalerweise am vierten Juli gezündet wurde, für dieses Ereignis aufgehoben.

Als Hazel im Juni kurz vorbeigekommen war, hatte sie mit ihrem Vater am Rande des großen Heufeldes gestanden, das Gras war gerade reif zum ersten Mähen gewesen. Mit ausladen den Handbewegungen hatten sie das Feld abgeschätzt und sich vorgestellt, wie es gänzlich abgemäht und vorbereitet würde, eine ganze Schar Fliegerinnen aufzunehmen. Sie erinnerte sich, wie sehr sie sich gewünscht hatte, daß Jo diesen Ort sah, wie sie sich über die Route gestritten hatten, weil Jo über Wichita fliegen wollte.

Als sie jetzt beim Kreisen die Farm von oben betrachtete, stiegen Tränen der Freude und des Stolzes in ihre Augen. Die protzige Aufschrift ›Preston‹ auf dem alten Wasserturm war übermalt worden mit ›Hazel‹. Als die Räder der Zephyr den Boden berührten, zitterte sie vor Erleichterung. Sie waren hier, das Derby fand tatsächlich statt, nachdem sie so lange davon geträumt hatten. Dann flossen die Tränen richtig. Sie weinte vor Erschöpfung und Nervenanspannung. Sie konnte kaum glauben, daß ihr Geschwindigkeitsmesser nicht zerborsten war. Sicher aber hatte sie alle Zeitrekorde gebrochen, zerborsten. Sie weinte sich die Seele aus dem Leib. Darüber, was sie auf dem Weg hierher verloren hatte, und darüber, was sie mitbrachte.

Sie wischte sich die Augen, nachdem sie ihre Schutzbrille abgenommen hatte, und kletterte aus dem Cockpit. Zum ersten Mal war sie froh, daß sich massenweise Leute um ihr Flugzeug scharten. Sie würde sich von den Menschenmassen verschlucken lassen, alles tun, um sich von Jo fernzuhalten, alles, um ihre Nerven zu beruhigen. Sie würde sich in die Umarmungen ihrer Mutter, ihres Vaters und all der anderen fallen lassen.

Auf Gartentischen war in den langen Schatten der Eichen und Ulmen ein Buffet aufgebaut. Hazel hatte keine Eile, zumal eine Schlange von Leuten darauf wartete, sich bedienen zu können, und sie auf Hannahs Landung und die Nachhut warten wollte, bevor sie sich den Teller vollud. Es war noch viel Zeit, um auf der Farm herumzustreifen und Neuigkeiten auszutauschen, während langsam die Sonne an einem weiten westlichen Himmel sank. Ihre Brüder übernahmen es, eine Führung bei den Flugzeugen zu machen. Männer steckten ihre Köpfe in die Cockpits und betrachteten neugierig die Motoren – bei allen Maschinen, außer der Rearwyn, wo Sweeney einsame Wache hielt –, Frauen scharten sich um die Pilotinnen, die für viele eigene verborgene Träume repräsentierten. Die Stadtkapelle war gekommen und spielte, während Kinder wie quiekende Ferkel herumrannten und reihum bettelten, in einem der Cockpits sitzen zu dürfen.

Später, als Hazel ihren Teller mit Apfelkuchen und hausgemachter Zuckereiscreme belud und sich schon auf den ersten Bissen freute, stand plötzlich Jo hinter ihr und sah sie, einen vollen Teller in der Hand, finster an.

»Hast du noch nichts gegessen?« fragte sie unbekümmert,

um ihre Überraschung zu verbergen. »Ich hab' dich gar nicht kommen sehen. Leistest du mir Gesellschaft?«

»Das ist für Sweeney.«

»Oh, sag ihm, er kann sich entspannen. Niemand wird deinem Flugzeug zu nahe treten.«

»Er hat seine Anweisungen«, erwiderte Jo knapp.

»Na, dann entspann du dich. Komm, iß Nachtisch mit mir.«

»Du machst wohl Witze...«

»Warum? Ich wollte dich immer hierher mitbringen. Und jetzt sind wir da. Aber vielleicht bedeutet dir das ja nichts.« Hazel stocherte nervös mit ihrer Gabel in ihrem Kuchen herum. »Ich meine, vielleicht bin ich ja einfach blöd, aber es ist wie ein Schatz, den ich dir schon seit langem zeigen wollte. Irgendwie komisch, manchmal bewahrt man etwas auf, und wenn man es dann herschenkt, sieht die Empfängerin es nicht mal.«

Jo schnaubte wütend. »Warum zeigst du es nicht Vera? Sie scheint ganz begierig darauf, und es wäre ja nicht der erste Schatz, nicht wahr?«

Hazel hielt im Kauen inne und stellte ihren Teller auf dem Gartentisch ab. Sie spürte, wie ihre Hände zitterten.

»Hat es dir jetzt die Sprache verschlagen, Haze? Versuch gar nicht erst, dich zu verteidigen. Ich dachte, wir hätten eine Abmachung. Aber anscheinend wohl doch nicht. Du hast eine Affäre mit Vera, deshalb verstehe ich nicht, wie du so daherreden kannst. Oh ja, das sagt einiges über dich. Jetzt erzähl mir nochmal, du hättest all das hier für mich aufbewahrt.« Jo machte eine abfällige Geste.

»Das hatte ich tatsächlich«, erwiderte Hazel mit brüchiger Stimme. »Ich wollte das alles für dich.«

»Ich denke, ich sollte dich in Kenntnis setzen, daß einige Wettkampfteilnehmerinnen darüber tuscheln, daß du und Vera die Nächte auf dem Flugfeld verbringen. Es macht keinen guten Eindruck. Überhaupt nicht.«

»Verdammt, wir halten Wache. Maxie ist auch da. Jede kann kommen und mitmachen.«

»Paß auf, du kannst nicht alle zum Narren halten, am allerwenigsten mich. Ich dachte, Maxie würde dich bremsen, aber es sieht so aus, als sei es ihr piepegal, ob du mit Vera rummachst. Warum sollte es sie auch kümmern?« Jo war gefährlich nahe daran, zu schreien. Nur ihre Vorsicht und das Bewußtsein, daß Leute in der Nähe waren, hielten sie noch davon ab.

»Ach ja? Und warum sollte es dir etwas ausmachen, was ich treibe? Es hat dich doch bisher nicht gekümmert. Offen gesagt, ich finde dein Konkurrenzverhalten unerträglich. Ich versuche lediglich, ein bißchen Spaß bei der ganzen Sache zu haben ...«

»Ach? Nun gut, sehr gut, Haze. Mach weiter so. Ich dachte, du hättest ein wenig mehr Rückgrat, aber ich sehe, daß ich nicht auf dich zählen kann.« Jo warf den Kopf zurück und lachte ungläubig. »Ha! – Du bist eben eine, die bekannt sein will wie ein bunter Hund. Und das jetzt auf meine Kosten, wie ich sehe. Ich hätte mir nur nicht träumen lassen, daß du dich bei der ersten Gelegenheit mit einer anderen einlassen würdest.«

»Du hast immerhin den Fehdehandschuh geworfen«, gab Hazel in eisigem Ton zurück. »Es tut mir leid, wenn ich dich verletzt habe, aber ich dachte nicht, daß es dir was ausmachen würde. Ich hab's satt, dauernd abgewiesen zu werden, verstehst du? Ja, ich mag es einfach, mit Leuten zusammen zu sein, die mich so akzeptieren, wie ich bin, ohne Wenn und Aber. Ich wollte das mit dir, verdammt! Du hast nichts getan, mich zu ermutigen. Nun, ich kann so nicht leben. Ich will nicht bekannt sein wie ein bunter Hund, ich will nur so offen und ehrlich leben wie möglich.«

»Offen und ehrlich? Wie kannst du sowas sagen, wenn du dich hinter meinem Rücken mit einer anderen einläßt und tust, als wäre nichts geschehen?«

Aufgebracht stopfte Hazel die Hände tief in ihre Taschen, um ja nicht damit herumzufuchteln. »Ich schätze, so sehr hinter deinem Rücken ist es gar nicht, wenn du so viel weißt. Im übrigen ist doch deine einzige Sorge, daß die anderen tuscheln – und daß etwas auf dich zurückfallen könnte! Aber mach dir keine Gedanken. Von jetzt an wird überhaupt nichts mehr auf dich zurückfallen! Betrachten wir uns einfach für den Rest des Derbys als die Konkurrentinnen, die wir sind, und fertig. Wenn dir danach ist, dich mit mir auszusprechen, wenn alles vorbei ist, schön. Bis dahin halt dich einfach von mir fern und laß es *dir* piepegal sein.«

Jo trat zurück und hob erstaunt die Brauen, als hätte sie keinen solchen Angriff von Hazel erwartet, die deutlich Kränkung und Kälte in den blauen Augen sah. Dann drehte Jo sich um und ging.

Das ist das erste Mal, das ich ihr die Meinung gesagt habe, dachte Hazel und nahm ihren Teller wieder auf. Der Appetit war ihr vergangen. Sie stocherte in der schnell schmelzenden Eiscreme herum, ihr Herz war schwer, und schon wünschte sie wieder, sie hätte nichts gesagt. Als sie aufblickte, sah sie Jo in der zunehmenden Dämmerung durch die Menschenmenge auf Sweeney zugehen. Grübelnd sah sie zu, wie Männer aus der Stadt das Feuerwerk entzündeten. Warum hatte sie nicht sagen können, daß sie einfach froh war, zu Hause zu sein? Sie hatte Jos Verdacht doch nicht gleich bestätigen müssen ...

»H.P.!« begrüßte Eleanor sie freudig mit einem geschäftigen Winken. »Wir müssen eine Telephonzentrale suchen, erinnerst du dich? Gladys hat wahrscheinlich mittlerweile Al aufgespürt, und ich hatte ihr gesagt, daß wir um acht anrufen.«

»Klar«, sagte Hazel und kam wieder zu sich. »Ich leih' mir ein Auto, und wir fahren zu Doc Turner. Seine Frau Dot ist die hiesige Telephonistin. Die Leute aus dem Ort sagen immer ›Wen wollen Sie, Doc oder Dot?‹ – Na, wie auch immer, sie freut sich bestimmt über unseren Besuch.«

Die beiden Frauen machten sich auf, das Auto von Hazels Bruder zu suchen, und fuhren dann unbemerkt zum Haus des Doktors, nachdem Hazel ihre Brüder gebeten hatte, die Crew abzulösen und ein scharfes Auge auf die Flugzeuge und Sweeney zu haben.

Das letzte, was sie von Vera sah, war, daß sie mit den Kindern Radschlagen übte. Sie lächelte in sich hinein und dachte an das alte Baumhaus unten auf der Apfelbaumplantage. Wenn die Bretter nicht zu verrottet waren, hätten sie einen schönen Zufluchtsort.

Nach Umarmungen und Freudengeschrei und Dankesbekundungen an den guten Herrgott im Himmel, daß sie so einen feinen Ausblick von ihrem Fenster aus gehabt hatte, schob Dot Turner die beiden ins Studierzimmer des Doktors mit seinen Regalen voller medizinischer Fachbücher, dem großen hölzernen Schreibtisch und dem bequemen Drehstuhl aus Kirschholz. Hazel setzte sich, legte die Füße auf den Schreibtisch und faltete die Hände auf dem Bauch. »Jetzt vermisse ich Maxie«, sagte Eleanor nachdenklich.

»Und ich vermisse ihre Zigarren«, gab Hazel zurück und grinste.

Eleanor nickte ihr zu. »Ich finde, wir sollten sie auch kurz in Kansas City anrufen, was meinst du? Sichergehen, daß es ihr gutgeht.«

»Bestätigt –« Das schwere, schwarze Telephon auf dem Tisch des Doktors klingelte. Hazel langte hinüber, um abzuheben.

Dots Stimme verkündete, daß die Verbindung hergestellt sei, und dann war Al in der knisternden Leitung. Er klang flach, überarbeitet. – Es würde Tage, wenn nicht gar Wochen dauern, bis die Beech-Experten alle Trümmer gesichtet hatten. Hazel erzählte ihm von ihrem Verdacht, daß die Arctic vor dem Derby direkt neben der Rearwyn gestanden hatte. Die Störgeräusche am anderen Ende der Leitung ließen Hazel fürchten, die Verbindung sei unterbrochen worden, aber dann erklang seine Stimme wieder: An der Auspuffanlage herumzumanipulieren hätte lange gedauert, vielleicht hatte jemand etwas in das Auspuffrohr gesteckt oder in das Ventil, was dann eine Blockierung verursachte, aber das Ausgleichsventil war ja ersetzt worden. Trotzdem, ein durchtrennter oder gelockerter Bolzen an der falschen Stelle hätte alles durcheinanderbringen können. Er schloß Manipulation nicht aus: »...vor allem, wenn Wettgeschäfte im Spiel sind. Darüber weiß ich noch mehr... wenn du bereit bist?«

»Erzähl.«

»Ich hab' hier in Santa Monica mit einem Mann gesprochen, den ich aus Alaska kenne. Er war vor dem Derby auf dem Flugplatz und sagt, daß man ihm anbot, eine Wette auf das Derby zu setzen. Er hat immer gerne gespielt, also war er dabei. Wie dem auch sei, der Buchmacher ist mitten unter euch.« Er machte eine Pause. »Eine Frau.«

»Was? Eine von uns? Eine von den Wettkampfteilnehmerinnen?«

»Nein«, sagte er gedehnt, »die Photographin.«

»Was?« Die Worte trafen Hazel wie ein harter Kinnhaken. Sie konnte ihn förmlich an ihrem Kiefer spüren. »Bist du sicher?«

»Man sagte ihm, er solle nach ›der Dame mit der Kamera‹ Ausschau halten – das waren seine Worte. Sie würde ihm die Vorgaben nennen, seinen Einsatz annehmen. Das hat er dann gemacht. Er erzählte es mir, als er kam, um sein Beileid auszudrücken, sagte, er hätte auf Alexis gesetzt.«

»Erzähl weiter.« Hazel wußte nicht, ob ihre Stimme brüchig war, aber sie streckte die Hand aus und ergriff Eleanors.

»Er gab mir den Kontrollzettel, weil er meinte, für ihn wäre er jetzt sinnlos, aber vielleicht könnte ich ja was damit anfangen – nun, die Gewinne sollen an den Zwischenstationen ausgezahlt werden, wenn das Derby vorbei ist. Wiederum von der Kamerafrau. Auf seinem Kontrollzettel steht ›FIDO‹. Er wußte nicht, wer sonst noch mit ihr arbeitet, aber es muß noch jemanden geben. Ich wette, du wirst keinen einzigen Film in ihrer Kamera finden.«

»Aber sie hat die ganze Zeit Bilder gemacht und bei der Wache geholfen!«

»Hast du jemals gesehen, daß sie einen Film in ihre Kamera eingelegt oder herausgenommen hätte? Von der, die mit der Arctic abgestürzt ist, war leider nicht mehr viel übrig.«

Hazel dachte angestrengt nach. Hatte sie Vera jemals mit einem Film hantieren sehen? Nun, da war dieses eine Mal hinter dem Flugplatzgebäude – wo war das gewesen? – wo sie gesehen hatte, wie Vera einen Film zurückspulte. Aber das konnte auch Tarnung gewesen sein. Sie erinnerte sich auch, daß Vera ein braunes Päckchen in die Kamerahülle gestopft hatte – Geld? Sie erinnerte sich auch, wie sie in den Kasten mit der großen Kamera geschaut hatte. Die hatte ziemlich echt ausgesehen. Und Vera hatte sie auch benutzt. Dann gab es da noch dieses Telegramm, das Vera geschickt hatte – beide Male hatte sie überrascht auf Hazel reagiert, erschrocken. Hazel schlug sich mit der Hand gegen die Stirn und stammelte: »Ich weiß nicht... Aber sie hat Bilder veröffentlicht. Ich meine, wenn jemand ihre Arbeiten kennt, dann Eleanor. Al, ist dein Freund vertrauenswürdig?«

»Hazel, im Moment vertraue ich niemandem, aber er hat keinerlei Interesse, mir Unsinn zu erzählen.«

»Paß auf, heb diesen Kontrollzettel gut auf, Al, er könnte ein Beweis sein... Ich möchte, daß du das alles nochmal Eleanor erzählst, die hier neben mir steht. Ich möchte, daß sie es von dir selbst hört, nicht von... mir.« Das letzte Wort brachte sie kaum noch heraus, dann reichte sie Eleanor schweigend den Hörer. Sie stieß sich heftig vom Tisch ab, so daß ihre Beine mit einem dumpfen Schlag auf dem Boden aufkamen. Ein schwerer Kloß schnürte ihr die Kehle zu. Sie beugte sich über die Armlehne des Stuhls und öffnete das Fenster in dem Bedürfnis nach frischer Luft. Sie wollte verdammt sein, wenn sie ihr gutes Abendessen wieder auskotzte.

Vera! Unmöglich. Es mußte eine Verwechslung sein. Gab es nicht noch eine Frau mit Kamera, die man verantwortlich machen konnte? Vera sollte mit irgendwem zusammenarbeiten? Vera mit Sweeney und Taggart? Unmöglich! Als sie ihre rechte Handfläche rieb, fiel ihr ein, daß beinahe alles möglich war. Aber war es nicht Vera gewesen, die Hazel darauf hinwies, daß Taggart vorausflog? Warum?

Hazel richtete ihre Aufmerksamkeit auf das, was Eleanor sagte.

»Nun, ich weiß von mindestens drei Bildern, die ich mit einigen Artikeln zusammen veröffentlicht habe. Sie hat mir weitere gezeigt. Vielleicht waren sie nicht von ihr... ja, vor ein paar Monaten, ja, auf einem Flugplatz. Sie sprach mich an, wollte wissen, ob ich ihre Arbeiten gebrauchen könne. Sie erschien mir glaubwürdig. Die Leute schieben immer alles mir zu, Gefälligkeiten, Organisation, Kontakte. Ich hab' sie genommen, weil mir gefiel, was sie mir zeigte, und auch weil Mr. Schulz sie mir empfahl, er sagte, er habe ihre Arbeiten gesehen... alles klar, Al, dank' dir. Wir denken an dich, weißt du, neben diesem ganzen Rummel. Bist du morgen um die gleiche Zeit wieder erreichbar? Gut. Wir rufen dich aus St. Louis an. Nein, sie fliegt jetzt Marshas Spartan – fliegt voraus, um Taggart auf die Finger zu sehen. Fein... ja, und ich werde meinen Kontaktmann anrufen. Vielleicht finden wir noch mehr über ihre Vorgeschichte heraus. Dank' dir, bis morgen dann.« Eleanor ließ den Hörer heftig auf die Gabel fallen. Mit geblähten Wangen und gespitzten Lippen gab sie einen langen, tonlosen Pfiff von sich. Den Blick auf ihre Kameradin gerichtet, schwieg sie.

Hazel machte eine hilflose Handbewegung. »Es gibt nur eine Dame mit Kamera. Was ist mit dem Film, den sie dir gegeben hat, in Douglas, weißt du? Sie hat doch Photos von deiner Konferenz gemacht.«

»Oh, natürlich macht sie Photos. Eins davon ist veröffentlicht worden – wo du gerade eine Rede hältst oder einen Kommentar abgibst. Ich hatte das damals nicht mitbekommen.« Eleanor setzte sich, schlug ein Bein über das andere und ließ es baumeln. »Aber sie muß es ja nur ab und zu tun. Ich bezweifle nicht, daß sie Photographin ist. Sein Freund – sein Freund berichtet, daß sie lachte, als er seinen Einsatz machte, und sagte: ›Das ist es, worauf wir bauen, Kerle, die bereit sind, auf eine Außenseiterin zu setzen‹. Aber warum? Als wir in dieses

Derby gingen, waren wir alle Außenseiterinnen, außer dir vielleicht. Alexis hatte genauso gute Chancen wie Hannah, Sarah oder ich – wenn man nach der Erfahrung geht, war sie mir und Jo eindeutig überlegen. Sie hat halt nur keinen so bekannten Namen, das ist der einzige Unterschied, den ich sehe.«

»Ich habe Vera erst in San Bernardino gebeten, mit den Crews zu sprechen, nicht vorher. Er hat die Wette schon vorher plaziert... Ich verstehe nicht, wie dieses Wettgeschäft funktioniert. Macht man seine Einsätze normalerweise nicht vor Beginn eines Derbys? Warum nimmt sie immer noch Wetten an?«

»Ich glaube nicht, daß es feste Vorgaben für Wetten bei Flugderbys gibt. Es ist ein völlig neues Feld. Von dem bißchen, was ich weiß, würde ich vermuten, daß auf die Formation und Plazierung einer jeden Etappe gewettet wird. Solange du das richtige Datum auf deinem Kontrollzettel hast und die Etappennummer, kannst du entsprechend deine Gewinne einsammeln.«

Hazel war froh zu sitzen, denn sie hatte weiche Knie. Da saßen sie und sprachen so über Vera. Sie stützte ihren Kopf in die Hände und stöhnte.

»Was ist?« fragte Eleanor ruhig.

»Verdammt, du weißt, daß ich ziemlich scharf auf Vera war!«

»Ja, ich glaube, das habe ich mitgekriegt. Und es war nicht einseitig – auch sie scheint von dir besessen zu sein.«

Hazel atmete schwer. »Ich habe ihr vertraut, El. Alles, was wir wissen, weiß sie auch!«

»Nicht alles«, erinnerte Eleanor und deutete auf das Telephon.

Hazel sackte auf dem Stuhl in sich zusammen. »Ich weiß nicht, was ich denken soll ... ich kann nicht denken. Das ist ein ziemlicher Schlag für mich, verstehst du? Der Gedanke, daß sie mit Taggart gemeinsame Sache macht, ist unerträglich. Nein, ich glaube das nicht, ich kann es einfach nicht –«

»Na, laß mich mal meinen Kollegen anrufen. Wenn es bei

Vera was auszugraben gibt, dann ist er der Richtige.« Sie ging zu Dot, um das nächste Gespräch anzumelden, kam dann zurück und setzte sich wieder.

Hazel fing an zu zittern. Wenn das wahr ist, *dann bin ich reingelegt worden.* Was war Vera – *verheiratet* mit Taggart oder so etwas? Oder mit *Sweeney?* War eine große Gaunerei im Gange? Oder Hochstapelei? Oder saß Vera in der Klemme? Hatte sie deswegen gegen Taggart Verdacht gesät? Um die Aufmerksamkeit von sich abzulenken, weil sie mit jemand anderem zusammenarbeitete? Jos Worte kamen ihr wieder in den Sinn: ›Sie hatte schon Absichten auf dich, bevor sie dich überhaupt kannte‹.

»El?« Hazel versuchte ihre Stimme wiederzufinden. »Vera und ich haben miteinander geschlafen.«

Eleanor hob kaum merklich die Augenbrauen.

»Es ist schon schlimm, zuzugeben, daß ich Jo betrogen habe. Aber damit ist mein Gewissen irgendwie fertig geworden, obwohl es sich sehr geplagt hat ... wahrscheinlich noch lange nicht angemessen. Aber verstehst du – ich habe sie ins Vertrauen gezogen. Ich, ich glaube, ich habe mich in Vera verliebt.« Sie ließ ihre Hände auf die Armlehnen klatschen, stemmte sich hoch und stapfte rastlos hin und her. »Wie konnte ich nur so naiv sein? Wenn das alles wahr ist, wie kann ich je wieder irgendwem trauen? Mich je wieder auf mein Urteilsvermögen verlassen?«

»Hazel, wir verlassen uns doch ständig alle aufeinander. Zum Beispiel jedesmal, wenn wir starten.« Eleanor verfolgte Hazels Auf und Ab mit den Augen. »Vergiß nicht, ich habe Vera Davis zu dir geschickt. Auch ich habe ihr getraut.«

Hazel schüttelte den Kopf. »Es muß ein Irrtum sein. Ich halt's nicht aus.«

»Tja, ich denke, es ist Zeit für professionelle Unterstützung«, schlug Eleanor vor.

»Professionelle Unterstützung?« Hazel blieb stehen. »Polizei?«

»Na, ich dachte eher an einen Detektiv. Mein Informant von der Zeitung oder Lockheed könnten uns sicher einen empfehlen. Die Sache wächst uns über den Kopf. Kann sein, daß wir plötzlich rasche Hilfe brauchen. Einige von uns sind ernstlich in Gefahr – alle, die eingeweiht sind. Du auch.«

Hazel ließ sich wieder auf den Stuhl fallen. »Schätze, du hast recht.«

Das Schreibtischtelephon klingelte, und Eleanor nahm den Hörer ab. »Ja, danke. Hallo, Sheldon, Eleanor hier, ich brauche noch ein paar Nachforschungen von Ihnen ...«

Hazel lauschte und ihr wurde von Minute zu Minute kälter, als Eleanor Anhaltspunkte über Vera durchgab. Ihre Kiefermuskeln zuckten nervös. Vera war ihre persönliche Wache – was, wenn sie nur auf den richtigen Moment oder ein Signal wartete, um an der Zephyr herumzupfuschen? Wie einfach ... sich bei der Pilotin einschmeicheln, sie ganz und gar gewinnen, oh ja, auf jede erdenkliche Art, und ihr dann den Dolch in den Rücken rammen, aus allernächster Nähe.

Als Eleanor fertig war, kam sie zu Hazel und hockte sich neben sie. »Ich glaube, wir sollten den Doktor bitten, dir irgendwas zu geben. Du siehst schrecklich aus.«

Hazel winkte ab. »Nein, nein, es wird schon gehen. Was hat dein – Sheldon vorgeschlagen?«

»Er wird in Kansas City jemanden auftreiben, mit dem wir sprechen können. Alles, was wir tun müssen, ist, bis dahin zu kommen.«

Hazel stöhnte. »Aber was soll ich denn jetzt machen? Wie kann ich ihr ins Gesicht sehen und nichts sagen? Sie wird merken, daß etwas nicht stimmt. Verdammt – ich fühle mich so ausgenutzt. Wenn sie mit Tagg unter einer Decke steckt, dann hat sie ihm doch alles erzählt, die ganze Zeit schon, alles, was wir wissen und befürchten.«

Eleanor mahnte: »Wir wissen nicht mit Sicherheit, ob und wie sie in Verbindung stehen. Womöglich geht die Wettsache völlig unabhängig vonstatten, etwas, was Vera allein betreibt oder mit jemand ganz anderem. Verstehst du? Vielleicht war sie deshalb so hilfsbereit. Vielleicht hat sie auf dich gesetzt! Ich denke, du mußt so freundlich zu ihr sein wie bisher, vorerst.«

»Und mit ihr ins Bett gehen?« Hazel schluckte. »Oh, Ellie, weißt du, daß wir uns heute abend irgendwo auf der Farm treffen wollten? Mein Körper sehnt sich schon den ganzen Tag danach. Ich ertrage das nicht. Und vorhin, als wir da weggefahren sind, hat sie mit den Kindern Akrobatik gemacht. Paßt das etwa zusammen? Wie kann ich mit einer Frau schlafen, die an Allis Tod beteiligt sein könnte?«

»Na ja, du könntest ja die Verabredung streichen, sie aber weiter bei der Stange halten –«

Hazel bedeckte ihr Gesicht mit den Händen. Warum kamen jetzt keine Tränen? »Mir geht's wie Al – wem kann man noch trauen?« Sie packte Eleanor am Kragen. »Ellie, es war so *schön*. Wie soll ich jetzt damit leben? Wie kann Sex gleichzeitig so gut und unehrlich sein?«

Eleanor schob ein wenig spöttisch die Unterlippe vor. »Sollte ich das je herausfinden, sag' ich dir Bescheid. Vielleicht war der Sex ja ehrlich gemeint. Komm schon, rufen wir Maxie an.«

Hazel nickte. Was sollte sie tun? Im Gedränge der Familie untertauchen und Vera aus dem Weg gehen? Wie sollte sie ihr weismachen, sie habe keinen Platz gefunden, wo sie hingehen könnten? Andererseits – könnte sie weitermachen wie bisher, nur um Veras Vertrauen zu behalten? Der Schauer, der ihren Körper durchlief, sagte ihr, daß sie es konnte. Sie konnte die Verabredung einhalten. Sie konnte Vera gleichfalls benutzen. Sie war dazu fähig, aber sie wußte nicht, wie sie damit leben würde, wenn das Derby vorbei war.

Dann fiel ihr der versiegelte Brief ein, den sie Vera anvertraut hatte. Sie biß sich auf die Lippen und wünschte, sie hätte ihn Gus gegeben. Nach allem, was sie jetzt wußte, hatte Vera ihn doch längst geöffnet.

Eine Ewigkeit schien vergangen, als Eleanor endlich mit einem Glas Wasser und einem kleinen Brandy aus dem anderen

Zimmer zurückkam. Sie hielt den Brandy hoch. »Mit besten Empfehlungen des Doktors. Ich sagte ihm, du hättest einen ziemlichen Schock wegen Allis Unfallbericht gehabt. Und ich habe eben mit Maxie gesprochen – zum Glück war sie gerade in der Nähe. Sie hat beobachtet, wie Tagg mit ein paar anderen loszog. Er hat ihr im Weggehen zugewunken. Sie meint, du solltest dir die Kamera schnappen und einen Blick hineinwerfen.«

»Was? Ich würde ihren Film belichten.«

»Wenn ein Film drin ist, ja, dann würdest du ihn belichten. Vielleicht kannst du ihn eines Tages ersetzen. Zunächst aber mußt du herausfinden, ob sie einen Film drin hat – am besten, gleich nachdem sie Photos gemacht hat.«

»Ich werde es versuchen. Sie hat das Ding immer um den Hals. Sie läßt es nicht aus den Augen.«

»Stimmt dich das nicht nachdenklich?« Eleanor nahm einen Schluck Wasser, und Hazel schnupperte am Brandy.

»Na ja, eigentlich nicht, nachdem sie ihre große Kamera verloren hat. Aber wenn sie wußte, daß Alli abstürzen würde, kann es nur ein leeres Gehäuse gewesen sein. Wir haben keine Bilder vom Beginn des Derbys gesehen. Ich dachte noch, daß sie den Verlust ziemlich philosophisch nahm. Wenn aber die Kamera nicht echt war, würde man meinen, daß sie mehr Aufhebens darum macht – als Tarnung.«

Eleanor, sichtlich in eigene Gedanken versunken, trank ihr Glas in einem Zug aus und stellte es auf den Schreibtisch. »Weißt du, du solltest Vera nicht allzu schnell verurteilen. Jo steht mit Tagg in engster Verbindung. Für sie fühlen wir uns verantwortlich. Kann doch sein, daß Vera in einer ähnlichen Klemme steckt.«

»Du meinst, sie tut es irgendwie aus Not? Wenn das stimmt, hat Tagg wirklich Talent, Frauen auszunutzen. Und ich hab' Talent, mir genau die rauszusuchen. Das mit Vera ist ein harter Brocken für mich – sie schien mir so frei, so gefestigt. Jos Verletzbarkeit kann ich noch nachvollziehen, ich kenne ihre

Ambitionen. Aber Veras kenne ich nicht. Vielleicht sollte ich darüber etwas herausfinden.«

Eleanor nickte und schürzte die Lippen. »Was wirst du also tun, H.P.?«

»Was ich kann.«

»Gut. Ich gehe schon zu Dot. Sag Bescheid, wenn du soweit bist.«

Als sie zur Farm zurückkamen, war ausnahmsweise Hazel froh über die allgemeine Neugier und das Interesse an ihr. Wo sie sonst ungeduldig und kurz angebunden reagiert hätte, nahm sie sich heute besonders viel Zeit, zuzuhören und zu antworten. Hannah traf zu ihrer Verblüffung mit einer Fülle von Beschwerden über Beech, die Travel Air und ihre Probleme mit der Treibstoffleitung auf eine ausgesprochen aufmerksame Hazel. Kein Wort darüber, daß Hannah mit der Whirlwind viel größeren Ärger hätte bekommen können – je komplizierter die Maschine, desto komplizierter die Probleme –, nein, Hazel fragte sogar Sam Morris-Newton, ob es ihm etwas ausmachen würde, Gus zu helfen, die Teile auszuwechseln, die Hannah wünschte.

Als sie Louise Gibeau zuhörte, die die Kinder mit Geschichten vom Stuntfliegen unterhielt, fiel Hazel etwas ein, was sie aufmunterte. Für den nächsten Tag war schulfrei angesagt, denn Kinder von weit her waren zu diesem Ereignis angereist und sollten die Staffel am nächsten Morgen starten sehen. Hazel bemerkte, daß vorsorglich überall Decken ausgebreitet waren, auf der Obstplantage, dem Rasen und sogar auf dem Flugfeld, wo ihre Brüder kampierten. Ein ungestörtes Rendezvous war hier völlig aussichtslos.

Als die ersten Feuerwerkskörper gezündet wurden, kletterte Hazel auf den Heuboden, stieß die Deckenluke auf und fühlte sich wieder als das Kind, das sie einst gewesen war. Einige der anderen Pilotinnen waren schon da, um sich auszuruhen, amüsiert und entzückt über ihre Unterbringung. Unten hörte sie Jo darüber lästern, daß die verheirateten Paare im Gasthof übernachteten, ebenso Louise, die an Heuschnupfen litt, und Pamela, die erklärt hatte, sie »könne es nicht ertragen, im Heu zu schlafen«.

Als Hazel sich vorbeugte, um die Heubodentür zu sichern, stieg ihr der Geruch von Zigarettenrauch in die Nase, und sie wußte, daß Vera unten war. Da Jo abgelenkt war, kletterte Hazel rasch und nur halb widerwillig die Leiter hinunter und schlüpfte durch die hintere Scheunentür. Wenn sie auch Jo aus dem Weg ging, wußte sie doch, daß es pure Begierde war, die sie nun doch zu Vera trieb, obwohl sie sie gern gemieden hätte.

Als sie um die Ecke spähte, sah sie Veras dunkle Gestalt an die Scheune gelehnt dem Feuerwerk zuschauen, und, ja, das verräterische Glühen der Zigarette.

»Willst du die Scheune niederbrennen?« rief Hazel mit leisem Vorwurf.

Vera fuhr auf und eilte auf sie zu.

»Wir können hier nicht sprechen, direkt unterm Heuboden. Komm mit.« Sie packte Vera am Arm, führte sie um den Hühnerstall herum und schließlich zum Räucherschuppen, wo sie sich verstohlen umblickte. Hier würde sie kaum jemand stören. Waren nicht alle draußen auf der Wiese oder auf der Veranda?

»Ich dachte, du würdest nie kommen«, raunte Vera. »Ich dachte schon, es ist was passiert.«

»Passiert?« sagte Hazel zu schnell, als sie die Tür des Räucherschuppens aufstieß, die in den Angeln quietschte. Gut, es war stockfinster. »Mach deine Zigarette aus! Komm, leg die Kamera ab... Ich bin noch nicht mal dazu gekommen, meine Mutter zu sprechen, weil die halbe Verwandtschaft hier ist.« Sie zog Vera in den Schatten, machte die Tür zu und verschloß ihr den Mund mit einem Kuß. Nicht sprechen, nicht sprechen – sie würde diese gefährliche Frau mit ihrer Leidenschaft überfluten, ihre Angst und ihr Mißtrauen in fordernden Liebkosungen austragen, ihre Kleider öffnen, zu diesen vollen Brüsten finden, den hart werdenden Nippeln. Vera reagierte mit einem unwillkürlichen Aufstöhnen, ließ sich gegen einen

Stapel Hickoryholz und die Wandregale drücken und umarmte Hazel.

Overalls sind wirklich praktisch zum Ausziehen, dachte Hazel, als sie Veras öffnete, abstreifte und ihre Hände an den Hüften hinabgleiten ließ. Ich habe dich noch nicht nackt gesehen, dachte Hazel, statt dessen finde ich anderes über dich heraus, Dinge, die ich gar nicht wissen will. Nachdem sie ihr die Unterwäsche ausgezogen hatte, wanderten Hazels Lippen zwischen Veras Brüste und dann langsam hinunter zu ihrem Bauch.

»Hey«, protestierte Vera, ihre Arme umschlangen Hazels Kopf wie eine Krone. »Nicht so. Hier gibt es bestimmt kein Bett.«

»Schh!« Hazel ließ nicht ab, ihre Hände hielten Veras Hüften fest, ihre Zunge teilte Veras Schamlippen. Sie ließ sich auf die Knie fallen und liebkoste Vera mit Lippen und Zunge. Das ist meine Liebhaberin, dachte sie, das ist die, die ich will. Was hatte Eleanor gesagt? ›Vielleicht war der Sex ja ehrlich gemeint‹. Im Moment war es Hazel egal. Sie wollte es Vera schwer machen, das hier je zu vergessen, denn sie wußte, sie selbst würde es nicht vergessen. Nie hatte sie jemanden so begehrt wie Vera, aber was zuvor so unbeschwert gewesen war, war nun verstrickt in Angst und Zweifel. Ihre Zunge flehte nach der Wahrheit.

Und dann kam Vera – zu schnell, zu heftig – sie bebte, weil sie ihr Stöhnen unterdrückte, dann lachte sie sanft in Hazels Ohr, ihr Finger krallten sich wie ein Kamm in Hazels dickes Haar. »Hilf mir mit meinen Klamotten, komm. Wo sind wir überhaupt? Es riecht nach Räucherlachs.«

»Eher nach Schinken – wir sind im Räucherschuppen.« Hazel zog langsam Veras Ärmel wieder hoch und knöpfte ihren Overall zu.

»Ach, nun ja, mieft ganz schön. Ach, Hazel, ich wollte ein richtiges Bett mit dir, eine richtige Nacht. Ich bin so glücklich in dieser Nacht, sie ist so sommerlich, und die Kinder lachen. Ich habe die Newtons ins Hotel gehen sehen und war neidisch.

Ich kann die Tage, die ich dich kenne, an einer Hand abzählen, aber es ist wie eine ganzes Leben. Können wir nicht irgendwo hingehen – ich bin mit dir noch nicht fertig. Ich bin eine Närrin – ich wünschte, ich könnte dich heiraten, Hazel.«

»*Was?*« Hazel ließ den Knopf fahren und taumelte.

»Oh, versteh das nicht falsch, bitte. Ich wollte nie jemanden heiraten. Vielleicht ist es, weil du mich zu dir nach Hause gebracht hast. Oh, ich weiß, du hast nicht *mich* gebracht – du hast uns alle hierhergebracht. Aber ich habe es mir wohl ein bißchen eingebildet. Ich habe mich mit deiner Mutter unterhalten, na ja, ich half ihr das Essen rausbringen. Sie ist groß, wie du, das gleiche Haar, mit Silberfäden darin – du siehst ihr sehr ähnlich ... bis auf diesen Knubbel auf deiner Nase. Für sie war ich eine von vielen. Ich wollte ihr sagen, daß ich dich liebe. Statt dessen habe ich die Obstkuchen bewundert. Sie erzählte, du könntest nicht kochen!«

Moment, dachte Hazel, warum redet diese Frau so? War das echtes Gefühl oder Manipulation? Vor heute abend hätte Hazel solche Worte mit Wonne in sich aufgesogen. Ja, sie wollte dieser Frau nahe sein, mit Körper und Seele. Sie konnte nicht sprechen, umarmte Vera stumm, wobei sie ihren Herzschlag hörte.

»Keine Panik«, sagte Vera und rieb ihre Wange an Hazels. Ihre Stimme bekam einen ironischen Klang. »Ich weiß, du hast deine Karriere, und es ist töricht, eine Pilotin zu heiraten.«

»Ach? So schnell willst du einen Rückzieher machen?« stichelte Hazel. »Ich meine, wie sehen denn deine Pläne nach dem Derby aus?«

Vera schob sie sanft von sich. »Ich steige in den Zug nach Kalifornien.«

»Und dann?« Den Teufel tust du, dachte Hazel, du fliegst zu jeder Zwischenstation, um abzurechnen, oder bist du etwa eine Betrügerin?

»Das sehe ich, wenn ich aus dem Zug steige.« Vera machte einen Schritt in Richtung Tür und bückte sich, um ihre Kamera aufzuheben.

»Nein.« Mit ihrem ganzen Gewicht hielt Hazel Vera auf, preßte ihre Hüften heftig gegen sie. »Auch ich arbeite an der Westküste. Dein Leben sind Flugzeuge und Flieger, oder willst du etwas anderes photographieren? Was ist mit dem Buch, das du machen wolltest? Ich habe überlegt, wie ich einen Geldgeber für dich auftreiben könnte.«

»Das Buch?« Hazel spürte, wie Veras warmer Atem schneller ging.

»Ja. Ich weiß nicht, was du dir unter einer Ehe vorstellst, aber für mich bedeutet das, außer Sex noch einige andere gemeinsame Projekte zu haben.«

Vera entspannte sich in Hazels Armen. »Laß uns erstmal sehen, ob ich ein paar anständige Photos zustandebringe.«

»Natürlich. Brauchst du Filme? Laß mich dir helfen, Filme zu besorgen. Es muß ziemlich teuer sein.« Hazel ergriff die Kamera, die schon wieder über Veras Schulter hing. »Ich verstehe überhaupt nichts von Kameras, genausowenig wie vom Kochen. Aber du kannst es mir ja erklären.«

»Ja, sicher«, sagte Vera und berührte mit einem Finger Hazels Nasenspitze. »Und du kannst mir helfen, Flugstunden zu bekommen.«

»Gut. Da hast du ja was zu tun, wenn du aus dem Zug gestiegen bist.«

Diesmal umarmte Vera sie. »Mach keine leeren Versprechungen, das ist alles, worum ich dich bitte. Du mußt noch ein Derby zu Ende bringen, hast du das vergessen?«

Hazel hielt sie einfach nur fest. Leere Versprechungen? Tun wir beide so, als sei alles in Ordnung? Sind wir beide erleichtert über den Schutz der Dunkelheit? In welcher Hinsicht sind wir denn überhaupt ehrlich? Wovor hat sie Angst? Und was hat sie mit meinem Brief gemacht?

»Wasch dich lieber, bevor du dich unter die Massen mischst, Hazel, du riechst nach Sex.«

Mit diesem Derby bereite ich mich auf einen Flug über den Outback vor, den ich unternehmen werde, wenn ich wieder zu Hause bin. Der Unterschied besteht im Fehlen von Flugplätzen mit Treibstoff und Mechanikern, ganz zu schweigen davon, daß ich keine anderen Pilotinnen um mich haben werde. Das Fliegen wird schrecklich einsam sein.

Madelyn Burnett-Eades
aus den Notizen für eine Reportage, E.W.

8

Hazel erwachte auf ihrem Strohbett und prüfte sofort die Wetterverhältnisse. Als sie durch die Luke spähte, fiel ihr Blick auf die Flugzeuge, und sie konnte den Anblick kaum fassen. Als sie ein Kind war und mit ihren Brüdern das Heu rechte, hätte sie sich nicht träumen lassen, daß das Feld einmal einem so gänzlich anderen Zweck dienen würde.

Dann linste sie rasch zu Jo hinüber, die dicht bei ihr lag, und war erleichtert, sie noch schlummern zu sehen. Sie fühlte sich etwas merkwürdig dabei, hier geschlafen zu haben, als sei dies immer noch der Ort, wo sie hingehörte, während Vera auf den gegenüberliegenden Heuboden zu Nancy Saunders und Stevie geklettert war. Ihr war, als könnte Jo noch immer den Sex an ihr riechen, obwohl sie sich gründlich gewaschen hatte, bevor sie sich mit einem Meter Sicherheitsabstand neben Jo schlafen legte.

Ob sie sich, wenn Vera nicht wäre, hier aneinandergekuschelt und miteinander geflüstert hätten? Statt dessen lag ein angespanntes, undurchdringliches Schweigen zwischen ihnen. Keine Berührungen. Nichts von dem, was sie sich vor dem Derby erhofft hatte. Wie oft hatte sie sich in Tagträumen sie beide hier vorgestellt, ungestört und eng beieinander.

Aber sie und Jo hätten ohnehin nicht gekuschelt, nicht, wenn die anderen so nah waren. Nein, dazu wäre es nie gekommen. Vergiß es.

Sie ließ die anderen schlafen und kletterte die Leiter hinunter, um im Badehaus den Ofen anzuheizen, damit es nachher wannenweise heißes Wasser gab, sie selbst machte nur eine Katzenwäsche mit lauwarmem Wasser vom Vorabend, bevor sie saubere Sachen anzog und in die Küche eilte, um ihre Mutter und Großmutter aufzusuchen.

Wenn die beiden jemals erwartet hatten, daß Hazel einen netten Farmerjungen aus dem Ort heiratete, dann waren sie gründlich enttäuscht worden – nun, zumindest ihre Großmutter hatte das eine Zeitlang gehofft. Nein, sie hatte sich nie mit ›weiblichen Aufgaben‹ abgegeben, schon als kleines Mädchen nicht. Oh, sie hatte Eier gesammelt und beim Rupfen der Hühner geholfen. Ihr wart sehr wild, hatte die übrige Familie immer gesagt, du und Dewey. Dies ist ein Ort, wo ich vielleicht mein Leben hätte verbringen können ... grübelte sie, als sie eine Tasse starken schwarzen Kaffee entgegennahm und ein paar Brötchen aus dem Ofen in einen Korb legte ... wenn wir mehr Mädchen gewesen wären. Eine allein war einfach nicht genug am Ende einer Reihe von vier Jungen. Vielleicht war sie dadurch verzogen worden – immer die Kleinste. Glücklicherweise waren die älteren Söhne, Stan und Clancy, geblieben und halfen die Farm bewirtschaften und das Traktorengeschäft führen. Und es sah ganz so aus, als würde auch Tom nach Abschluß der landwirtschaftlichen Schule zurückkommen. Ihre Ehefrauen paßten ins traditionelle Muster, und all die kleinen Mädchen, die jetzt heranwuchsen, sahen sich ganz selbstverständlich als Hüterinnen von Heim und Herd. Zumindest hatte es den Anschein, betrachtete man die sauber gestickten Deckchen, die die Großmutter gerahmt hatte. Aber irgendwie war ihr eine Ausnahme zugestanden worden – sie wußte nicht, warum, aber es schien ein stillschweigendes Einvernehmen darüber zu geben, daß sie ›Deweys Sache‹ weiterführte, obwohl er nie auch nur in die Nähe eines Flugzeuges gekommen war.

Aber wenn Dewey nicht gewesen wäre, hätte sie vielleicht nie den Geschmack des Abenteuers gekostet. Dewey, der Erfinder, der Bastler von Träumen, mit diesem verwegenen Funkeln in den Augen, hatte sie immer wie einen von den Jungs behandelt. »Du kannst alles erreichen, was du willst, Sis.«

Sie erinnerte sich an die Zeit, als sie sechzehn war, zur Erleichterung ihrer Mutter und ihrem eigenen Verdruß hatte sie doch noch richtig ihre Menstruation bekommen. Das sporadische Tröpfeln war vorbei. Es war ihre erste Begegnung mit einem ›Monatslappen‹. Schlechtgelaunt traf sie auf Dewey, der gerade draußen an seiner automatischen Pumpe arbeitete, die er aus alten Motorteilen zusammengebaut hatte, damit sie Wasser pumpen konnten, wenn die alte Windmühle mal eine Flaute hatte. Er bekam die Handkurbel nicht in Gang, also versuchte es Hazel, während er sich ausruhte. Sie hätte schwören können, daß das Ding festsaß, bevor sie daran drehte, aber plötzlich sauste die Kurbel zurück und schlug ihr ins Gesicht. Ihre Nase war gebrochen. Ah, das Blut, nicht dick, dunkel und halb geronnen wie Menstruationsblut, sondern dünn und rot sprudelte es wie eine Quelle. Armer Dewey, wie schrecklich er sich fühlte – das Gesicht seiner Schwester für immer entstellt. Es dauerte lange, bis die Schwellung abgeklungen war, die tauben blauen und später braunen Flecken breiteten sich bis an ihre Augen aus. Er würde es nie wieder gutmachen können, und nein, sie würde nie mehr so aussehen wie früher. Sie war gezeichnet. In gewisser Hinsicht nahm sie es als Auszeichnung für ihre Tapferkeit hin, es war ihr ganz eigenes Siegel der Weiblichkeit. Sie fing an, ihren Kopf auf eine trotzigere Art hochzuhalten. Sie war nun nicht mehr hübsch. Deweys Kumpel, die sie in der Schule immer scheu beobachtet hatten, taxierten sie nun mit scheelen Blicken, vielleicht ein wenig ängstlich.

»Ach, kümmer dich nicht um die«, hatte Dewey, den Arm um ihre Schulter, gesagt. »Für mich bist du immer noch die Schönste.« Und da wußte sie, daß er nichts verstanden hatte.

Vielleicht war dies der Zeitpunkt gewesen, als sie anfingen, sich voneinander zu entfernen. Sie war ihm immer gefolgt, obwohl sie wußte, daß sie in seiner Boxen-Crew nie glücklich werden würde. Sie wollte nicht nur ›einer der Jungs, die hinter ihm und zu seiner Verfügung stehen‹ sein, als wäre das eine Art Privileg. Sie wollte ihm beweisen, daß es eine andere Rolle für sie gab. Er hatte sie nicht ernst genommen, und da hatten sie angefangen, sich zu streiten.

Er: *Auf gar keinen Fall, es ist zu gefährlich. Das ist mein Wahnsinn, nicht deiner. Ich meine schon, daß du fahren solltest, versteh mich nicht falsch, aber keine Rennen.*

Sie: *Glaubst du, daß ich den Rest meines Lebens auf einem Traktor verbringen will? Ich werd' mir ein eigenes Auto suchen, einen eigenen Sponsor.*

Er: *Paß auf, Sis. Du kannst keine Rennen fahren. Ich werd's nicht zulassen. Nicht weil ich glaube, du wärst dazu nicht fähig. Heiliger Ackergaul, wie könnte ich Mom und Pop noch in die Augen sehen, wenn dir etwas passiert? Es war schon schlimm genug, daß ich dir die Nase gebrochen habe. Es ist einfach so, daß ich nicht damit leben könnte … wenn irgendwas passieren würde.*

Zu dieser Kränkung kam Beleidigung, denn er hatte angefangen, sie zu ärgern, indem er mit jeder schönen Frau schlief, die vorbeikam und ihm in sein hübsches Gesicht lächelte. Sie hatte das gehaßt, hatte die Frauen gehaßt, die sich zwischen sie stellten. Er konnte mit ihnen ins Bett gehen, sie würde nie mit ihnen ins Bett gehen können. Das war eine Erfahrung, mit der sie nicht fertig wurde, die sie rasend machte.

Was niemand wußte, war die Tatsache, daß der Riß zwischen ihnen nie mehr würde heilen können. Wenn sie jetzt um Dewey weinte, dann nicht, weil ihr Bruder, der Held, gefallen war, nicht, weil sie noch so viel von ihm zu lernen gehabt hätte, sondern weil diese unerledigte Angelegenheit zwischen ihnen gewesen war. Und wie sollte *sie* Mom und Pop in die Augen sehen? War es das, weshalb sie geflohen war?

Ihre Erinnerungen trieben sie von ihrem Stuhl in der Küche fort. Entschlossen ging sie ins dunkle Wohnzimmer, um sich die Familienphotos auf dem Kaminsims anzuschauen, nahm eins herunter, das sie selbst im Alter von zwölf Jahren zeigte, mit diesem frechen kleinen Gesicht. Dann suchte sie ihr Lieblingsphoto von Dewey heraus, in einem schmierigen Overall, sehr fesch. Wenn sie in der Werkstatt arbeitete, trug sie immer noch einen seiner Overalls, bei dem sie die Ärmel aufrollte.

Er war nie geflogen, aber hatte immer an irgendwelchen Fahrzeugen herumgebastelt. Sicher, er hatte übers Fliegen gesprochen, über die Flugvorfühungen in ihrer Kindheit. Was hatten Flugzeuge damals bedeutet? Nicht mehr als Feuerwerk. Nein, seine Leidenschaft waren Automobile – und daneben Frauen. War sie ihm ähnlicher, als sie zugeben wollte? Trat sie in seine Fußstapfen? Wenn Dewey noch die Möglichkeit gehabt hätte, den Job anzunehmen, den Pete Harper für ihn in der Treibstoffirma organisiert hatte, hätte sie dann jemals ihre Chance gehabt? – *Ja, nimm mich für den Job, aber meine kleine Schwester kommt auch mit.*

Sie nahm das Bild herunter und küßte es zärtlich. Schon seltsam, wie die Dinge miteinander verknüpft waren, wie sie sich im Laufe der Zeit verwickelten und veränderten, klaffende Lücken rissen und doch auch neue Möglichkeiten eröffneten. So wie Maxie Alexis geschrieben hatte, sie solle aus Alaska kommen, um an diesem Wettfliegen teilzunehmen, und damit das Schicksal herausgefordert hatte. Dewey hatte das Schicksal jeden Tag herausgefordert, und es hatte ihn eingeholt. Was forderte sie heraus? Sie stellte das Bild zurück und griff in ihre Tasche, wo sie den letzten versiegelten Brief aufbewahrte. Sie zog ihn heraus und steckte ihn unter sein Bild: *Bewahr das für mich auf, D., ja? Ich stecke gerade ein bißchen in der Klemme.*

Als sie sich umwandte, sah sie die füllige Gestalt ihrer Mutter im Türrahmen stehen. Mom sprach dieser Tage nicht viel übers Fliegen, sprach auch nicht viel mit ihrer Tochter, außer ein bißchen über die Farm. Hatte seit Deweys Tod nicht mehr viel gesagt – kein Wort über Wettrennen, über Hazels Fliegerei. Jetzt sagte ihre Mutter nur: »Ich bin froh, daß du dir einen Augenblick für ihn Zeit genommen hast. Er wäre sehr glücklich, dich heute zu sehen.«

»Du wußtest, wo ich hingehen würde, nicht wahr?«

Ihre Mutter lächelte und nickte.

Die Stimmung vor dem Start war feierlich – die Schulkinder jubelten, die Farmer aus der Nachbarschaft stellten sich mit ihren Wagen, Traktoren und Anhängern an der Straße auf, um die Flugzeuge starten zu sehen. Als Hazel ihre Flugvorbereitungen traf, merkte sie, daß sie sich insgesamt belebt fühlte, vom Sex und auch von der Gefahr. Und sie hatte das Gefühl, alle Hindernisse überwinden zu können.

Neben der Zephyr stand Gus und polierte Werkzeuge, die er auf die untere Tragfläche gelegt hatte. »Ich habe die Riemen etwas nachgezogen.« Sein Gesicht sah entspannter aus, als sie es je seit Allis Unfall gesehen hatte. Er fügte hinzu: »Ich mach' mir nicht erst die Mühe, dir zu sagen, du sollst die Geschwindigkeit ein bißchen drosseln, nicht, wenn der Motor so geschmiert läuft, wie er's gerade tut. Abgesehen davon würdest du sowieso nicht auf mich hören.«

Sie zuckte die Achseln. »Alles, worüber ich mir Sorgen machen muß, sind die kleinen Dinge, die mich zugrunde richten könnten, zum Beispiel daß jemand meinen Ölmeßstab verstellt, so daß ich falsch ablese, oder hier und da einen wichtigen Bolzen entfernt, so daß meine Tragfläche abfällt.«

Sein Gesicht wurde bleich und ernst. »Preston, ich will nicht so tun, als könnte das nicht passieren, vor allem, wenn der Motor der Rearwyn langsam ausbrennt.«

»Tja, wenn Taggart nicht aufpaßt, wird er zusehen müssen, wie Jo und ich ausscheiden und eine andere das Derby gewinnt.«

Sein Lachen klang sehr trocken. »Ich glaube, von jetzt ab mache ich nur noch Flugreisen.« Er schwieg einen Moment. »Ich bin stolz auf dich, Horse Power, daß du dich nicht unterkriegen läßt. Wir reden morgen nochmal darüber.«

Sie packte ihn an der Schulter, wollte ihm alles erzählen, was Al gesagt hatte, statt dessen brachte sie nur hervor: »Wir bekommen Profi-Unterstützung, Gus, jemand, der dieser Geschichte –«

Sie sah im Augenwinkel eine Gestalt und rief Vera heran. »Photo! Vera, du mußt ein paar Photos machen, ja? Meine Familie neben meinem Flugzeug.«

»Klar«, nickte Vera und öffnete ihre Phototasche. Hazel lief umher, um ihren Klan um die Zephyr zu versammeln, brachte ihre Großmutter von der Veranda, während ihre Mutter sich die Schürze losband.

»Und jetzt will ich auch von dir ein Bild.« Hazel griff nach der Kamera und wollte Vera neben die Zephyr schieben.

»Nein, nein«, protestierte Vera vehement.

»Warum nicht? Zur Erinnerung. Du mußt doch einen Beweis dafür haben, daß du bei dieser Kreuzfahrt dabei warst. Für die Rückseite deines Buches!« Hazel zog sie weiter in die Sonne, drängte sie, sich in Position zu stellen. »Wo muß ich drücken – hier? Ruhig – nicht bewegen!«

Was kümmert es sie, dachte Hazel, wenn sowieso kein Film in der Kamera ist? Ich werde sie drängen, diesen Film in Kansas City schnell entwickeln zu lassen, mal sehen, was sie sich dann einfallen läßt. ›Ich hätte den Film so gern entwickelt, meinst du, wir könnten das über Eleanor bei der Zeitung machen?‹ Sie würde einen Weg finden, aus Vera eine ehrliche Photographin zu machen – sie mit Filmmaterial versorgen, beim Verschicken und Entwickeln der Negative nachhelfen. Früher oder später würde sie herausfinden, ob die Kamera funktionierte oder nicht. Was, wenn Hazel die Kamera durch einen dummen Zufall verlor, so daß Vera ihr Erkennungsmerkmal fehlte und sie keine Wetten mehr hereinbekam?

»Na siehst du, war doch gar nicht so schlimm.« Darauf bedacht, sie nicht wie eine heiße Kartoffel anzufassen, gab Hazel Vera die Kamera zurück.

»Ich glaube, du hast den Focus nicht richtig eingestellt. Weißt du, so, aber vielleicht ist's ja doch was geworden, von der vorherigen Einstellung her.« Vera zog den kleinen Belichtungsmesser aus dem Seitenfach des Futterals. »Tja, und das Licht ist immer so eine Sache.«

»Hm.« Hazel betrachtete Vera von oben bis unten mit der aufgeräumten Miene einer befriedigten Liebhaberin und genoß Veras Verlegenheit. »Na ja, wenn es nichts geworden ist, können wir es ja jederzeit wieder versuchen, und ich behalte diesen Film. Ein persönliches Andenken.«

»Ich mag es nicht, photographiert zu werden«, sagte Vera langsam. »Was glaubst du, warum ich hinter der Linse stehe?«

»Ach. Wieso?«

»Manche Leute schwimmen gern, andere nicht«, erklärte Vera ohne das schnelle Lächeln, das normalerweise ihre Erwiderungen begleitete.

Die Wettkampffunktionäre erschienen, die Vorbereitungen begannen ernsthaft. Die Fliegerinnen versammelten sich auf dem Feld, um ihre Startpositionen zu ziehen, nachdem sie es letzte Nacht verschoben hatten, diesmal allerdings aus vergnüglichen, nicht aus schmerzlichen Gründen. Hazel zog die fünfte Position, Jo hatte eine der letzten.

Als Hazel ihre Cockpitchecks fertig hatte und dem Start der C-175 mit Vera und Gus darin zusah, spürte sie, wie ihr Blutdruck stieg und die Nervosität zurückkam. Sie wollte diesen sicheren Hafen nicht verlassen. Einzig Eleanors Winken, als sie in ihre Vega stieg, machte ihr etwas Mut.

Also auf nach Kansas City, sagte sich Hazel, ihre Kiefermuskeln angespannt. Es dauerte nicht lange, und sie war in der Luft, flog zum Abschied eine sentimentale Extraschleife über der Farm und ließ dann die Windmühe und den Wasserturm hinter sich zurück.

Sie beschleunigte auf 150 Meilen pro Stunde, lehnte sich entspannt im Sitz zurück und berechnete ihre Route. Als sie eine Höhe von zwölftausend Fuß erreichte, band sie sich ihren Schal ums Gesicht, um sich warm zu halten und damit ihre Wangen nicht rissig wurden. Die Luft hatte sich seit der Wüste verändert, sie war feuchter geworden, kälter. Während sie hoch über dem Land dahinzog, hakte sie im Kopf die Flüsse ab – der Neosho, der Marais de Cygne –, die sie bei ihrem Nordostkurs überflog. Alles war Routine, keine Tragfläche fiel ab. Das Blau-Gold der Zephyr glitzerte in voller Pracht, leuchtete ihr, trug sie voran. Ein Zaubervogel, der nach heißem Öl roch. Wenn sie es nicht besser gewußt hätte, hätte sie geglaubt, daß nichts ihr Glück mehr zerstören konnte.

Kansas City sollte nur eine kurze Zwischenstation sein, aber sowohl Stevie als auch Hannah, die an der Spitze flog, hatten wieder die üblichen Probleme. Stevie knirschte nicht mehr wild mit den Zähnen und fluchte auch nicht vor sich hin, vielleicht weil Marsha immer noch vom Fieber geschüttelt wurde. Es war unklar, ob Stevie überhaupt noch schritthalten und das Derby zu Ende fliegen konnte.

Hannah hatte ihre Treibstoffleitung ausgewechselt, aber das schien nichts zu ändern. Aus irgendeinem Grund zog sie immer noch einen Kondensstreifen hinter sich her. Hazel fragte sich, ob ein schlechtes Treibstoffgemisch Wasserrückstände im System hinterlassen haben konnte, bevor Hannah die Travel Arctic übernahm. Mittlerweile wußte Hazel, daß Hannah in Sachen Wartung und Vorbereitungen akribisch war. Sie fühlte sich schuldig und verantwortlich. Hatte die Beech-Company am Ende mehr versprochen, als sie halten konnte? Vielleicht hatte es Hazel in ihrem Eifer übertrieben. Hatte sie nicht Al und Al im Dezember überredet, sich eine Travel Air zuzulegen? Was für ein erfolgreiches Verkaufsgeschäft sie da abgeschlossen hatte – mit einer beträchtlichen Provision. Hatte sie nicht auch Stevie überredet, einen Wright-Motor zu benutzen, um schneller zu sein? Aber sie hatte das alles getan, um bessere Bedingungen zu schaffen, für einen besseren Wettkampf. Sie haderte mit sich, versuchte munter zu bleiben, um keine schlechte Stimmung zu verbreiten.

Eleanor fing Hazel ab und sagte mit einem Kopfnicken: »H.P., ich habe einen Propellerspezialisten, der bis zur nächsten oder übernächsten Etappe mit uns kommt. Könntest du mir bei der Einweisung helfen?« Die Worte waren für Veras Ohren bestimmt, die ganz in der Nähe stand. Hazel ging mit Eleanor eilig davon, stellte aber sicher, daß Maxie zurückblieb, um neben Vera ein Auge auf alles zu haben. Bisher sah Hazel keine Möglichkeit, mit Maxie allein zu sprechen.

»Also hat Sheldon jemanden für dich aufgetrieben?« fragte Hazel, als sie zum Pressezelt eilten.

»Genau. Laß uns ganz ungezwungen reden, als würden wir uns bloß unterhalten. Das ist er…«

Hazel hielt jäh inne, als sie das Zelt erreicht hatten. Ein schlanker Mann in einem Lockheed-Overall trat vor, eine offene Dose Kautabak in der Hand, aus der er sich einen Klumpen in die Backentasche stopfte. Um seiner Rolle Glaubwürdigkeit zu verleihen? Sie wünschte, sie bräuchten seine Hilfe nicht.

»Mein Name ist Gregory Fox, Privatdetektiv.« Der Mann streckte die Hand aus, um beide zu begrüßen. »Ich habe einem Mann in St. Louis sitzen, der auf Anweisungen wartet. Was kann ich für Sie tun?«

Hazel ließ Eleanor die Situation erklären.

Dann sagte er: »Was wir also tun müssen, ist, meinen Mann eine Wette bei dieser Person plazieren zu lassen. Sie werden Harry erkennen, er ist groß und hat eine krumme Haltung. Wenn er den ersten Kontakt hergestellt hat, wird er bei uns vorbeigehen und ein Vierteldollarstück fallen lassen. Ich werde mich an ihn ranhängen, so daß der Handel bewiesen werden kann. Kann sein, daß wir das ganze zweimal machen müssen, um genug Beweise zu sammeln, bevor wir jemanden dingfest machen. Das wichtigste ist, daß wir uns an die Fersen dieser Person heften, bis sie eine Lieferung macht – und so sehen, wer noch darin verwickelt ist.«

Hazel zuckte jedesmal zusammen, wenn er ›diese Person‹ sagte. Jetzt blickte er sie etwas rätselhaft an, versuchte vielleicht, sie einzuschätzen.

»Ich möchte ebenfalls bei jeder Transaktion Zeugin sein«, sagte sie offen.

Er spuckte seinen Tabak zu seiner Linken auf den Boden und zuckte die Schultern. »Normalerweise nehme ich keine Klienten mit, wenn ich eine Spur verfolge.«

»Es ist wichtig. Ich muß es selbst sehen.«

Er neigte den Kopf, als kaue er zusammen mit seinem Tabak auf der Antwort herum. War es Eleanors insistierendes Nicken, das ihn überzeugte? »Also gut, aber nur, wenn der Zeitpunkt günstig ist. Und Sie werden genau das tun müssen, was ich Ihnen sage. Wir müssen die Sache mit äußerster Vorsicht angehen.«

»Ich bin Pilotin«, gab sie zurück. »Es gehört zu meiner Ausbildung, vorsichtig zu sein.«

Er zwinkerte mit dem linken Auge – ein Zeichen des Verstehens. »Sollen wir einen Blick auf ihren Propeller werfen, Miss Wilson? Er ist ein Ersatzteil, nicht wahr, ein Hele-Shaw Beachham, und spricht nicht auf den Öldruck an? Mal sehen, ob wir da was einstellen können.«

Als die beiden sich zum Gehen anschickten, fragte Hazel schnell: »Sind Sie Flugzeugmechaniker?«

»Er ist oberflächlich eingeführt worden, H.P. Mit meinem Propeller ist alles in Ordnung.«

Als sie ihnen nachsah, wurde sie plötzlich traurig. Mit ernstem Gesicht ging sie zu ihrer Maschine, brachte jedoch für Maxie ein Lächeln zustande. Maxie, die Gute, beschränkte die Unterhaltung auf ein wenig Geplauder und hier und da ein herzliches Lachen, bevor sie davonhastete, um ihre Maschine zu starten. Taggart war längst weg.

Wie oberflächlich ich bin, grübelte Hazel, als sie Helm und Schutzbrille aufsetzte und sich mechanisch, aber gründlich an ihre Flugzeugchecks machte. Habe ich Jo jemals wirklich geliebt, oder war sie für mich selbstverständlich geworden? War ich vielleicht tatsächlich verstimmt, als sie Anspruch auf ihren Platz an der Sonne erhob, so daß ich, nur um des Kitzels willen, einer anderen nachlief? Alles für eine Situation, die ich nicht verstehe, und mit der ich nicht umgehen kann? Oh, Vera, wie sehr ich mir wünsche, daß du echt bist, nicht irgendein falscher Name, eine Fassade, etwas, das mich in meiner Eitelkeit zu Fall bringt. Wenn ich nicht fähig bin, mir die richtige Geliebte auszusuchen, dann will ich lieber eine Cockpit-Eremitin sein und nichts weiter. Einfach nur weiterfliegen.

Unversehrt und erstaunlich erfolgreich absolvierte Hazel ihre Landung in St. Louis inmitten eines stürmischen Empfangs und zahllosen Forderungen nach Interviews. Der Erfolg hatte gravierende Nachteile. Sie war außerdem hin- und hergerissen zwischen dem Bedürfnis, Kontakt mit Gregory Fox aufzunehmen, und dem Wunsch, Vera rund um die Uhr zu beschäftigen, so daß sie gar nicht dazu kam, etwas Unehrliches zu tun.

Im Augenblick war ihr beides unmöglich. Nicht Herrin ihrer Entschlüsse, wurde sie vom Drängen und Treiben der Photographen und Reporter in Richtung eines hübschen Backsteingebäudes geschwemmt. Sie hatte kaum eine Minute Zeit gehabt, Gus' Gruß zu erwidern und die Zephyr seinen Händen zu überlassen. Wo war Vera? Anscheinend nicht in diesem Gedränge.

»Miss Preston, Miss Preston, was halten sie von St. Louis?«

Kein Flugplatz wie jeder andere inmitten der Prärie – was war ihr aufgefallen? »Gut ausgebaute Landebahnen, gute Sicht beim Landeanflug. Die neuen Flugzeugschuppen und Gebäude sind gut durchdacht und deuten auf eine Zukunft mit Passagierluftfahrt hin, vor allem diese bemerkenswerte Eingangshalle. Auch sehr empfangsbereite Winde! Was für ein Empfang! Danke, danke Ihnen allen.«

»Irgendwelche Kommentare zu Ihrer Geschwindigkeit?«

»Ich bin mit der gesamten Leistung meiner Travel Air Zephyr äußerst zufrieden.« Ihre Antworten kamen zu floskelhaft, sie spürte, daß ihre Stimme angespannt klang. Kam das von dem kalten Wind, den sie während des Fluges am Hals gespürt hatte?

»Irgendwelche Kommentare zu den noch ausstehenden Etappen?«

»Ich fliege sie zum Gedenken an Alexis Laraway und um Jo Russell und Sarah Morris-Newton einen guten Kampf zu liefern.« Und es wäre besser, wenn keiner von uns mehr etwas passiert –

Plötzlich stand Vera neben ihr und scheuchte die Reporter weg. »Vielen Dank, meine Herren, aber Miss Russell hat noch einen Termin. Danke.«

Als wären Schleusentore geöffnet worden, wogte die Menge auf die nächste Pilotin zu.

»Was?« fragte Hazel, als Vera sie am Ellenbogen packte und mit ihr durch die imposante Vordertür und eine große Empfangshalle mit riesigem gewölbtem Glasdach steuerte, das Hazel schon aus der Luft gesehen hatte, und dann weiter durch einen Gang zur anderen Seite des Gebäudes. Sie lief nicht so schnell, daß Hazel nicht im Augenwinkel Gregory Fox am Rand der Menge erspähte. »Vera, wo gehen wir hin?«

»Zu einem Phototermin für eine Exklusivreportage – solange das Licht noch gut ist. Hier draußen.« Vera drückte eine Milchglastür auf, die auf eine Terrasse führte.

»Was hat *das* jetzt zu bedeuten?«

»Paß auf, Hazel, vertrau mir. Ich bekomme von einem Photographen ein bißchen Filmmaterial, wenn ich einen exklusiven Phototermin für ihn arrangiere.«

»Filmmaterial?«

»Ja, so komme ich an Filme. Die meisten Zeitungsphotographen kriegen Extramaterial von ihren Redaktionen, da kann ich dann was zu ermäßigten Preisen ergattern. Manchmal, wenn ich charmant genug bin, stecken sie's mir sogar gratis zu. Das hier ist ein Handel.«

Hazel blieb wie angewurzelt stehen, aber nur eine Sekunde, denn Vera schob sie hastig weiter bis zum Ende der Terrasse, wo ein Photograph mit einem Stativ und einer Kamera wartete, den Rücken der untergehenden Sonne zugewandt.

Du kaufst dir deine Filme mit deinem Charme? So wie du mich gekauft hast? Wie leicht du es dir machst. »Normalerweise wollen die Leute mein Flugzeug als Hintergrund. Warum hier?«

»Es soll ein Portrait werden, Hazel. Hier, setz deinen Helm und die Schutzbrille auf. Deine Haare sehen verboten aus, es ist besser, du versteckst sie. Ja, und deine Handschuhe. Er interessiert sich für deine Gesamterscheinung, mit Reithosen und allem.«

»Und ohne Reitpeitsche?« stichelte Hazel, denn sie war ziemlich verlegen. Vera entging die Spitze nicht. »Ja, und ohne geflügeltes Pferd – das überlassen wir dann der Phantasie.«

Hazel sah an sich hinunter. Es war ihr noch nie aufgefallen, wie lächerlich ihr Aufzug wirkte. Sie war dabei geblieben, weil er einfach praktisch war und bis zu einem gewissen Grad wohl auch von der Öffentlichkeit akzeptiert wurde, so hatte sie nie die Notwendigkeit verspürt, sich nach jedem Flug etwas Ordentliches anzuziehen. Aber sogar Eleanor schlüpfte, wenn es sein mußte, aus ihrem ausgebeulten Overall in ein Abendkleid.

Vera stellte den Photographen vor und wollte gehen.

»Hey, wo willst du hin?« fragte Hazel nervös. »Du kannst mich doch jetzt hier nicht allein lassen!«

Der Photograph hustete mit vorgehaltener Hand und lächelte dann freundlich, aber unverbindlich.

Vera warf ihr ihre charakteristische Kußhand zu. »Ted beißt nicht, und er weiß, daß er nicht dein Profil aufnehmen darf... Ich muß zurück.« Vera verschwand schnell um die Ecke des Gebäudes.

Als der Photograph ihr erklärte, wie er sie vor dem Backsteingebäude positioniert haben wollte, bemerkte Hazel im Augenwinkel eine Bewegung. Der Privatdetektiv war durch die Glastür getreten. Er hielt kurz auf der Terrasse inne, vielleicht, um sie zu beobachten oder sich eine Zigarette anzuzünden oder auch beides. Dann eilte er hinter Vera her.

Hat Vera das mit Absicht arrangiert, um mich aus dem Weg zu haben? Panik ergriff Hazel, während der Photograph sie bat, sich zu entspannen und ihr Gesicht zu glätten. Er sagte: »Sie können das hier jetzt nicht so schnell durchziehen, Miss Preston. Ich kriege fünf Posen für die Filme.«

»Wie viele Filme?«

»So viele, wie fünf Posen wert sind.« Er lächelte ihr unverbindlich zu und verschwand hinter seiner Kamera.

Sie versuchte, nicht auf ihrer Unterlippe zu kauen. Sie war kooperativ, um die Sache zu beschleunigen, aber sie ärgerte sich, weil Vera etwas im Schilde führte.

»Ich habe gehört, einer Ihrer Kosenamen sei H.P., für ›Horse Power‹.«

»Nein«, sagte sie kurz angebunden. Nicht das schon wieder. Sind die alle so penetrant, oder hatte Vera ihn darauf gebracht? »Es tut mir leid, Ted, aber ich habe gerade einen anstrengenden Flug hinter mir. Ich befürchte, Sie werden mich nur völlig verspannt finden.«

»Sie machen das sehr gut, H.P. Ich sehe es an den Linien um Ihre Augen.«

Sie schnaubte wütend bei dieser plumpen Vertraulichkeit. »Nur ein paar enge Freunde nennen mich so, eigentlich nur Eleanor Wilson – von ihr lasse ich es mir gefallen, verstehen Sie …«

»Mm-hmm.« Er stellte das Objektiv ein.

Heiliger Ackergaul, ich halte besser meinen Mund. Na, los schon, mach dein Bild von einer Frau, die eindeutig völlig erschöpft und erledigt ist.

Als sie ihn endlich los war, sauste sie zu der Ecke, um die sie Vera und Gregory Fox hatte verschwinden sehen. Eine breite Allee erstreckte sich zwischen dem Gebäude und den neuen Flugzeugschuppen auf der linken Seite. Ungefähr hundert Meter von ihr entfernt befand sich die Reihe ordentlich aufgestellter Wettkampfflugzeuge. Es waren nicht alle – Jo und der Rest der zweiten Staffel wurden noch erwartet. Vor dem Gebäude war immer noch jede Menge los.

Auf der anderen Seite der Landebahn standen die Wartungsschuppen. Da Vera nirgends zu sehen war, stapfte Hazel auf die Zephyr zu. Dort fand sie Maxie auf einer Kiste sitzend, mit freiem Blick auf die gesamte Reihe der Flugzeugschwanzflossen, als säße sie in einem Netz voll gestrandeter Wale. In ein Buch vertieft, schaute sie kaum auf, als Hazel sich näherte.

»Vera gesehen?« Hazel kaute vor Ärger wieder ihre Unterlippe.

»Nee, ist sie nicht mit dir weggegangen?«

»Ja, kurz. Sie meinte, sie geht wieder zum Flugfeld zurück. Max, wie kannst du Wache halten, wenn du liest?«

Maxie hielt das kleine blaue Buch hoch. »Muß bei dem hier sowieso nach jedem Absatz Pause machen. Eine Freundin hat es mir vor Jahren geschickt – soll eine aufstrebende Schriftstellerin sein. Immer schickt sie mir Bücher von europäischen Verlagen. Diese ›Neue Bibliothek‹-Reihe ist letztes Jahr erschienen. Hast du mal von ihr gehört – Virginia Woolf?«

Hazel schüttelte abwesend den Kopf, sie hatte anderes im Sinn.

»Du liest nicht viel, was, Preston?«

»Nur Handbücher. Glaubst du, sie hat was spitzgekriegt, Max? Ist uns auf die Schliche gekommen?« Hazel erzählte von dem Photographen auf der Terrasse.

Max stand auf, streckte sich und legte das Buch vorsichtig auf die Kiste. »Ich habe sie nicht gesehen, aber du solltest dir nicht zu viele Sorgen machen. Hat sich nicht dieser Lockheed-Typ an ihre Fersen geheftet?«

»Das ist mir egal, ich muß das ganze beenden –« Hazel wollte davonhasten und registrierte weder Maxies leises »Ahah, nicht so schnell, Lappen«, noch den schwarzen Stiefel, der geschickt vorschnellte und ihr ein Bein stellte. Hazel schlug lang hin und merkte es erst, als sie ausgestreckt am Boden lag. Vorsorglich hatte Maxie sie im Fallen mit den Armen um die Taille gepackt, so daß sie nun beide dalagen. Maxies Kraft jagte Hazel eine Gänsehaut über den Rücken. Sie schnappte nach Luft.

»Verzeihung«, murmelte Maxie, keine zehn Zentimeter von ihr entfernt. Der Blick ihrer großen braunen Augen war entschuldigend, aber fest. »Ich *passe* auf, siehst du? Ich mache diese Lustfahrt hier mit, weil ich wissen will, was mit Alli passiert ist. Ganz zu schweigen von Miss Mack. Ich werde mal darüber hinwegsehen, daß du vorübergehend den Kopf verloren hast, Preston. Schau mal, Kleine«, ihr Ton wurde zärtlich, »wenn Vera ehrlich und rechtschaffen ist, dann gibt es nichts, worüber du dir Sorgen machen müßtest, sie wird aus jedem abgekarteten Spiel ganz sauber hervorgehen. Wenn nicht, wirst du es früh genug merken. Du kannst sie nicht retten – schon gar nicht vor sich selbst.«

Hazel setzte sich etwas bedripst auf. Maxie rollte weg und stand langsam auf, wobei sie sich Staub von den Kleidern klopfte. Dann streckte sie eine Hand aus, um Hazel hochzuziehen, und half ihr den Staub abklopfen. Um Worte verlegen, nahm Hazel langsam ihren Helm und die Schutzbrille ab, zog ihre Handschuhe aus und verstaute alles schweigend. Schließlich wandte sie sich Maxie zu. »Ich werde es nicht glauben, bevor ich es nicht selbst gesehen habe. Ich kann nicht ...«

»Kannst du die Dreckarbeit nicht den Privatschnüfflern überlassen? Ist schließlich ihr Job. Ich persönlich würde es dir übelnehmen, wenn du dich einmischst. Schau mal –«, Maxie nahm Hazel in die Arme und glättete das widerspenstige Haar, das überall abstand. »Auch ich habe schon mal wegen der Falschen meinen Kopf verloren. Ich bin mal einer Frau im Zug durchs ganze Land gefolgt, dann auf einem Schiff nach Frankreich. Es gab keine Erster-Klasse-Tickets mehr. Ich mußte Zweiter Klasse reisen und die Kabine mit einer ältlichen Witwe teilen. Ich hab' meine Angebetete die ganze Reise über kein einziges Mal gesehen, weil wir durch verschiedene Decks und Speisesäle voneinander getrennt waren. Als ich mich dann durch verbotene Türen stahl, indem ich den Zimmermädchen folgte, fand ich schließlich ihre Kabine. Sie war ziemlich überrascht, mich schon wieder zu sehen, dachte sie doch, sie hätte mich in New York zurückgelassen. Sah sie etwa meine Anwesenheit als Ausdruck von großer Leidenschaft, von echter Liebe? Nein, sie lachte mich aus.«

»Hattest du mit ihr geschlafen?« fragte Hazel mit erstickter Stimme.

»Natürlich! Es war wahnsinnig gut gewesen. Ist es das, was dich bei Vera plagt? Der Punkt, wo du *alles* tun würdest?«

»Ach je, Max, warst du wirklich so albern?«

»In der Tat.«

Hazel drückte ihre Freundin an sich. Sie weinte nicht direkt in ihre Schulter, aber sie war dankbar, einen Moment ihr Gesicht vergraben zu können. »Was hast du den Rest der Reise gemacht?«

»Ich schmachtete in meiner Kabine vor mich hin, so daß die Witwe dachte, ich sei seekrank, und mich von da an pflegte. Wir sind Freundinnen geblieben, und ich habe seitdem eine Übernachtungsmöglichkeit in Paris.«

»Und deine Geliebte hat sich dünn gemacht?«

»Meine Geliebte hat sich dünn gemacht.«

»Oh, Max. Ich halt' das nicht aus. Ich weiß, daß ich bei dieser Geschichte auch noch Jo verloren habe. Aber es ist das mit Vera, was mich fertigmacht.«

»Ich denke, du solltest anfangen zu fliegen. Eine wirksame Kur.«

Hazel versuchte zu lächeln. »Daran habe ich auch schon gedacht, Max.« Sie drehte ihre Handfläche nach oben und zeigte auf den Kratzer. »Ich möchte, daß du das hier auch siehst. Den habe ich mir geholt, als ich Taggart die Hand gab.

»Kein Quatsch?« Maxie beugte sich darüber und untersuchte. »Hast du das Eleanor gezeigt?«

»Nein, wir laufen alle so auf Hochtouren, und irgendwie, na ja, ich wollte es dir zeigen. Den anderen – ich weiß nicht, es... ist mir nicht geheuer.«

»Hm, stammt von irgendwas Scharfem, was er zwischen den Fingern gehalten haben muß. Eine scharfe Kante an seinem Ring. Trug er einen Ring? Wollte vielleicht versuchen, dich einzuschüchtern, ein Warnschuß wegen deiner Plazierung im Derby. Ich würde sagen, das spricht Bände über seinen Charakter.«

»Das tut man keiner Dame an, nicht wahr, nicht einmal einer Frau«, sagte Hazel ruhig. »Aber einem Lappen –«

»Genau.« Maxie zerwuschelte Hazels Haar. »Genug gesagt. Es war jedenfalls gut, daß du zu ihm gegangen bist. Ich denke, er hat dir einiges über sich verraten. Halt jetzt mit mir Wache, und ich les' dir was von dieser Virginia vor, bis die anderen kommen. Du machst einfach weiter, als sei alles ganz normal, und gehst dann zum Essen. Sollte Vera zurückkommen, werde ich hier sein.«

Sie beobachteten gemeinsam das nächste kreisende Flugzeug – Jo war im Anflug.

Wie aufs Stichwort kam Vera mit einem Arm voller Feldblumen angerannt. »Ich konnte einfach nicht widerstehen!« sagte sie, ihre grünen Augen blitzten. »Wilde Blumen aus der Prärie, für dich, Hazel. Es gibt eine ganze Wiese voll davon hinter den Schuppen. Ich weiß, du mußtest dich meinetwegen mit diesem Photographen abgeben.« Sie schürzte die Lippen zu einem angedeuteten Kuß, was Maxie nicht sehen konnte, denn ihr Kopf war geziemend wieder hinter ihrem Buch verschwunden.

Hazel war durcheinander.

Sobald es ging, machte sie sich zum Essen auf, ein Fluchtmanöver. Sie ließ Vera und Maxie zurück, die ihr Essen von der Crew bekamen und dann die Nachtwache übernahmen. Glücklich schmückte Vera die Zephyr mit ihren Blumen, so daß sie hochfliegen würden, wenn Hazel am anderen Morgen startete.

Hazel wollte als erstes Gregory Fox finden und hören, was er zu berichten hatte. Er wiederum wartete auf eine Nachricht von Harry, der tatsächlich mit Vera gesprochen hatte und wußte, daß sie im Wartungsschuppen Photos von der Crew gemacht hatte. Für Hazel gab es nichts weiter zu tun, als sich mit den übrigen Pilotinnen in ein Restaurant chauffieren zu lassen. Werbung für das Derby war wichtig. Wenigstens wußte sie, wo Taggart war: An Jo Russells Seite, laut und vernehmbar damit beschäftigt, zu erklären, daß die Rearwyn nach wie vor hervorragend lief. War da ein Grinsen auf seinem Gesicht?

Später, weit nach der vereinbarten Zeit und lange nachdem es dunkel geworden war, fanden Hazel und Eleanor eine Telephonzentrale, von wo aus sie Al anriefen. Gladys Jenney war am Apparat und sagte, Al habe seine Pläne ändern und nach Oregon fliegen müssen, sei aber froh, daß sie einen Detektiv zur Hilfe hätten. Sie versicherte, daß sie alles tun würde, was nötig sei, zum Beispiel die Polizei einschalten – sie müßten ihr nur sagen, wann. Sie baten sie inständig, sich nicht zu beunruhigen, aber sie wußten, daß sie in heller Aufregung war.

Von Eleanors Informant Sheldon erfuhren sie, daß Vera vor etwa zehn Jahren tatsächlich Tragflächenakrobatin gewesen war, doch irgendwann rissen die Berichte über ihre Teilnahme an solchen Veranstaltungen schlagartig ab. Sie besaß eine gültige Zulassung als Pilotin und schien nirgends polizeilich gesucht zu werden. Er hatte sogar herausgefunden, daß es in San Francisco ein Photoatelier mit dem Namen Davis gegeben hatte. Es schien ein Familienunternehmen gewesen zu sein, aber eher künstlerisch als kommerziell, und war 1925 aus unbekannten Gründen aufgegeben worden. Er hatte nicht herausfinden können, ob es eine Verbindung zu Vera gab, außer daß ihr Wohnsitz der gleiche war.

»Das wär's dann, wenn es dieselbe Vera Davis ist. Was, wenn sie eine Hochstaplerin ist und den Namen irgendeiner völlig unschuldigen Frau benutzt?« fragte Hazel auf der Rückfahrt zum Flugplatz im Taxi.

Eleanor schüttelte den Kopf. »Tragflächenakrobatin und Photographin? Da wäre sie längst aufgeflogen. Nein, ich glaube, sie ist echt, führt aber irgendwas im Schilde.«

»Und was genau, abgesehen von einem amourösen Verhältnis mit mir?«

»Genau das. Und sie hat ein leidenschaftliches Interesse am Wachehalten. Sie ist auch sehr aufmerksam und hilfsbereit bei der Eskorte. Halten Sie hier bitte«, sagte Eleanor zum Fahrer. »Ich sehe da gerade eine Freundin.«

Sie waren an dem schwach beleuchteten Backsteingebäude

angekommen und gingen durch die große Eingangshalle mit ihrem Glasdach, um auf eine wütende Jo zu stoßen.

»Du!« Jo drohte mit dem Finger in Hazels Richtung. »Jetzt bist du zu weit gegangen!«

»Was?« Hazel blieb stehen und bemerkte zwei weitere Gestalten, die hinter Jo durch die Tür gestürmt kamen – niemand anderes als Maxie und Vera in wilder Verfolgungsjagd.

»Ich habe es satt mit diesem ›Sicherheits‹-Schwachsinn. Wie sollen wir uns um unsere Maschinen kümmern, wenn wir nicht an sie rankommen?« Jo wirkte groß für ihre schmächtige Gestalt, sie wuchs förmlich.

»Sie ist über einen der Drähte gestolpert«, beeilte Vera sich atemlos zu erklären.

»Du bist gestolpert?« fiel Eleanor ein und begann zu lachen, um die Anspannung zu entschärfen.

Aber Jo lachte nicht. »Ja, deine Kumpanin hier hat dummerweise vergessen, uns blöde Spielverderberinnen darüber zu informieren, daß die Flugzeuge im wahrsten Sinne des Wortes Fallen sind.« Sie stand mit finsterem Gesicht da, die Hände in den Hosentaschen, und spielte mit den Münzen darin. Hazel wußte, sie versuchte ihre Wut im Zaum zu halten. Es waren wohl sehr schwere Münzen, ja, vielleicht eher Zündkerzen.

»Hey, ich war auch dran beteiligt«, warf Maxie ein, immer bereit, Schuld oder Verantwortung auf sich zu nehmen, wenn es nötig war.

»Hier ist irgendwas sehr Merkwürdiges im Gange –«, begann Jo aufgebracht.

»Ich würde sagen –«, unterbrach Maxie sie.

»Ich bin noch nicht fertig!« schnaubte Jo, so daß Maxie erstaunt ihre buschigen Augenbrauen hob. »Es ist, als ob die Anspannung durch das Derby oder eure Angst vor dem Fliegen euch völlig eingewickelt hat, euren Verstand lahmlegt, euch mißtrauisch macht, ja hysterisch ...«

Hysterisch! Hazel wollte scharf entgegnen, hielt aber an sich. So ein ausgemachter Quatsch.

»Es ist, als tapptet ihr genau in die Falle, die dieser Mr. Blaine mit seinen verbalen Tiraden stellt – daß wir zu alldem hier unfähig sind! Schwache Weibchen!«

»Jo, du weißt, du kannst zu deinem Flugzeug gehen, wann immer du willst«, stammelte Hazel. »Es ist bloß eine Vorsichtsmaßnahme. Ich hatte keine Ahnung, daß du herkommen würdest, sonst hätte ich dich gewarnt.«

»Fein, und wer soll zu Fall gebracht werden, außer deinen Kameradinnen?« Jo hielt plötzlich inne, aber Hazel wußte, daß sie noch nicht im geringsten beschwichtigt war. In der Hand hielt Jo eine ausgediente Zündkerze, die sie in die Luft warf und wieder auffing. »Tagg wollte sich mit mir zu einer Motorüberprüfung treffen. Das war vor einer halben Stunde. Habt ihr ihn gesehen? Sollte ich erst um Erlaubnis fragen, um Zugang zu meiner Maschine zu kriegen?«

»Nein, wir haben ihn nicht gesehen«, sagte Eleanor sanft. »Wenn es auch bis morgen Zeit hat, dann komm doch mit mir ins Hotel zurück.«

»Vielleicht.« Jo schien sich Eleanors freundliches Verhalten zu Herzen zu nehmen, die anderen bekamen jedoch keine Gnade – nicht einmal Maxie.

Hazel warf Maxie und Vera einen entschuldigenden, aber konspirativen Blick zu, bevor sie Jo hinterherlief. »Ich seh' euch später.« Was sie jetzt brauchte, war einen Augenblick Abstand von Vera, und seltsam genug, ausgerechnet Jo bot die Gelegenheit dazu. Wenn Vera Stolperdrähte spannte und das Wachehalten ernst nahm, dann vielleicht auch, um sich selbst zu schützen, sich Deckung für ihre Wettgeschäfte zu holen? Jetzt gab es nur noch Maxie, auf die sie sich verlassen konnte. Maxie mit den braunen Augen, die direkt in sie hineinsehen konnten.

Die drei Frauen gingen hinaus. Als sie aus dem Gebäude traten, fluchte Eleanor plötzlich unterdrückt und deutete auf das Taxi, dessen hintere Tür gerade zugeschlagen wurde. Offenbar hatte ihnen jemand die Fahrt vor der Nase weggeschnappt.

»Verdammt noch mal! Ich habe dem Fahrer doch gesagt, er soll auf mich warten, stimmt's nicht, H.P.?«

Ein ankommendes Taxi herbeiwinkend, sagte Jo: »Na, deswegen müssen wir uns nicht allzu viele Sorgen machen, schau, hier kommt schon das nächste, alles schon bezahlt, dank der National Air Exchange.«

»Und meine Zeitung?« schimpfte Eleanor. »Ich habe ihm gesagt, er soll warten.«

»Muß jemand gewesen sein, der von der Terrasse gekommen ist.« Hazel stand leicht befremdet da und dachte an ihren Phototermin einige Stunden zuvor, mochte jedoch nichts sagen, da sie nicht wußte, wie Jo das aufnehmen würde.

»Du bleibst also hier, Haze?« fragte Jo kühl, als das neue Taxi hielt.

»Ja.« Hazel merkte, wie sie sich unwillkürlich breitbeinig hinstellte.

»Nun, wenn du Tagg siehst, sag ihm, ich spreche morgen früh mit ihm. Ich hab' genug für heute.«

»Mach' ich.« Sie winkte ihnen zum Abschied, dankbar, daß sie nicht alleine mit Jo konfrontiert gewesen war.

Zurück in der Eingangshalle, traf sie nicht Taggart, sondern Gregory Fox, der aus der Herrentoilette kam.

»Es gibt ein Kartenspiel um elf hinter der Frachtmaschine im Wartungsschuppen. Dort werden auch Wetten angenommen,« sagte er im Vorbeigehen und fügte hinzu: »Sie wird da sein. Treffen Sie mich auf der Terrasse, wenn Sie mitkommen wollen.«

Hazels Kopf dröhnte, aber sie ging ebenfalls weiter. Also hatte Fox' Agent, der krumme Harry, irgendwo einen Vierteldollar fallenlassen, oder was? Vielleicht in der Herrentoilette? Sie lachte in sich hinein, mehr nervös als belustigt.

»Wenn ihr zwei nicht so verloren aussäht, würde ich denken, ich bin in einem Valentino-Film gelandet«, sagte Hazel, als sie entdeckte, daß Maxie Kissen aus der Pilotenlounge stibitzt hatte, um ihren Unterschlupf bei der Zephyr gemütlicher zu machen.

»Sie hat *gelacht*«, sagte Maxie düster und lehnte sich auf einen Ellbogen gestützt ins Kissen zurück. Alles, was ihr noch fehlte, war ein Weinkelch. »Jo hat gelacht und gesagt, daß sie als Königin der Sicherheit eigentlich froh sein müßte, vor ihrer eigenen Maschine zu Fall gebracht worden zu sein. Aber dich hat sie zusammengestaucht, Preston. ›Unser Verstand gelähmt‹, zum Teufel … Völlig unangebrachte Bemerkung – und dann auch noch Verie die ganze Schuld zuzuschieben –«

»Oh, das macht nichts. Ich bin immer noch froh, daß ich diese Drähte verlegt habe«, sagte Vera schnell.

Maxie fuhr fort: »Also, ich persönlich glaube, der wahre Grund für ihren Ärger war, daß sie Taggart nicht angetroffen hat. Ich hab' ihr gesagt, daß er in der Lounge war und rauchte und auf sie wartete, als ich die Kissen holen kam. Meinte, er kann nicht länger da rumhocken und daß *er* schon seit einer halben Stunde auf sie wartet.«

Hazel ließ sich neben Maxie auf ein Kissen fallen und sah im schwachen Licht der Lampe auf ihre Uhr. Viertel nach zehn. »Ach, vergiß sie. Laß sie ihre Probleme selber lösen. Ich will damit nichts zu tun haben. Ich bin zu müde und habe morgen ein Flugzeug zu fliegen.«

»Ich werde die erste Wache übernehmen, wenn ihr ein Schläfchen machen wollt«, meldete Vera sich freiwillig und faltete eine Decke auseinander, die sie Hazel um die Schultern legte. Ihre Hände ruhten einen Moment um Hazels Taille und erinnerten Hazel deutlich daran, daß diese Nacht nicht der Leidenschaft gehören würde. Auch ohne Worte kam Veras Botschaft klar an – ja, sie wollte, aber Maxie war da, und was konnte sie tun? Hazel legte sich hin, ermahnte sich aber, nicht einzuschlafen. Sie zog Vera näher zu sich und spürte unter der Decke ihre Körperwärme. Wenn sie aufsteht, werde ich es merken, dachte sie, gab ihrer Schläfrigkeit nach und fühlte Veras Lippen zärtlich auf ihrer Wange.

In ihrem Kopf herrschte ein Tumult aus Gedankenfetzen von dem, was Sheldon gesagt hatte. Sie erinnerte sich an Veras

Bemerkung über ›klingende Münze‹. Was war in Veras Leben so bitter und hart, daß sie sich für solche schmutzigen Geschäfte hergab? Nun ging ihr das erste Gespräch mit Al im Kopf herum und hielt sie davon ab, gänzlich einzuschlafen. Vielleicht sollte sie dafür dankbar sein. Schlimmer jedoch war die Vorstellung, daß Vera wirklich weggehen würde, um im Schuppen bei der Crew Wetten anzunehmen. Wie konnte Vera, eine Frau, sich immer und immer wieder *nachts* in solche Gesellschaft begeben? Hazel war es gewohnt, die Crew tagsüber um sich zu haben, aber wenn sie je während langer Abendstunden in der Werkstatt gearbeitet hatte, dann war es mit Männern wie Dewey oder Gus gewesen. Vera überschritt die Sicherheitslinie, die Hazel zumindest im Geiste immer eingehalten hatte. War das denn nicht gefährlich? Bedrohlich? War Vera so kaltblütig und selbstbewußt?

Es war ihr lang vorgekommen, und doch schien nur kurze Zeit vergangen zu sein, als Hazel merkte, wie Vera von ihr abrückte, aufstand und sich entfernte. Kurz blieb sie am hinteren Ende der Zephyr stehen, bevor sie langsam die Reihe der Flugzeuge abschritt, als wollte sie nur kontrollieren oder sich erleichtern gehen. Unvorbereitet hätte Hazel nie Verdacht geschöpft. Jetzt erinnerte sie sich, daß Vera oft nachts weggegangen war, und Hazel hatte nie nach ihren Beweggründen gefragt.

Sie setzte sich langsam auf, schob vorsichtig die Decke zurück, kroch auf allen vieren an der Propellerseite der Flugzeugreihe entlang und huschte dann in Richtung Terrasse. Gregory wartete in einer Ecke, gab einen kurzen leisen Pfiff als Erkennungszeichen von sich und winkte ihr, ihm zu folgen. Schnell rannten sie an der Vorderfront des Gebäudes entlang zur gegenüberliegenden Ecke und huschten von da im Schutz der Dunkelheit hinter einige Geräte, die zur Pflege der Landebahn benutzt wurden – ein paar Schotterkarren und eine Dampfwalze. Hinter dieser, einer wuchtigen Maschine, duckten sie sich, um zu beobachten, was sich tat.

»Wir haben Glück«, sagte Fox mit gedämpfter Stimme, »sie hat Harry dazu bestimmt, die Wetten am Spieltisch entgegenzunehmen und ihr dann zu bringen.« Ah, also saß sie gar nicht mit den Männern an einem Tisch. Es gab nur einen, mit dem sie verhandelte, nur einen einzigen. Hazel sah die gebückte Gestalt eines Mannes, der vor dem weitgeöffneten Tor eines Schuppens vergnügt mit Vera plauderte. Vera holte etwas aus ihrer Phototasche und gab es ihm. Dann bat sie ihn um einen Schluck Wasser aus einem Eimer ganz in der Nähe. Er reichte ihr eine Schöpfkelle, aus der sie nippte, während er sich umwandte und in einem anderen Schuppen verschwand. Vera blieb draußen. Sie stand mit dem Rücken zu ihnen und trank. Als sie fertig war, hängte sie die Kelle wieder an den Eimer und setzte sich auf eine Kiste. Sie packte ihre Kamera aus, öffnete die Rückseite und holte etwas heraus – einen Film? Das Halbdunkel wäre die Gelegenheit, einen Film zu wechseln. Die einzige Lichtquelle war eine Glühbirne, die in einiger Entfernung an einem Flugzeug hing, wo noch etwas repariert wurde.

Das Warten dauerte endlos. Hazel spürte, wie ihre Wadenmuskeln sich verkrampften, während sie hinter Greg hockte. Vera beendete, was immer sie da tat, und schob die Kamera ins Futteral zurück. Sie zündete sich eine Zigarette an und begann vor dem Schuppen auf und ab zu gehen. Schließlich kam Harry zurück, diesmal war er direkt von vorn zu sehen. Er schwenkte irgend etwas in der Hand und Hazel sah, daß er grinste. Das Winken mußte ein Zeichen für Greg sein, denn auf diese Bewegung hin drängte er sie leicht zurück. Hazel hatte gerade noch Zeit, zu sehen, wie Vera irgend etwas von Harry entgegennahm.

Als sie den letzten Schotterkarren erreichten, zischte Greg: »Das war's. Sie gehen jetzt besser.«

»Warten Sie –« Hazel wollte ihn fragen, was Harry Vera gegeben hatte, aber Greg war schon in der Dunkelheit verschwunden, sie war allein. Leise ging sie zurück zum Hauptgebäude und sah sich nach der Damentoilette um. Sie ließ kaltes Wasser ins Waschbecken laufen und klatschte es sich in einer Mischung aus Wut und Schmerz ins Gesicht. Wer war diese häßliche, abgehärmte Frau da in dem großen Spiegel, mit einer kläglichen Ausrede als Nase, selbst von vorn? Mit dem Rücken an der nächsten Wand sackte sie zu Boden und vergrub das Gesicht zwischen den Knien.

Soviel also zur Wahrheit. Soviel dazu, nicht verschont werden zu wollen.

Es gab keine Möglichkeit, zurück zum Unterschlupf zu gehen und so zu tun, als ob sie schliefe, warum es also erst versuchen? Sie beschloß, sich zur Zephyr zu trollen und den Dingen ihren Lauf zu lassen.

Vera war bereits zurück und sah besorgt aus, als sie Hazel kommen sah, aber sie schluckte ihre Begründung. »Ich war's leid, mich immer auf der Landebahn und unter freiem Himmel zu erleichtern. Ich dachte, du wärst auch dahin gegangen.«

Hazel entging nicht Veras kurzer, scharfer Atemzug. »Wohin?«

»Zur Damentoilette, aber da warst du nicht.« Und dann hitziger: »Ich nehme an, du wirst mir jetzt erzählen, du hast im Dunkeln Blumen gepflückt.«

Vera antwortete in neckendem Tonfall: »Das ist ja eine Seite, die ich an dir noch gar nicht kenne. Leg dich wieder schlafen, du mußt ja mehr als erschöpft sein.«

»Nein«, sagte Hazel und lief im Schein der Lampe auf und ab. »Ich will dir etwas sagen: Schau mich an. Was du siehst, ist alles, was du bekommst. Eine Pilotin, die es sich zur Aufgabe gemacht hat, Frauen einen gleichberechtigten Platz in der Fliegerei zu verschaffen, eine Chance für jede Pilotin, sich zu beweisen. Darum habe ich dieses Derby organisiert – nein, nein, unterbrich mich jetzt nicht. Du hast gesehen, wo ich herkomme. Ich habe dir mein Herz und meinen Körper anvertraut. Was weiß ich im Gegenzug von dir? Liegt dir wirklich etwas an dem Derby? Erzähl mir eine wahre Geschichte über dich, Vera. Rede –«

»Was?« Vera hatte sich hingekniet und eine Decke ausgebreitet, die sie jetzt glattstrich. Maxie lag fest schlafend daneben.

»Vera, ich möchte dafür sorgen, daß die Integrität, die diesem Derby zugrunde liegt, intakt bleibt. Glaubst du, daß das noch möglich ist?«

»Natürlich«, sagte Vera, die jetzt mit angezogenen Knien auf der Decke saß. »Warum bist du so aufgeregt?«

»Hast du niemals Angst? Hast du keine Angst, wenn du fliegst? Du hast eine Kamera verloren, aber selbst das scheint dir nichts auszumachen. Ändert sich denn gar nichts für dich?«

Vera streckte eine Hand nach Hazel aus. »Komm, setz dich zu mir. Natürlich habe ich manchmal Angst. Ich glaube, ich habe gelernt, meine Gefühle zu verbergen, jedesmal, wenn ich auf so eine Tragfläche geklettert bin. Ich bin keine Spitzenfliegerin, die versucht, einen Ruf zu verteidigen oder Karriere zu machen. Meine Ansicht über das Derby ist eine andere. Ja, ich will, daß wir Erfolg haben, sehr sogar. Es bedeutet mir viel.«

»Was ist der wahre Grund dafür, daß du mitkommen wolltest, Vera? Es muß mehr als nur das Photographieren sein. Was ist der eigentliche Grund?« Hazel setzte sich. Sie zweifelte, ob ihre Leidenschaft diese Frau jemals erreicht hatte.

»Was, wenn ich sage, es war, um dir nachzustellen?« Vera lächelte. »Aber ich nehme nicht an, daß du es dir gestattest, etwas so Einfaches zu glauben.«

»Wir haben uns zu schnell zu tief fallen lassen –«

Vera wich zurück. »O nein. Ist es das, worum es hier geht, die Stunde der Trennung? Bedauerst du es? Ich dachte mir sowas. Wenn du wissen willst, wovor ich Angst habe – nun, genau davor!«

»Es ist nur so, daß ich festgestellt habe, daß ich dich überhaupt nicht kenne.«

»Wir haben doch unendlich viel Zeit, oder nicht?«

Wie konnte sie so gelassen lügen? Wenn Hazel gedacht hatte, daß Vera sich öffnen würde, wenn sie auf ein Zeichen gehofft hatte, daß Vera unschuldig war oder Hilfe brauchte, hatte sie zuviel erwartet. »Das sagst du, aber woher soll ich das wissen? Woher weiß ich, daß du da sein wirst, wenn das Derby vorbei ist? Warum habe ich das sichere Gefühl, daß du dich in Luft auflösen wirst und alles, was wir geteilt haben, dir dann nichts mehr bedeutet?«

»Oh, Hazel, warum sollte ich mich denn in Luft auflösen wollen?«

»Sag du es mir.«

Vera nahm Hazels Hand und gurrte mit süßer Stimme: »Ich habe nicht vor, mich in Luft aufzulösen, wenn wir nach Cleveland kommen. Das will ich nicht.«

Hazel stöhnte, wohl wissend, daß sie das bis vor kurzem geglaubt hätte.

»Was ist? Was ist passiert? Ist es wegen Jo? Du bist ja ganz durcheinander...«

»Vergiß es.« Hazel warf sich auf die Decke und biß sich auf die Zunge, froh über die Dunkelheit. Geh, wollte sie sagen, fahr noch heute Nacht. Mach deine schmutzigen Geschäfte woanders. Laß mich in Ruhe. Ich kann das nicht ertragen. Hau ab, solange du noch kannst, ich liebe dich zu sehr. Ich will nicht dabeisein, wenn sie dich schnappen.

Maxie rührte sich, rückte zur Seite, als Hazel versuchte, sich einzurichten, und bei dieser Bewegung kam Hazel der Verdacht, daß Maxie gar nicht schlief, und das schon seit geraumer Zeit. Von dem Rücken, an den sie ihren eigenen schmiegte, ging eine Beruhigung aus, die Hazel gerne annahm. Maxies Gegenwart (ob schlafend oder wach) war es, die Hazel letztlich davon abgehalten hatte, Vera alles, was sie wußte, entgegenzuschleudern. Nicht das Abkommen mit Gregory Fox, sondern Maxie, die ihr ein Bein gestellt und gesagt hatte, daß nichts – aber auch *gar nichts* – sie davon ablenken durfte, herauszufinden, was wirklich vorging.

Als sie Veras Finger spürte, die ihr zärtlich durchs Haar strichen, schob sie die Hand weg. »Wir sollten lieber Maxie wecken. Ich brauche etwas Schlaf.«

Hazel schüttelte Maxie, aber die rollte sich mit einem Knurren weg, und Vera sagte: »Ich wecke sie bald. Ich bin noch nicht müde. Schlaf ruhig, Hazel.«

»Schön.« Sie legte sich hin und glitt rasch in einen unruhigen, unglücklichen Schlummer.

Ich habe gerade gelesen, daß Mr. Blaine, der texanische Ölmann, der versucht hat, uns den Weg über Texas zu versperren, auch nicht möchte, daß die Frauen das Wahlrecht bekommen. Der herzliche Empfang und die Unterstützung, die die übrigen Texaner uns erwiesen haben, zeigen zum Glück, daß seine Ansichten völlig veraltet sind. Aber ich bin trotzdem froh, sicher über die Grenze gekommen zu sein!

Hannah Meyer
aus den Notizen für eine Reportage, E.W.

9

Ein offizielles Publicity-Photo schien angebracht, da die Fliegerinnen vor der letzten, wirklich knochenharten Etappe standen: nach Cincinnati mit Zwischenstop in Terre Haute.

Diese Etappe würde die letzte entscheidende Prüfung für Technik und Willenskraft sein, und als die Pilotinnen an diesem Morgen auf dem Fluglatz eintrafen, rief Eleanor sie für ein Gruppenbild zusammen. Nicht alle kamen, Stevie zum Beispiel starrte mit grimmiger Miene in die Eingeweide ihres Flugzeuges und rührte sich nicht. Was scherten sie Photos?

Dann war da Hazel, hastig geweckt und versorgt von einer verwirrten Maxie, die nicht wissen konnte, daß Hazel mit nur einem Gedanken aufgewacht war: sie wünschte, Vera würde verschwinden. Hatte Vera genug Verstand besessen, um zu fliehen? Natürlich nicht: Hazel sah sie mit dampfenden Kaffeebechern herankommen, als wäre es ein Morgen wie jeder andere, eine Etappe wie jede andere auch.

»Komm schon, reiß dich zusammen, Preston. Sie wollen ein Photo, komm schon, für Eleanor«, bellte Maxie, fuhrwerkte mit einem Kamm in Hazels Haaren herum und strich ihren vom Schlafen zerknitterten Kragen glatt. »Du mußt noch ein Derby zu Ende bringen.« Dann ein beunruhigter, nein, verzweifelter Blick aus braunen Augen in Hazels übermüdetes Gesicht. »Hier, sieh mal, Vera bringt Kaffee.«

»Was ist denn mit unserer Hazel?« fragte Vera ganz unschuldig, aber war ihr Gesicht nicht ebenfalls bleich, abgehärmt?

»Es ist nur der Treibstoffdunst«, knurrte Hazel und schüttelte sich. »Eines Tages werde ich den Flugplatz mal verlassen müssen. Der Geruch hängt schon in meiner Haut, in meiner Nase.«

Vielleicht tat der Kaffee seine Wirkung, jedenfalls merkte Hazel, daß ihre Beine funktionierten und sie aufstehen und gehen konnte, abwesend lächeln und sogar Begrüßungen nicken.

Der Photograph, der sein Stativ vor ihnen aufbaute, war niemand anderes als der junge Mann, der sie am Vortag abgelichtet hatte.

Der Verdruß über seine Anwesenheit machte Hazel noch etwas wacher. Wach genug jedenfalls, um einen Blick auf die anderen Pilotinnen zu werfen, die hier in der leicht diesigen Morgensonne vor Lilas Monocoupe Aufstellung bezogen hatten. Die großen standen hinten – Eleanor, Hazel und Sarah –, während die anderen vor ihnen einen Halbkreis bildeten. Pamela stand in ihrer Badeanzugpose da, die Hand in die Hüfte gestemmt, das Kinn kokett auf der rechten Schulter ruhend. Jo scherzte mit Nancy, die zu ihrer Rechten stand. Als die Sonne plötzlich grell hinter dem östlichen Nebel hervorstieg, hob Madelyn ihren Arm und warf dadurch einen Schatten auf Jos Gesicht. Gerade wollte Hazel darauf aufmerksam machen, als der Photograph ihnen dankte und fragte, ob sie noch zu einer andere Pose bereit wären. Doch die Pilotinnen hörten nur das ›Danke‹ und stoben auseinander, gleichgültig gegen seine Enttäuschung.

Eleanor kam mit einem Hut, aus dem sie ihre Startpositionen ziehen sollten. Auf dem Weg zu den anderen traf sie Hazel und hielt ihr den Hut entgegen, wobei sie nüchtern bemerkte: »Bist du heute fit für den Wettkampf? Du siehst wirklich schlimm aus.«

Hazel steckte ihre Hand in den Hut, um ein sauber zusammengefaltetes Papier herauszufischen. »Das einzige, wozu ich mich fit genug fühle, ist fliegen.«

»Ich will mir keine Sorgen um dich machen müssen.«

»Um meine Fähigkeit zu fliegen mußt du dir keine Sorgen machen, El, nur um meine Fähigkeit zu lieben – die ist im Moment ... komm, wir haben eine Etappe hinter uns zu bringen!«

Eleanor klopfte ihr auf den Rücken, aber ohne ihr gewohntes Lächeln. »Mr. Fox hat mich über die Ereignisse der letzen Nacht unterrichtet. Ich wünschte, du wärst nicht mitgegangen.«

»Ich mußte«, sagte Hazel tonlos.

»Es sehen heißt, es glauben, ja ... sie werden sie in jedem Fall in Cincinnati festnehmen, ob sie mit jemand zusammengearbeitet hat oder nicht. Viel mehr können wir nicht tun. Mr. Fox sagt, das schlimmste, was ihr blüht, ist eine Geldstrafe und die Ausweisung aus dem Bundesstaat – wenn die Sache unbedeutend ist. Harry ist wohl der Ansicht, daß es nicht mehr ist als ein harmloses Wettgeschäft.«

»Hat er dir erzählt, wie es funktioniert?«

»Na ja, es findet nur unter den Bodencrews statt, Werbung über Mundpropaganda. Sie macht sich an jemanden ran, fragt, ob irgendwer an einer Wettrunde interessiert ist, die unabhängig von der Derbyorganisation läuft, auch wenn Crews von überall mitmachen. Dann sucht sie sich einen ›Ortswettleiter‹. Na ja, Harry hat sich rasch dafür gemeldet, die Wetten anzunehmen. Es gibt zwei Kategorien entsprechend den beiden Gewichtsklassen. Jeder bekommt eine Tabelle mit den registrierten Zeiten. Kleine Summen werden auf die ausstehende Etappe gesetzt, größere auf das gesamte Derby. Du kannst entweder auf eine Leistung oder auf Gewinn setzen. Also ... was sagt uns das ? Offensichtlich bezieht sie keine Pilotin ein und niemanden von offizieller Seite. Er bleibt dabei, daß sie es nicht allein machen kann – der Einsatz insgesamt ist zu hoch, und es muß jemand darin verwickelt sein, der die Auszahlung garantieren kann, so daß die Kerle sich darauf verlassen können. Al hatte recht – auf dem Kontrollzettel stehen die Buchstaben F.I.D.O., zusammen mit einer Nummer, die dem Anteil entspricht, den der Wettende hält.«

»Du kannst auf Leistung oder Gewinn setzen? Und was ist mit Jo und mir? Was ist mit Als Freund, der gesagt hat, Alli sei eine Außenseiterin?«

»Wir hatten kaum Zeit ... Einzelheiten weiß ich nicht. Ich mußte mich mit den Reportern treffen. Das ist alles, was ich bisher erfahren konnte. Oh, er sagte noch, daß die National Air Exchange Vera von der Teilnahme an allen Derbys ausschließen kann, für bis zu ein, zwei Jahren. – Wie auch immer, es gibt also ein System. Vielleicht übergibt sie Sweeney den Einsatz, während sie fliegen?«

»Wohl kaum, direkt hinter Gus' Rücken?«

Eleanor zuckte die Schultern. »Das wäre nicht schwer. Sie läßt es beim Aussteigen auf dem Rücksitz liegen, Sweeney nimmt es sich.«

»Warum macht Sweeney das Wettgeschäft dann nicht gleich selbst? Wozu sollte er Vera überhaupt einbeziehen?« fragte Hazel.

»Wir wissen, daß sie Wetten angenommen hat. Alles, was wir noch rauskriegen müssen, ist, wie sie das Geld übergibt und an wen. Mr. Fox hat bisher keine Übergabe beobachten können, noch hat sie seines Wissens irgend etwas verschickt. Bislang. Sie werden das weiter beobachten. Mr. Fox wird als Navigator bei Gus mitfliegen. Gefällt dir das?«

»Der Fox im Hühnerstall«, sagte Hazel mürrisch.

»Laß gut sein, H.P. Wir haben getan, was wir konnten. Wir sehen uns dann in Terre Haute, aber du wirst Tempo machen. Ich bin an achter Position nach Hannah.«

»Weißt du Jos Position?«

»Pamela hat die letzte gezogen, aber die hatte sie gerade erst. Sie waren noch am disuktieren, als ich sie verließ, aber ich denke, Jo wird mit ihr tauschen. Gelungenen Flug!«

Eleanor umarmte sie rasch, zwinkerte, bis Hazel ein wenig lächelte, und entfernte sich dann.

»Gelungenen Flug!« Hazel faltete das Papier in ihrer Hand auseinander, um festzustellen, daß sie die vierte Position hatte. Gus wartete bereits bei der Zephyr. Er hatte die Flugvorbereitungen schon erledigt. Auch er war startbereit, wartete aber noch auf sie. »Ich glaube, du solltest dir besser noch Mrs. Morris-Newtons kleine Entdeckung von heute morgen anschauen«, war alles, was er sagte.

Sie folgte ihm eilig zu der Waco Taperwing, wo die Morris-Newtons sich mit Funktionären und der Crew besprachen.

Sam zeigte auf die große Öllache unter dem Flugzeugrumpf und wies die Crew an, das Flugzeug wegzuschieben, damit die Lache mit Sägespänen bestreut werden konnte. Hazel würgte es bei dem Anblick, ein Reflex, den Ölschlamm seit Deweys Tod immer auslöste. Binnen weniger Sekunden hatte sie sich jedoch erholt und spürte einen Kälteschauer auf der Haut.

»Möchten Sie eine Verzögerung Ihres Starts beantragen?« fragte einer der Funktionäre gerade.

»Nein, nein«, entgegnete Sarah. »Wir füllen gerade Öl nach. Sobald wir fertig sind, starte ich.«

»Hab' ich's dir nicht gesagt? Hab' ich's nicht gesagt?« sagte Hazel mit erstickter Stimme zu Gus. Dann entdeckte sie auf der anderen Seite Maxie, die Schutzbrille schon abflugbereit auf der Nase.

»Wir werden später darüber reden.« Gus entschuldigte sich und ging zu den letzten Vorbereitungen an der C-175.

»Was denkst du?« rief Maxie zu Sarah hinüber.

Sarah schien gefaßt. »Wir haben letzte Nacht das Öl gewechselt. Sieht so aus, als hätte ich den Abflußdeckel nicht fest genug draufgeschraubt.«

»Bist du sicher?« fragte Hazel in weit weniger zuversichtlichem Ton.

Sarah stopfte ihr langes braunes Haar unter den Helm und zuckte die Schultern. »Sam und ich haben keinen Grund, etwas anderes anzunehmen, wenn es das ist, was du wissen willst. Es ist nicht wie bei Louise. Der Deckel war auf seinem Platz, aber er war locker. Ich war vielleicht irgendwie abgelenkt – es gab eine Menge Zuschauer mit einer Menge Fragen. Ich kann mich nicht erinnern, aber es ist möglich, daß ich den Deckel nicht mit dem Schraubenschlüssel festgedreht habe. Ist das nicht der Grund, warum wir die Checks durchführen? Außerdem waren Vera und Maxie auf dem Flugplatz, als wir gingen, die Zuschauer waren weg, und die Bodencrew hatten wir schon entlassen.« Sarah lächelte beruhigend, aber Hazel war nicht überzeugt, auch wenn sie gedankenverloren nickte.

Als sie mit Maxie wegging, sagte sie: »Ich will, daß Gregory Fox davon erfährt. Es kann ein ganz normaler Fehler gewesen sein, und wenn das Öl langsam getropft ist, kann es gut sein, daß sie im Dunkeln nichts bemerkt haben. Aber dann denke ich wieder...« Sie hielt inne. »Oh, Max, Vera hätte es ohne Probleme tun können, während sie ihre Stolperdrähte spannte oder irgendwann in der Nacht. Eine weitere Unabhängige, die beeinträchtigt ist! Der Punkt ist, daß ich das vorausgesehen habe.«

»Warte mal.« Maxie legte eine Hand auf Hazels Schulter. »Eine Öllache ist kein Problem. Sie hat noch nicht mal um Startverzögerung gebeten, und die fünf Minuten Zeitnachteil sind zu verkraften. Das ist nämlich auch schon alles, was hätte passieren können.«

»In diesem Stadium sind fünf Minuten ausschlaggebend! Jede Verzögerung, jeder Zeitnachteil macht etwas aus – sie ist in der Spitzengruppe!« gab Hazel hitzig zurück.

»Ja, aber es ist ja nicht passiert.«

»Es war ein Versuch –«

»Hey, Lappen, ich streite nicht mit dir. Wir haben ja Fakten. Jetzt muß ich gehen.« Maxie gab ihr einen flüchtigen Kuß auf die Wange.

Hazel blieb allein zurück und redete mit sich selbst: Fünf Minuten gegen Jo zu verlieren würde bedeuten, daß es fast unmöglich wäre, den Abstand noch aufzuholen. Es ist ein großer Unterschied zwischen zehn und fünfzehn Minuten, Max.

Mittlerweile startete Gus die C-175, was bedeutete, daß sowohl Vera als auch Sweeney bereits mit Gregory Fox an Bord gegangen waren und in Kürze unterwegs sein würden. Was für eine Eskorte! Und alle wußten über den Ölausfluß Bescheid. Maxies Spartan befand sich auf der Bahn und hatte Starterlaubnis. Was bedeutete ihre Startverzögerung eingedenk der Tatsache, daß Taggart schon vor dem Eintreffen der Pilotinnen abgeflogen war?

Sie ging daran, die Zephyr nochmals durchzusehen, Stück für Stück. Es war, wie wenn sie ihr eigenes Gesicht im Spiegel anschaute. Es war etwas so Vertrautes – und doch kaum noch wirklich wahrnehmbar aufgrund ihrer vorgefaßten Erwartung. Wie konnte sie noch eine neue Falte erkennen, die sich um ihre Augen oder Mundwinkel zog? Wie konnte sie ihr Flugzeug noch wirklich ansehen, oder ihre Nase? Die Maschine kam ihr intakt vor, sie war ihr in Fleisch und Blut übergegangen – würde sie es nicht sofort merken, wenn irgend etwas anders, etwas nicht in Ordnung wäre? Wenn sie auch seelisch zerrieben war, zweifelte sie keine Sekunde daran, daß sie ihre Sinne und Reflexe beisammen hatte. Selbstbeherrschung war an die Stelle ihres Ichs getreten, und das hielt sie am Leben. Das war es, was sie sicher machte, daß sie fliegen konnte.

Das einzige, was nicht in Ordnung war, waren die welkenden Blumen, die Vera auf dem Sitz und entlang der Tragfläche zurückgelassen hatte. Schön, ich hab' mich von einer Dame drosseln lassen, aber jetzt fliege ich ein Derby, dachte sie und schwang sich in ihr Cockpit. Hatte Dewey das nicht gesagt, wenn er mal wieder über die Stränge geschlagen hatte? Aber sie war nicht wie ihr Bruder! Hatte sie es nicht ernst gemeint mit Vera? Vera war diejenige, die falsch gespielt hatte. Aber vielleicht hatte Dewey ja recht gehabt. Sie hatte sein Verhalten nicht gemocht, und doch, er hatte nie jemandem etwas vorgemacht. Warum konnte sie die Zeit mit Vera nicht einfach als kurze Affaire sehen? Warum war sie so aufgerieben? Da lag eben der Unterschied.

Die Treibstoffdämpfe der anderen Flugzeuge belästigten sie heute morgen mehr als sonst. Sie schüttelte den Kopf, um ihn klar zu bekommen, führte ihre Cockpitchecks zu Ende und machte sich startklar. Aber da gab es einen kleinen Irrtum: Nancy in ihrer Eagle Wright war von der Bodencrew vor ihr an den Start geschoben worden. Sie mußte sich wieder losschnallen, aufstehen und dem Funktionär zuwinken, wobei sie mit den Fingern ihre Startnummer Vier signalisierte. Da sie jedoch ihren Motor noch nicht angeworfen hatte, winkte der Funktionär Nancy das Startzeichen zu, und Hazel mußte als fünfte starten. Die Empörung half ihr, einen klaren Kopf zu kriegen und in die Gänge zu kommen. Es war Zeit, sich aufs Fliegen zu konzentrieren.

Bald zogen unter ihr große Flächen Farmland vorbei, als sie nordwestlich Richtung Kaskaskia River flog. Dann suchte sie, dem gleichen Kurs folgend, den Wabash. Bei diesen günstigen Winden hätte sie ihr Tempo steigern können, aber sie tat es nicht. Sie flog, wie sie es bei einem Routineflug getan hätte, wo sie nichts beweisen, nur das Tempo gleichmäßig halten mußte.

Außerdem setzten ihr die Abgase etwas zu. War das Einbildung? Hier oben sollte sie eigentlich frei atmen können, aber da war ein hartnäckiger Treibstoffgeruch. Sie hatte den ganzen Morgen Treibstoff gerochen, warum hatte sie das nicht ernst genommen? Der Geruch hatte gar nicht über dem ganzen Flugplatz, sondern direkt über ihrem Flugzeug gehangen. Sie blickte rasch auf die Treibstoffanzeige, um sich zu überzeugen, daß die Nadel genau da war, wo sie sein sollte, und nicht darunter, aber der Treibstoffdunst im Cockpit wurde immer schlimmer – und stieg direkt in ihren Kopf.

Verdammt. Du hattest recht, Maxie, wir sollten fluchen dürfen. Verdammt. Ich habe irgendwo ein Leck im Tank. Sie ging in Schräglage nach Backbord und begutachtete die untere Backbordtragfläche, soweit es ihre Sicht zuließ. Hielt der Verschluß des Tankdeckels nicht dicht? Wo lag das Problem? Sie hatte den Verschluß doch überprüft, und Gus außerdem vorher auch. Er war während zweimaliger Überprüfung dicht gewesen, schien völlig fest zu sitzen, zumindest der manuelle Verschluß. Aber als sie einen Blick auf ihre abgeschrägte Tragfläche warf, sah sie eine Flüssigkeit darauf entlangrinnen und sich fast sofort verflüchtigen. Sie holte tief Luft und glaubte fast ohnmächtig zu werden. Die Zähne zusammenbeißend, stabilisierte sie ihre Position und fand ihr Gleichgewicht wieder. Sie kramte in ihren Taschen, dann unter dem Sitz nach einem Tuch oder Lappen. Es gab hier immer irgend etwas in der Art, und schließlich zog sie einen alten verschmutzten Lappen hervor, der neben ihrem

Sitz klemmte, und hielt ihn sich vor Mund und Nase. Verflucht nochmal, der Tankdeckel war locker, oder aber der Verschluß hielt nicht dicht, oder *sonstwas.* Und es war ... einfach ... ganz knapp ... außer *Reichweite!*

Oder sonstwas. Warum kam ihr sofort Vera in den Sinn? War es das, dein kleiner Verrat, oh Tragflächenakrobatin? Wo bist du jetzt, da ich dich brauche, um da rauszuklettern und den Lappen hineinzustopfen? Was immer es war, an dem Tankdeckel war herumgepfuscht worden. Wie einfach! Wie wirkungsvoll! Sie könnte genausogut mit offenem Tankdeckel fliegen. Was für ein Witz, die Treibstoffspezialistin kriegt ihren Teil. Wie brutal.

Dann entdeckte sie, daß im Schreck der Entdeckung ihre Geschwindigkeit auf 140 Meilen pro Stunde gefallen war und sie rapide an Höhe verlor. Hölle und Teufel, sie war praktisch im Sturzflug, hatte schon mehr als tausend Fuß verloren und kam ins Trudeln. Sie riß sich zusammen, zog das Flugzeug hoch, versuchte, wieder eine stabile Flugbahn zu finden, wobei sie den schmierigen Lappen weiterhin vor das Gesicht preßte. Altes Schmierfett war immer noch besser als reiner Treibstoffdunst. Sie begann auf ihrer Karte einen Ort zu suchen, an dem sie landen konnte, bevor sie ohnmächtig wurde. Was für ein Glück, daß sie ein offenes Cockpit flog. Denken. Klar denken. Wie soll ich denken, wenn sich alles dreht? Fang an, tiefer zu gehen, *sofort.* Bevor die Zephyr dich von allein runterbringt.

Sie fluchte: So eine verdammt schlaue Taktik! Wenn mich jemand aufzuhalten plante, dann so. Ich wünschte, ich hätte diesen Ölverlust heute morgen gehabt.

Keine Zeit, zu fragen, wer oder wann! Sie mußte irgendwo landen. Und nicht zu übereilt. Ruhig. Behalt den Höhenmesser im Auge. Mach langsam. Wo bin ich?

Ein einziger Gedanke trieb sie weiter. Sie mußte es schaffen. Sie saß zwischen Treibstofftanks, mitten in der Gefahr einer Explosion. Ihr war schwindelig und übel. Sie mußte es schaffen.

Sie kam auf ein paar Tausend Fuß herunter und begann zu kreisen, prüfte ihre Landemöglichkeiten. Ein Feld, eine Straße. Wenn ich schnell lande und mich um die Sache kümmere, werde ich nicht viel Zeit verlieren. Nur ein oder zwei lausige Strafpunkte. Viel Zeit verlieren! Verdammt, wenn ich es repariere, wo ist dann der Beweis, wenn ich lande? Nein, ich werde notfalls fliegen wie das heulende Elend, aber ich werde mit einem Beweis landen!

Wie müde sie war, wie schwindelig.

Sie preßte sich den Lappen fest aufs Gesicht und zog das Flugzeug wild wieder hoch. Wie war ihre Zeit? Ihre Augen schmerzten, als sie auf ihre Koordinaten linste und sich fragte, ob sie korrekt waren. Der Kompaß sah verschwommen aus.

Hätte sie es nicht besser gewußt, könnte sie glatt glauben, sie wäre Marsha und hätte Typhusfieber. Marsha war einen ganzen Tag geflogen, während das Fieber in ihr brütete. Ich will verdammt sein – wenn sie es geschafft hat, schaffe ich es auch! War es so bei Alli gewesen? War auch sie von Abgasen benebelt worden? Verdammt und zugenäht – eingesperrt in ein geschlossenes Cockpit wäre sie erstickt. Kein Wunder, daß sie nicht hatte springen können. Es war wie besoffen sein. Hazel keuchte, preßte ihren Rücken in den Fallschirm.

Eine Empfindung ergriff von ihr Besitz, jenseits der Übelkeit, eine Empfindung, die beinahe reinigend war. Erst konnte sie es gar nicht deuten, weil sie zu beschäftigt war, ihren Kurs auf fünftausend Fuß Höhe zu halten, aber es kroch ihr den Rücken hinauf, ließ ihre Zähne klappern, ihre Rippen schmerzen. Es bereitete ihr einen bitteren Geschmack im Mund und einen Kloß im Hals. Es hatte sogar einen eigenen Geruch, jenseits der Treibstoffdämpfe. Erst als es in ihr Gehirn drang und ihr Herz piekte, begriff sie, was es war.

Was sie empfand, war Angst.

Es zerrte an ihrer Standhaftigkeit, legte sich kalt über ihren Verstand, so daß sie anfing, an ihren Entscheidungen zu zweifeln. Es widersetzte sich ihrem Glauben an sich selbst, ermahnte sie, daß sie nichts weiter war als ein Körnchen Staub im Äther. Und völlig allein.

So hatte Alli sich gefühlt. Genau so hatte Alli sich gefühlt.

Vielleicht gab ihr das die Kraft, weiterzumachen. So hatte Alli sich gefühlt, und bei Gott, Hazel würde es schaffen und den Beweis erbringen, den sie benötigten. Sie würde nicht zulassen, daß auch sie draufging. Sie sah auf ihre Uhr und rechnete sich aus, daß sie den Flugplatz in etwa einer halben Stunde erreichen konnte. Eine halbe Stunde. Das ist alles. Sie mußte es schaffen. Gib Vollgas, geh aufs Ganze. Du bist zu tief, aber los. Je mehr Treibstoff verbraucht wurde, desto besser. Wie langsam sie durch die Luft brummte, wie eine große, träge Hummel am Ende des Sommers. Sie biß auf den Lappen, den sie sich in den Mund gesteckt hatte, alles drehte sich in ihrem Kopf, aber sie klammerte die Hände fest um den Knüppel. Die bereits klaffende Naht an ihrem linken Handschuh riß vollends auf. Ihre Knie waren weich, aber sie hielt ihre Füße fest auf dem Ruderbalken. Sie ließ sich von der Angst vorantreiben, ließ sie zu der Kraft werden, die sie brauchte.

Und war dies nicht genau das, worauf sie gewartet hatte, gewartet, um ihm zu trotzen?

Terre Haute wartete auf sie nicht weit hinter der Grenze von Indiana. Hazel kannte den Flugplatz und stöhnte, als sie erste Anzeichen entdeckte, daß sie sich näherte. Dann kam das erlösende Zielsignal aus dem Empfänger. Schließlich konnte sie sogar die wenigen Flugzeugschuppen in der Ferne erkennen, den kürzlich errichteten scheunenähnlichen Bau für die Verkehrsluftfahrt, die einladenden Flächen geebneten Bodens. Das alles tanzte vor ihren Augen, so daß es ihr schwer fiel, eine genaue Peilung vorzunehmen. Sie mußte das Flugzeug noch einmal hochziehen, da sie zu tief angeflogen war. Wenn die Bodenaufseher einen Funken Verstand hatten, mußten sie merken, daß sie Probleme hatte. Landebahn freimachen. Bitte macht die Landebahn frei. Bitte, laßt Nancy schon gelandet sein, nicht noch irgendwo kreisen. Mit einem weiteren langsamen, wackeligen Kreis, mehr wie das Schwanzende einer Spirale, kündigte sie sich an. Ah, der Signalmann schwenkte die rotschwarze Notflagge. Die zitternden Hände an den Schalthebeln, hatte sie das Gefühl, keine Kraft mehr in den Beinen zu haben, um gegen den Wind anzukämpfen. Nur mit viel Glück konnte sie die Maschine aufrecht halten.

Gefährlich schlingernd schaltete sie den Motor aus und ging in den Gleitflug. Ein Stoß. Ein Aufprall. Und noch ein Stoß. Das war's. Erst als die Räder endlich vollen Bodenkontakt hatten und sie mit ausgefahrenen Landeklappen zu einer der Boxen rollte, ließ sie den kreischenden Schmerz in ihrem Kopf zu sich durchdringen.

Etwas, womit du nicht gerechnet hast, Vera – zu dumm, daß die Winde so günstig waren, günstig für mich, sonst hättest du mich wirklich erledigt. Wie gut, daß sie in der ersten Hälfte der Staffel war, so würden Gus und der ganze Haufen noch da sein. Sie ließ sich zum Ende der Landebahn rollen, bis sie keinen Schwung mehr hatte. Die Bodencrew rannte bereits herbei. Da sie ihren Motor so frühzeitig ausgeschaltet hatte, würde sie sich darauf verlassen müssen, daß die Crew sie von der Landebahn schleppte und an den ihr zugewiesenen Platz rollte.

Gus war tatsächlich da und sprang als erster auf die Tragfläche, seine Miene undeutbar. Als sie den Lappen über den Rand des Cockpits spuckte, fächelte er sich Luft zu.

»Guter Gott, Preston«, war alles, was er sagte, während er ihr half, sich abzuschnallen. Bereitwillig ließ sie sich aus dem Cockpit helfen. Mit der Hand vor dem Mund sackte sie zu Boden und keuchte, der Arzt war sofort bei ihr und half ihr aus dem Fallschirm. Gus rief: »Schafft sie hier weg!«

Keuchend und krächzend rang sie nach Atem, zu schnell, gierte nach frischer Luft. Wie schwindelig ihr war, als sie spürte, wie mehrere Hände sie an Armen und Beinen hochhoben und sie rasch auf einen Rasen schleppten. Jemand fächelte vor ihrem Gesicht herum. »Ruhig. Nicht zu tief einatmen. Langsam und ruhig atmen. Mit mir zusammen – ein ... aus ... ein.«

»Gus«, versuchte sie zu sagen. »Gus.«

»Ich bin hier. Sprich nicht. Atme.«

»Rührt die Zephyr nicht an. Nein, ich muß es dir sagen«, sie winkte drängend, »hol einen Funktionär. Überprüft den Verschluß vom Tankdeckel. Schau nach ...« Sie wurde wohl ohnmächtig, oder keuchte sie nur? Oder beides. Alles war verschwommen. Alles, was sie wußte, war, daß sie gestützt wurde. Der Arzt hockte an ihrer Seite und fühlte ihren Puls. Sie fragte sich, wann sie sich jemals so schlecht gefühlt hatte. War das ihr Stöhnen?

Und wer kniete da neben ihr und hielt eine Blechtasse an ihre Lippen, wenn nicht Vera? Schwerfällig, mit grimmigem Blick, setzte Hazel sich soweit auf, daß sie die Tasse durch einem Hieb mit dem Arm wegschlagen konnte. Gleichzeitig fiel sie nach vorn. Sich auf Hände und Füße stützend, übergab sie sich wie ein Hund. Als sie fertig war, rollte sie auf den Rücken und schnappte nach Luft. Aber sie hielt den Blick auf Vera geheftet und schrie heiser: »Sicherheitsvorkehrungen, Vera? Geh weg von mir. Geh ... weg ... von mir.«

»Was? Hazel?« Vera kam näher, wollte sie anfassen, Hazel stieß sie von sich.

»Hazel! Mein Gott, sie ist weiß wie ein Laken!«

»Laßt sie in Ruhe!« sagte die ruhige Stimme des Arztes. »Sie ist immer noch sehr krank. Wir müssen sie hier wegbringen. Macht Platz, Leute. Wir brauchen keine Zuschauer.«

»Ist sie raus aus dem Rennen, Doc?« ertönte eine aufgeregte männliche Stimme hinter ihm.

Hazel stemmte sich auf die Knie, das Blut schoß ihr ins Gehirn.

»Raus? Nie und nimmer! Ich will verdammt sein, wenn ich raus bin. Kapiert? Keine Flüche während des Derbys! Ich hab' nicht geflucht. Keine Flüche während des verdammten

Weiberderbys, was?« Sie wedelte mit dem Finger in die verschwommene Richtung des Sprechers. Ein Bein nach vorne gestemmt, sammelte sie ihre ganze Willenskraft, um aufzustehen. Der Arzt half ihr auf die Füße. Als sie von ihm gestützt ein paar Schritte vortaumelte, sah sie Vera, die sie völlig verblüfft, verloren anstarrte. »Vera! Rede! Vera, wie ist das passiert?«

»Ich weiß es nicht, ehrlich. Du mußt mir glauben, Hazel. Ich ging schlafen, gleich nachdem Maxie aufgestanden war. Während der Nacht kann es nicht passiert sein.«

In diesem Moment kam Gus mit einem Funktionär zurück. Auch Gregory Fox war bei ihm, und einige andere Männer. Einer von ihnen war gekleidet wie ein Polizist. Gus hielt einen sauberen Lappen in der Hand, in dem der Tankdeckel lag. Es war deutlich erkennbar, daß die Gummidichtung fehlte. Er sagte: »Der Deckel fiel mir in die Hand, als ich ihn berührte.«

»Wie ich's mir dachte«, brachte Hazel zwischen verkrampften Kiefermuskeln hervor. »War aber mit irgendwas festgestopft, so daß er zwei Checks standhalten konnte. Vielleicht Harz, das dann durch den Treibstoff aufgeweicht ist? Was ist das?« Sie zeigte auf die kleine Spur einer Substanz, die am Rand des Deckels haftete. In der Mitte des Deckels gab es eine kreisrunde Aussparung, wo der Verschlußbolzen des manuellen Schlosses einklickte. »Scheint mir, als wäre was in den Verschluß geschmiert worden. Ich denke, die Polizei sollte da mal eine Blick drauf werfen, was?«

»Vielleicht Pflanzenleim, irgendwas, das sich in Petroleum löst. Haftet auch auf Metall mit fester, wenn auch nicht anhaltender Bindung.«

Die Umstehenden drängten zusammen, um das Teil zu betrachten, als Gus es dem Funktionär übergab. Hazel seufzte tief. Die Erleichterung, einen Beweis zu haben, war ein wirksames Gegenmittel für ihre Kopfschmerzen. Sie dankte dem Wettkampffunktionär.

»Sind Sie sicher, daß das vorsätzlich gemacht wurde?« wollte dieser wissen. »Tja ... wissen Sie, solche Sachen können auch während der Wartung passieren, ähm, Mrs. Morris-Newton hatte einen Ölverlust heute morgen, weil der Ausflußdeckel nicht fest zugedreht war.«

Hazel fragte sich plötzlich, wieso sie ihr Leben riskiert hatte, um mit diesem Beweis landen zu können, doch bevor sie explodieren konnte, fiel Gus ihr sanft ins Wort: »Man *könnte* die Gummidichtung während der Wartungsarbeiten verlieren, obwohl ich das noch nie erlebt habe, da sie sehr fest sitzt. Sie müssen das untersuchen, verstehen Sie? Und dann ist da noch die Spur einer Substanz, die hier klebt. Das ist höchst merkwürdig.«

»Gut, wir werden einen Bericht anfordern.« Der Funktionär zog seine Zweifel zurück. »Aber wir werden diesen Deckel brauchen. Sie müßen auch ein Protokoll schreiben, Miss Preston. Vorsätzliche Sabotage, glauben Sie? Gegen Sie im besonderen? Das ist höchst beunruhigend. Und gegen wen wollen Sie Anzeige erstatten?«

Sie spürte, wie sich Massen von Leuten versammelten. Oh-oh, die Presse war bereits da. Nun gut, machen wir's bekannt. Als sie aufblickte, traf sie Gregory Fox' Blick. Nein, signalisierte er durch Vorschieben der Unterlippe, durch seine in Falten gelegte Stirn. Noch nicht, befahlen seine Augen. Hazel ließ die Schultern hängen, sie schaute weg, als Gus den Tankdeckel vorsichtig einwickelte und dem Funktionär übergab.

»Im Augenblick kann ich noch nicht Anzeige erstatten. Ich habe keine Ahnung, was passiert ist«, sagte sie teilnahmslos.

Sie wandte sich Gus zu, nahm seinen Ellenbogen und strebte weg von den Leuten. »Wir behalten sie im Auge, danke Doktor.« Gus nickte über die eine und ließ Hazel sich auf seine andere Schulter stützen. Sie sah ihn an und knurrte: »Ich gehe jede Wette ein, daß die gleiche Nummer bei Alexis angewendet wurde. Simpel, nicht wahr? Ich glaube nicht, daß sie bei dieser Etappe überhaupt ein Auspuffproblem hatte. Die Treibstoffdämpfe drangen in ihr geschlossenes Cockpit, kein Wunder, daß ihr Unfall tödlich war. Es war schon schlimm genug im offenen Cockpit. Ich wette, sie ist zu spät gesprungen, weil die

Dämpfe sie benebelt haben. Die Arctic ist ausgebrannt, weil es eine Explosion gab, als sie aufschlug. Wir müssen Gladys Jenney und Al telegraphieren. Vielleicht können sie die Kleidung, die sie anhatte, untersuchen lassen. Eine Autopsie wäre angebracht.«

Sie spürte die Anwesenheit einer anderen Person, die sich dicht hinter ihnen hielt. War es denn nicht möglich, Vera abzuschütteln? Was sah sie, als sie Vera anschaute? Gab es kein Zeichen von Schuld? Angst, ja, die stand deutlich in diesen wunderschönen schrägen Augen.

»Vera.« Hazel legte eine versöhnliche Hand auf ihre Schulter, für den Augenblick mußte das reichen. »Denk scharf nach. Wenn es *irgend etwas* gibt...«

Vera protestierte hartnäckig: »Es kann nicht in der Nacht passiert sein, auch nicht, während du Essen warst. Sowohl Maxie als auch ich waren bei den Flugzeugen.«

»Wir brauchen eine Besprechung unter vier Augen«, befahl eine männliche Stimme. Es war Gregory Fox, der die Leute wegscheuchte und Gus zu einem leeren Schuppen dirigierte. Er wandte sich an Vera: »Miss Davis, alle Informationen, die Sie uns geben können, sind höchst wichtig.«

Verdammt, dachte Hazel, er gibt ihr die Gelegenheit, alles zu gestehen, was sie weiß. Wird sie es tun?

Vera zog hilflos die Schultern hoch.

»Wer hat während des Essens an den Flugzeugen gearbeitet?« beharrte Gregory Fox.

Gus antwortete: »Die Morris-Newtons. Frank Wilczynski machte die Monocoupe startbereit. Sweeney Crawford wechselte bei der Rearwyn die Zündkerzen aus. Sonst waren die Routineinspektionen bereits erledigt. Oh ja, und Stevie Lamb hatte ihre Eagle eine ganze Weile im Wartungsschuppen. Dann ist sie auch zum Essen gegangen.« Während er sprach, brachte er eine Kiste für Hazel, damit sie sich setzen konnte. Dankbar nahm sie an. Sie trug immer noch ihren Helm und ließ ihren schweren Kopf gegen die hölzerne Türfüllung sinken. Sie schaute hinaus, um zu sehen, wer gerade kreiste, und wer schon gelandet war. Über die Landebahn hinweg sah sie Louise, die ihre Moth überprüfte. Sarahs Taperwing stand auf dem Flugfeld, aber Sarah selbst war mit Sam irgendwo hingegangen. Dieser hatte offensichtlich bei der Eskorte den Platz mit Sweeney getauscht, da Jo die letzte in der Staffel war. Die Zephyr wurde gerade geschrubbt und abgespritzt. Beech-Mechaniker und zusätzliche Sicherheitsleute standen um sie herum. Sicherheitsleute – ein bißchen verspätet, aber jetzt waren sie wenigstens da. Männer in Uniform scheuchten Neugierige weg.

Stevie, die als dritte gestartet war, war noch nicht aufgetaucht. Sie war aufgrund unlösbarer Motorprobleme frustriert nach St. Louis zurückgekehrt, erzählte Gus. Es herrschten Zweifel, ob sie das Derby würde beenden können. Gerade eben schaltete Nancy den Motor ihrer Eagle Wright aus, um zu landen.

»Ich kann's nicht glauben«, sagte Hazel mit schwachem Protest. »Wie kann ich meine Zeit gehalten haben? Und auch noch so weit vorne liegen? Ich weiß, sie ist in der Leichtgewichtsklasse, aber trotzdem, sie muß ihren Kurs falsch berechnet haben, daß sie später hier ankommt als ich.«

Gus stieß einen langen Pfiff aus. »Weil du nach deinem Instinkt geflogen bist, Preston, oder du hast deine Hausaufgaben in Navigation gemacht.«

Sie grinste ihn einfältig an. »Ohne Witz? Stimmt schon – ich bin die Strecke schon mal geflogen, im Juni, westwärts mit Gegenwind.«

»Und dann bist du wie eine Anfängerin gelandet. Ich hab' dich noch nie eine so schwerfällige Landung machen sehen. Du bist aber auch zu schnell angeflogen und warst vorher viel zu schnell für deine Höhe, könnte ich noch hinzufügen. Bei richtiger Höhe hättest du einen Rekord brechen können. Zu dumm.«

»Ja! Na ja, ich hab's geschafft. Und ich bin immer noch im Rennen – sollen unsere Saboteure sich das in ihren Tabak packen und darauf herumkauen«, sagte sie triumphierender, als ihr zumute war. Zu viel hing in der Schwebe, es gab zu viele Verwicklungen. Es war sehr gut möglich, daß Jo auf dieser Etappe schneller war, und Taggart würde seinen Tabak sicher eher damit anreichern. So ein Glück für ihn.

»Taggart! Das ist es!« rief Vera plötzlich und schnippte mit den Fingern. »Erinnerst du dich, als Jo sich mit ihm zur Überprüfung des Motors treffen sollte, aber statt dessen gestolpert ist? Weißt du noch, wie wir alle mit ihr in die Eingangshalle gerannt kamen? Und natürlich unseren Wachposten verlassen hatten? Das war die einzige Zeit, in der wir nicht bei den Flugzeugen waren.«

Im Halbdunkeln des Schuppens stehend, kratzte sich Gregory Fox nachdenklich am Kinn. »Das stimmt. Taggart war in der Lounge...« Er hielt abrupt inne, denn natürlich war auch er dort herumgeschlichen. Hazel, die seinen Schnitzer bemerkt hatte, sagte schnell: »Als wir hinkamen, war er nicht da.« Dann erinnerte sie sich, wie die Tür von Eleanors Taxi zuschlug. Vielleicht war der Fahrer mit einem Bündel Dollarscheine bestochen worden. Irgend jemand war eilig von der Terrassentür gekommen – der kürzeste Weg vom Flugfeld zur Straße. Sie unterdrückte einen Freudenschrei.

»Vera, bitte hol mir ein Glas Wasser.«

»Wirst du es diesmal von mir annehmen?« Veras Ton mochte einst neckend gewesen sein, diesmal war er sanft vor Erleichterung.

»Ja, bitte.« Hazel strahlte, als sie ihr nachsah. »Was nun, Mr. Fox? Ich denke, daß Taggart sehr gut die Zeit und die Gelegenheit gehabt hat, sowohl für Sarahs als auch für meine Maschine. Ich bin mir nicht ganz sicher, aber wir haben gesehen, wie jemand Eleanors Taxi genommen hat.« Greg sagte sehr nüchtern: »Wir waren beide in der Lounge. Ich tat, als ob ich darauf wartete, Miss Wilson zu treffen, obwohl ich eigentlich eine Unterkunft bei der Eskorte in der Schlafbaracke hatte. Wir lasen alte Zeitungen. Er machte zwei Bemerkungen, eine empörte über die Aktienkurse allgemein und eine andere, spöttische darüber, daß die ganzen Kissen von ›den Weibsbildern‹ gestohlen worden wären, die auf dem Boden schlafen wollten. Dann ging er zur Herrentoilette, kurz bevor Sie kamen, und ist nicht mehr in die Lounge zurückgekehrt, wo ich immer noch rauchte ... Hm, es gab einen Notausgang am Ende der Halle, gleich neben der Herrentoilette, da könnte er hinausgegangen sein. Ich weiß jedenfalls, daß er weg war, als ich in die Toilette kam. Wenn er zu den Flugzeugen gegangen ist, um sich mit Miss Russell zu treffen, als der andere Vorfall passierte, hätte er genug Zeit gehabt bei der ganzen Verwirrung. Was würden Sie sagen, Gus, wie lange brauchte man dafür?«

Gus räusperte sich und dachte nach. »Zehn Minuten für Hazels Maschine, wenn er Harz bei sich hatte und im voraus wußte, was er zu tun hatte. Es war mal üblich, immer welches zur Hand zu haben, für kleinere Reparaturarbeiten – damals bei den Flugzeugen aus Holz und Zelttuch. Es ist normalerweise in Dosen, aber man kann es zu einer Kugel rollen. Es ist wie Kitt. Den Gummiring rauspuhlen und ein oder zwei Klumpen hineindrücken, um den Deckel zu halten. Und natürlich war das Auftanken schon erledigt ...«

»Ich habe Benzin gerochen, als ich morgens aufwachte. Ich weiß noch, wie ich zu Maxie sagte, daß ich es leid wäre, dauernd auf stinkenden Flughäfen zu schlafen.« Hazel beugte sich nach vorn, um den Brechreiz zu bekämpfen. Dabei dachte sie, oh ja, er ist wirklich undurchschaubar, mit einem so simplen Plan im Kopf.

Gregory Fox drehte sich um und blickte in die Sonne hinaus, wobei er Vera erspähte, die zurückkam. Er tippte sich auf die Brust. »Gut, das ist alles, was ich im Moment brauche. Jetzt müssen wir nur noch nachweisen, welche Verbindungen es in dieser Sache gibt. Bitte seien Sie vorsichtig, was Sie zu ihr sagen, Miss Preston. Diskretion ist zu diesem Zeitpunkt ausgesprochen wichtig.«

»Ja. Habt ihr jetzt nicht alle was zu tun? Die erste Hälfte der Staffel ist eingetroffen.«

»Wenn du soweit in Ordnung bist –«, setzte Gus an.

»Ja, es geht bald wieder. Ich werde Gladys Jenney telegraphieren. Und ich hoffe, daß ich mich gut genug fühle, nicht eine fünfminütige Startverzögerung für mich erbitten zu müssen. Aber bitte flieg nach Cincinnati. Maxie wird sehr erleichtert sein, dich dort zu haben, da bin ich sicher. Die Neuigkeiten eilen uns nämlich voraus.«

»Ich fliege nicht, bevor ich die Zephyr nochmal durchgecheckt habe.«

Vera kam mit einer Tasse Wasser zurück. Hazel nahm sie dankbar entgegen und führte sie an die Lippen, hielt dann aber inne. Konnte sie es wagen? Sie hatte heute schon einmal ihr Leben riskiert.

Wortlos nahm Vera ihr die Tasse ab, trank in großen Schlucken fast die Hälfte aus und gab sie ihr dann zurück. Der Ausdruck von Schmerz und Bestürzung in den grünen Augen machte Hazel erröten. Sie nahm die Tasse und trank ein wenig. Vera ging wortlos und folgte den Männern zur C-175, wo Sam Morris-Newton schon wartete. Sarah war bereits auf die Startbahn gerollt worden, noch bevor die nächste in der Staffel, Madelyn, landete. Alles, woran Hazel denken konnte, war, wie sehr Veras Overall an ihrem Körper herunterhing, nicht mehr frisch und weiß, sondern ziemlich reif für den Lumpensack.

Gab es wirklich eine Verbindung zwischen ihr, dem Wettgeschäft und der Sabotage? Hazel grübelte – diese grünen Augen wollen mir sagen, daß sie nichts damit zu tun hat. Herrje, ich wünschte, sie würde damit herausrücken. Wenn sie weiß, daß ich ihr mißtraue, muß sie doch auch wissen, daß ich ihr draufkomme. Warum also diese Verstellung? Sie traut mir offensichtlich nicht genug, um mir zu erzählen, was sie im Schilde führt. Warum bin ich dann diejenige, die beschämt ist? *Warum kann sie es mir nicht erzählen?*

Beim Anblick der Zephyr, die nach ihrer Reinigung funkelte, fiel Hazel ein, daß sie ihr stinkendes Hemd wechseln könnte. Sie nahm den Helm ab und ging auf die Suche nach einem Eimer Wasser, den sie schließlich von einer höflichen, fast unterwürfigen Crew bekam. Sie hatten ein wenig Courage gesehen, und das hatte ihnen Respekt eingeflößt. Den Kopf in das kalte Wasser zu tauchen half, die Kopfschmerzen zu lindern, und nachdem sie sich gewaschen hatte, ging sie zum Schließfach an ihrer Maschine, um ein sauberes Hemd herauszuholen, eines, das sie sich eigentlich für die letzte Etappe aufgehoben hatte, um nicht zu schlampig in Cleveland anzukommen.

Dann aß sie ein Sandwich, wartete auf El und beobachtete Louises Start und Hannahs Landung. Hannah war besonders zufrieden, da ihr Flug endlich doch einmal völlig reibungslos verlaufen war. Welche Probleme auch immer sie mit ihrer Treibstoffleitung gehabt hatte, sie schienen sich von allein gelöst zu haben. Sie fühlte sich, als wäre sie eine durchaus konkurrenzfähige Zeit geflogen. Und das war sie auch – ihre Zeit konnte es mit Hazels auf der ersten Etappe aufnehmen. Nun ja, aber sie lag nicht mehr wirklich im Rennen, dafür war es zu spät. Hatte irgend jemand dafür gesorgt?

Dieser Gedanke beschäftigte Hazel gerade, als Eleanor angeflogen kam und eine weiche Landung darbot. Wie wunderschön die Vega nun, da sie nicht mehr soviel Treibstoff an Bord hatte und dadurch leichter war, herabsauste, um dann sauber aufzusetzen.

Möge sie genau so auch bald für uns alle in Frankreich landen, wünschte Hazel, als sie, ihr Hemd in die Hose stopfend, mit großen Schritten ihrer Freundin entgegenging.

»Ich denke, wir sollten Gladys telegraphieren, daß sie die Verstärkung in Cincinnati bereithalten soll«, sagte Hazel, nachdem sie Eleanor alles berichtet hatte.

»Ja, ja, aber wir haben immer noch nichts weiter als bloße

Vermutungen«, sagte Eleanor, und ihre Gesichtsmuskeln zuckten vor Besorgnis. »Wir können niemanden ohne Beweise festnehmen lassen. Vera? Tagg? – Wenn es Taggart ist, dann kann er auf seinen Lorbeeren sitzen und grinsen, soviel er will. Sein Flugzeug und seine Pilotin haben sich leider hervorragend für ihn durch die Lüfte geschwungen.«

»Wirst du nochmal einen schmutzigen Lappen für mich waschen, El? Erzähl Jo, was passiert ist. Ich würde jetzt gern weiterfliegen. Es wird für uns beide zuviel, wenn ich jetzt versuche, mit ihr zu sprechen. Ich kann es nicht mehr ertragen, daß sie Taggart gegenüber Scheuklappen aufhat. Selbst wenn sie irgendeinen Verdacht hat, hält ihr Ehrgeiz sie davon ab, sich das, was wir ihr erzählen, zu Herzen zu nehmen. Selbst wenn wir einen handfesten Beweis hätten, würde sie ihn im Moment kaum wahrhaben wollen.«

»Das ist kein schmutziger Lappen, H.P. Ich werde so lange wie möglich warten, aber es kann sein, daß ich los muß, bevor sie eintrifft. Sie wird vielleicht einfach noch warten müssen. Ich werde sowohl Gladys als auch Al telegraphieren. Vielleicht können wir heute abend wieder mit ihnen sprechen. Nachforschungen gehen weitaus langsamer vonstatten als Flugwettbewerbe, weißt du? Schurken kann man erst lange nach der Tat fassen, aber da ist es für die Opfer immer schon zu spät.«

»Das mag so sein, aber wir sind kämpfende Opfer, die sich um der Zukunft dieses Wettfliegens willen verteidigen, und allgemein für die Zukunft der Fliegerinnen streiten. Alli hat den Preis für unsere Leichtgläubigkeit gezahlt. Ist dir klar, daß, wenn Jo durch eigenen Verdienst gewinnt, wir aber Beweise gegen ihren Sponsor haben, sie genauso drinhängt? Sarah hat ihre Sache in der letzten Etappe sehr gut gemacht. Sie liegt nur ungefähr zehn Minuten hinter mir. Weißt du, was ich gerade merke? Wenn ich Jo irgendeinen Nachteil bringen könnte, dann würde ich es tun. Ich könnte zum Bespiel einfach eine Reißzwecke vor ihren Reifen legen, so daß sie, wenn sie losrollt –«

»H.P.!« Eleanor sah sie völlig entsetzt an.

»Ich bin ein kämpfendes Opfer, vergiß das nicht. Es ist ohnehin schon ein manipuliertes Derby, ich manipuliere es, damit Sarah gewinnen kann. Sie wenigstens wird Integrität und Fairness hineinbringen. Ich könnte damit leben.«

Eleanor packte sie am Unterarm. »Ja. Und was ist, wenn gar nicht Taggart hinter der ganzen Sache steckt, sondern jemand anderes, zum Beispiel die Morris-Newtons?«

»Mr. und Mrs. Rettungsteam? Kaum. Nicht bei dem, was ich über sie weiß.«

»Um Himmels willen, tu nichts Voreiliges. Laß uns abwarten, wie die Zeiten in Cincinnati sein werden.«

Hazel lächelte. »Aber ich bemerke da eine Komplizinnenschaft, oder? Wenn es die Lage gebietet. Um der zukünftigen Derbys willen?«

Eleanors Blick schweifte ab. »Wenn es dazu dient, zukünftige Derbys zu sichern – wenn wir doch nur Beweise hätten – oh, Haze, aber die Dinge selbst in die Hand zu nehmen ... nun ja, ich glaube nicht, daß es mich belasten sollte, mit ein paar Heimlichkeiten zu leben, oder? Wenn ich den Atlantik überquere, nehme ich diese Geheimnisse einfach mit mir, wenn ich in den sechs Meter hohen Wogen lande.«

»Ellie!« Nun war es an Hazel, zu schlucken. »Sag sowas nicht.«

Eleanor zwinkerte. »Ich kann nicht anders als fatalistisch sein. Ich würde sonst kein Glück haben. Und jetzt ab mit dir!«

»Herrje, du verstehst es wirklich, mich in meine Schranken zu weisen, was? Gelungenen Flug dann also, El – bis Cincinnati. Du wirst mit reinem Gewissen über den Atlantik fliegen, verdammt!«

Hazel schüttelte den Kopf, als sie zur Zephyr zurückging, und wünschte, sie hätte sich ihre Gedanken für jemand anderen aufgehoben, jemanden wie Maxie. Ja, Maxie ... sie erinnerte sich, wie Maxie ihr ein Bein gestellt und sie dann gepackt hatte, und ihr wurde klar, daß nicht nur Vera Kraft besaß, die sie erregte. Wie verwirrt sie war, sie schob es auf die Wirkung der Dämpfe und klatschte sich auf die Wangen, um für die nächste Etappe munter zu werden.

Der Flug der Zephyr nach Cincinnati verlief erfreulich unspektakulär. Süße Entspannung, trotz der Berichte vor dem Start, daß Wolken über dem Tal des Ohio aufzogen, die von einem Sturm im Süden herrührten und Turbulenzen verursachen konnten.

Mit einer gleichmäßigen Flughöhe von zehntausend Fuß blieb sie an der Wolkenuntergrenze, um stärkere Winde zu meiden. Sie spähte nach unten, um zwischen schnell dahinziehenden Wolken einen Blick auf das gigantische ›C‹ zu erhaschen, das für Columbus, Indiana stand und sich bald an einem kleinen Hang zeigen müßte. Dort mußte Hazel ihren Kompaß überprüfen und eine kleine Korrektur nach Südosten vornehmen. Auf dieser Route kam man am schnellsten vorwärts, aber den Pilotinnen stand es natürlich frei, ob sie lieber nach Süden und dann genau im Wind den Ohio hinauf fliegen wollten. Eisige Winde waren das. Bei diesen Wetterverhältnissen mußte sie stark ausgleichen, und sie beneidete keine der Pilotinnen in den leichten CW-Maschinen. Aber sie war unbesorgt. Das Farmland unter ihr sah aus wie eine Patchworkdecke, wie etwas, was ihre Großmutter ihr für kalte Nächte anfertigen könnte. Sie fragte sich, ob die Rearwyn mit diesen Winden fertig wurde, selbst mit ihrem verstärkten Rahmen.

Trotz der Turbulenzen, den noch nicht ganz abgklungenen Kopfschmerzen und der Müdigkeit, die sie immer noch in den Beinen spürte, während ihre Füße das Ruder hielten, fühlte Hazel sich gut. Sie nutzte die Zeit, um ihre Zuversicht wiederzuerlangen und die Angst zu verarbeiten, die ihr immer noch in den Knochen saß. Schließlich flog sie durch eine dichte Wolkendecke und begann mit ihrem Sinkflug über dem braunen, aufgewühlten Ohio. Als sie die Landebahn entdeckte, meinte sie, Regen in der Luft zu riechen. Ja, es war der unverwechselbare Geruch von Wasser, aber nicht so salzig wie an der Westküste. Ihre Landung war außergewöhnlich weich. Nur eine Dampfwalze, wie sie am Ende der Landebahn stand, konnte die Oberfläche so angenehm eben machen. Wieder befand sie sich auf einer sehr modernen Anlage.

Nachdem sie die Maschine hatte ausrollen lassen, kam die Crew herbeigerannt, um das Flugzeug gegen mögliche Abendschauer abzudecken. Sie sah auf die Uhr und hoffte, daß die übrige Staffel bis zum Einsetzen des Regens gelandet sein würde.

Die Pilotinnen, die bereits unten waren, wurden von einer jubelnden Zuschauermenge stürmisch gefeiert. Die Massen wurden mit Seilen in Schach gehalten, die Polizei schien alles unter Kontrolle zu haben. Sie sah, wie die Begeisterung anstieg und die Leute nach vorn drängten. Hörte sie da nicht deutlich ihren Namen? »Preston! Preston!« Die Stimmung war gewaltig. Nein, diesmal störte es sie überhaupt nicht. Es war Musik in ihren Ohren. Nachdem sie aus dem Cockpit gesprungen und elegant auf dem Boden aufgekommen war, riß sie sich den Helm vom Kopf und winkte zurück, wofür sie mit fröhlichen Pfiffen und Rufen belohnt wurde. Als Gus herankam, sagte sie zu ihm: »Ich vermute, du hast noch keine Funkmeldung über Jos Zeit bekommen?«

Sein mürrischer Gesichtsausdruck sagte ihr alles. »Sie ist gesaust, Preston. Dieser verfluchte Mistmotor wird auch noch bis Cleveland durchhalten. Du bist gutplazierte Zweite entsprechend deiner letzten Etappe. Sie gibt das Tempo vor. Und das ist schnell genug, um alle Einsätze in die Höhe zu treiben. Sarah Morris-Newton liegt dicht dahinter.«

Verärgert schlug Hazel ihre Handschuhe gegen den Flugzeugrumpf. »Verfluchtes manipuliertes Derby! Ich bin sicher, ich würde eine Menge Leute glücklich machen, wenn ich Zweite würde.«

»Jetzt beruhige dich. Du kannst immer noch ganz ordnungsgemäß Erste werden«, sagte Gus. Hazel kaute ihre Unterlippe und dachte wehmütig an die wohlplazierte Reißzwecke vor

Jos Reifen, wurde aber von einer vertrauten Gestalt aus ihren Gedanken gerissen.

»Wer sind diese ganzen Leute?« fragte sie verwundert, als sie Maxies Begrüßung in Form einer tolpatschigen Umarmung, gefolgt von einem schallenden Kuß, über sich ergehen ließ. »Ach herrje, Maxie, sogar Küsse?«

»Darauf kannst du wetten, Preston. Ich bin so froh, dich gesund und wohlbehalten zu sehen.« Demonstrativ küßte Maxie sie gleich noch einmal und sagte ernst: »Und das sind all die Leute, denen ich von deinem beinahe tödlichen Flug nach Terre Haute erzählt habe. Sie sind wahnsinnig beeindruckt.«

Einen Augenblick war Hazel nahe dran, ihr zu glauben, dann sagte sie: »Oh, komm schon, Max!«

Darauf wurden Maxies dunkle Augen ein wenig ernster. »Wir sind beinahe am Ende dieses Derbys, die Zeitungen überschlagen sich mit Berichten. Es ist an dir, dem ganzen das Dramatische zu nehmen. Sie wollen sehen, daß du wirklich hier bist, leibhaftig. Eine lebendige Frau. Geh, geh hin und zeig dich ihnen. Ich denke, sie haben es verdient.«

Hazel wollte protestieren, aber Maxie schob sie näher an die Menge heran und winkte mit ihr. Dann führte sie sie in das kleine Pilotinnen-Clubhaus und sagte bitter: »Ich muß dir was sagen. Vera ist verschwunden.«

»Was?« Hazel drängte sich durch das Gewühl vor der Tür zur Lounge. »Bist du sicher? Ich meine, wie kann sie das jetzt tun? Das wirft doch erst recht ein schlechtes Licht auf sie...«

»Scht!« Maxie tippte ihr auf die Schulter. »Komm, und trink was. Ich glaube, du setzt dich lieber für das, was ich dir jetzt sage. Gus weiß noch von nichts – na ja, also er weiß, daß Vera sich dünne gemacht hat.«

»Ich will nichts trinken oder mich setzen, Max! Komm, es muß irgendwo eine Möglichkeit geben zu reden. Irgendwo gibt es eine Toilette – ich muß hier raus!«

»Nicht ungestört genug.«

»Dann draußen. Sind nicht Tragflächen und Flugzeugschuppen *der* geeignete Ort?«

»Okay, okay. Hier lang. Ich will jetzt bloß nicht unbedingt der Presse in die Arme laufen. Wo ist ein Stückchen ungestörtes Büffelgrasland, wenn man es braucht? Jetzt, wo du eine Berühmtheit bist.«

Sie bahnten sich wieder ihren Weg aus dem Gebäude heraus und flüchteten vor dem Rummel. Maxie sah sich um und beschloß, daß ein weites Blickfeld der beste Schutz war. »Ich habe ein Telegramm von meinem Opa bekommen, weißt du, kurz nachdem ich gelandet war, daß ich ihn sofort anrufen soll. Ich dachte natürlich, es hätte mit Miss Mack zu tun. Ich bin also sofort los und rief ihn an, noch bevor die Nachricht über dich eingetroffen war. Es ist folgendermaßen – oh, zur Hölle, Preston –, ich kann dir nicht sagen, wie peinlich es mir ist, dir das erzählen zu müssen. Mein Großvater, der dreckige Halunke, ist es, der hinter diesem Gaunerwettgeschäft steckt.«

»W-was?« stotterte Hazel.

Maxie begann hin und her zu laufen, die Hände tief in die Taschen ihrer schwarzen Reithose vergraben.

»Er hat Vera angeheuert, die Wetten anzunehmen. Er steckt dahinter.«

»Warum? Wie –?«

Maxie hob eine Hand, um Hazel zum Schweigen zu bringen. »Halt deinen Helm fest, Kleine. Ich muß es der Reihe nach erzählen. Er hat sie bei einer Luftvorführung kennengelernt, ganz unverbindlich. Sie war als Photographin dabei, und er hatte einige ihrer Arbeiten auf einer Stellwand im Clubhaus gesehen. Er war beeindruckt. Er liebt es, die Künste zu fördern, weißt du. Sie sprachen übers Fliegen und noch alles mögliche andere. Er erwähnte das bevorstehende Derby und daß ich dabei sein würde, und du auch – letzteres wußte sie schon und zeigte Interesse an deiner Karriere, auch Eleanor kannte sie schon. Wie auch immer, er fragte, ob sie nicht zum Wettkampf gehen und er sie wohl für ein kleines Geschäft nebenher gewinnen könnte, ein kleines Geschäft, zu dem er auch seine alten Spezis überreden wollte, einzusteigen, als Möglichkeit, die Siegesprämie zu erhöhen –«

»Wetten!« unterbrach Hazel sie.

Maxie fuchtelte mit dem Zeigefinger. »So ist es ... F.I.D.O. steht für Financial Independent Donor's Organisation. Ein Witz! Ganz einfach. Er hat diese Organisation gegründet mit der Idee einer zusätzlichen Prämie für die Siegerin, weil ich so ein Theater gemacht habe wegen der Diskrepanz zwischen unserer Siegesprämie und der bei den Männerderbys. Na ja, und er konnte natürlich schlecht hergehen und die Jungs überreden zu spenden, aber – aber wenn es unter dem Deckmantel einer netten kleinen Sportwette passierte, wer konnte da was sagen? Er erkennt, daß sie Mut hat und vielleicht selbst darauf aus ist, ein hübsches Sümmchen zu verdienen, also unterbreitet er ihr seine Idee – verkappte Menschenliebe! Gut, was? Und es zeigt sich, daß sie diesen Plan großartig findet. Dann hat Vera über Eleanor versucht, in den Wettkampf zu kommen. Schließlich hat sie es über dich geschafft, dank der Tatsache, daß ich Sweeney gefeuert hatte.

Es war abgesprochen, daß sie sich nicht direkt mit ihm in Verbindung setzen sollte, aber nach Pecos fängt sie an, ihm sporadisch verzweifelte Telegramme zu schicken, daß sie ihn unbedingt sprechen muß. Es wächst ihr über den Kopf. Aber sie kommt nicht durch, weil sie Wache halten muß. Und jetzt hör dir das an: Sie fängt an zu begreifen, daß wir sie verdächtigen, kriegt sogar mit, daß wir möglicherweise jemanden auf sie angesetzt haben. Mein Großvater will, daß wir Gregory Fox sofort von dem Fall abziehen.«

»Das soll's dann gewesen sein? Wir sollen das Ganze einfach fallenlassen? Ich meine, wie könnten wir? Eleanor ist ja auch an den Nachforschungen beteiligt – sie hat Fox durch Lockheed bekommen. Und Gladys Jenney ist bereit, seine Rechnung zu begleichen.«

»Opa wird die Rechnung bezahen. Das Problem ist, Hazel,

Vera hat sich aus dem Staub gemacht. Mit den Wetteinsätzen. Als wir hier ankamen, sah sie ziemlich schlecht aus. Sie telegraphierte meinem Großvater, daß ihr das Geschäft aus den Händen geglitten sei. Er hofft, daß sie Kontakt mit ihm aufnehmen wird, jetzt, wo sie abgehauen ist. So wie ich es sehe, wollte sie nicht mit irgend jemandem in Verbindung gebracht werden, der versucht hat, das Derby zu manipulieren. Daß du beinahe abgestürzt wärst, muß für sie das Faß zum Überlaufen gebracht haben. Sie dachte wahrscheinlich, daß sie jetzt in großen Schwierigkeiten wäre – und das war sie ja auch wirklich. Um es deutlicher zu sagen, es war ihr über den Kopf gewachsen, und da nahm sie das Geld als Beute mit.«

Hazel kochte vor Wut. »Aber warum hat sie mir das nicht erzählt? Es hätte alles so viel einfacher gemacht. Wir hätten mit deinem Großvater verhandeln können.«

»Ich glaube, sie war sich selbst nicht sicher, wer für dieses ganze Durcheinander verantwortlich war, ob es irgendwas mit der Sabotage zu tun hatte. Man kann ja nicht gerade behaupten, illegales Spiel sei eine harmlose Beschäftigung. Wie es aussieht, wußte sie, daß sie sich verraten hatte – und daß Gregory Fox hinter ihr her war. Sie hatte immerhin Wetten angenommen.«

»Aber jetzt, wo sie abgehauen ist, wird eine ganze Horde wütender Kerle hinter ihr her sein, die Geld wollen. Oder hinter deinem Großvater. Das scheint ein ziemliches Problem zu geben.«

»Nicht, wenn die ganze Sache aufgedeckt und mit einer Untersuchung gedroht wird. Dann wären alle Wetten geplatzt, und alle Beteiligten würden wie die Küchenschaben davonjagen. Er wird für alles aufkommen. Er begreift jetzt den Ernst der Lage.«

»Und was ist mit Sweeney? Mit ihm hatte sie aber nichts zu tun?«

»Nein, Sweeney ist mir immer noch ein Rätsel. Mein Großvater fragt sich jetzt, ob irgend jemand in der Crew Wettgeschäfte macht und ob es Absicht war, daß ich aus dem Rennen gedrängt wurde. Und ich frage mich immer noch, ob dieser ölige Mr. Blaine irgendwas mit diesen Dingen zu tun hat, vielleicht als Reaktion auf den Artikel meines Großvaters. Vielleicht war ich aber auch einfach eine geeignete Zielscheibe – vielleicht weil ich so draufgängerisch bin. Oder aber jemand dachte, daß es aus ganz anderen Gründen gut sei, mich aus dem Rennen zu haben.«

»Aber sie weiß was, warum kann sie nicht als Zeugin aussagen? Man könnte ihr doch Immunität zusichern oder sowas!«

Maxie schlug sich auf den Schenkel und rollte mit ihren großen braunen Augen. »Preston! Wo hat du deinen Kopf? Wenn sie als Zeugin aussagt, dann ist mein Großvater auch dran, und er ist im Sponsorenausschuß!«

Hazel machte ein langes Gesicht. »Oh, Max, was für ein Durcheinander. Kein Wunder, daß sie abgehauen ist.«

»Ja, um ihr Gesicht zu wahren – unser aller Gesicht –, und wir sind es leider, die die Sache jetzt ausbügeln müssen. Was sollen wir machen? Alli ist tot, und du wärst beinahe abgestürzt, ganz zu schweigen von meinem relativ unbedeutenden Mißgeschick. Das alles ist passiert, und wir haben immer noch keinen Beweis, um jemanden festzunageln. Alles, was wir haben, sind ein paar Wettscheine, die Erklärung meines Großvaters und jetzt Veras Verschwinden. Mit einem persönlichen Skandal kann ich leben, ich denke, du weißt, daß ich das aushalte. Aber wir sprechen von der Zukunft des Frauenwettfliegens. Jede einzelne Pilotin ist betroffen. Gladys Jenney – die ganze Arbeit, die sie und andere Sponsoren geleistet haben, um diesem Derby Flügel zu geben. Hannahs ganze Anstrengungen, Gelder aufzutreiben. Eleanors ganze Arbeit, um die Leute dazu zu bringen, an uns zu glauben. Wir wären allesamt erledigt, wenn das ans Licht käme. Das ist es, warum ich nicht aufhören kann, mich zu fragen, ob Mr. Ölig da nicht einige Fäden in der Hand hat – um zu beweisen, daß wir schwache, hilflose Weibsbilder sind.«

Hazel fragte sich, was schlimmer war, eine ganze Tankladung Treibstoff oder Maxie, die die Wahrheit ausspuckte.

Um sich eine Verschnaufpause zu gönnen, wandte sie sich um und beobachtete, wie das nächste Flugzeug durch die aufgebrochene Wolkendecke gesaust kam, es schien Madelyn zu sein. Schließlich sagte Hazel: »Wir können nichts tun als weitermachen. Vera ist untergetaucht. Sie ist nicht dumm. Wenn sie auch nur ein Fünkchen Verstand hat, verläßt sie für eine Weile das Land.«

»Jedenfalls hat sie jetzt genug Kohle, um das zu tun«, sagte Maxie traurig. »Ich bin sicher, mein Großvater wird ihr raten, zu gehen, sollte sie sich an ihn wenden. Er täte verdammt gut daran, wenn ich in dieser Sache irgendwas zu melden habe. Er hat sie schließlich da reingeritten.«

Hazel zuckte zusammen. »Max, ich fühle mich benutzt, aber auch beschämt. Ich möchte glauben, daß es nur ihr leichtsinniger Charakter war, der sie da hineingeritten hat. Aber ich erinnere mich, wie sie mir erzählte, daß nur Geld sie interessiere, keine Klunker oder Almosen ... Vielleicht hatte sie schon die ganze Zeit vor, mit dem Geld abzuhauen?«

Maxie legte den Arm um Hazels Schultern. »Ich weiß, wie du dich fühlst. Ich mochte sie auch. Ich hoffe nur, daß sich nicht herausstellt, daß sie von der ganz üblen Sorte ist. Und was meinen Großvater anbelangt, nun, ich habe mich nie vorher um seine Geldgeschäfte gekümmert, außer natürlich die Vorteile genossen, stimmt's? Gute Schulbildung, Reisen, ein unbeschwertes Leben. Aber das belastet ihn finanziell nicht sehr – mal gewinnt man, mal verliert man, das ist sein Motto. Wenn alles zusammenbricht, sorgt er dafür, daß er unbeschadet aus den Trümmern hervorgeht. Aber diesmal hat er seine Enkelin mit hineingezogen. Ah, aber selbst die Familie wird geopfert, wenn man ein richtiger Spieler ist. Obwohl ich hoffe, daß die Geschichte ihn ernüchtert hat.«

»Was machen wir jetzt also? Mit Fox sprechen? Können wir ihn nicht einfach an der Sache dran lassen? Er könnte immer noch herausfinden, wer hinter der Sabotage steckt. Ich will auch, daß Vera, wenn möglich, davon reingewaschen wird.«

»Wenn man vom Teufel spricht...« Maxie deutete mit dem Kopf in Richtung eines sich eilig nähernden Greg Fox, der ein paarmal hastig an seiner Zigarette zog, bevor er sie unter dem Fuß austrat. »Hallo, Greg, ich habe ihr gerade erzählt, daß Vera...«

»Miss Davis ist mir entwischt!« sagte er. »Ich habe gerade am Bahnhof nachgeforscht. Die Schalterbeamten erinnern sich an niemanden, auf den ihre Beschreibung passen würde.«

Hazel überlegte laut. »Wenn sie ihren kleinen Koffer mitgenommen, ein Kleid angezogen und ihre Kamera versteckt hat... ich glaube, du setzt ihn besser ins Bild, Maxie.«

Max berichtete von ihrem Großvater.

»Nun«, entgegnete er nachdenklich und kratzte sich am Hinterkopf, während die beiden warteten. »Wir haben es weiterhin mit jemandem zu tun, der das Derby manipuliert, Wetten hin oder her. Hundekämpfer – diese Kerle *beabsichtigen* niemals körperlichen Schaden, soweit ich weiß. Sie denken, daß sie nur die Flugzeuge angreifen. Sie meinen, das sei faires Spiel, weil die Piloten ohnehin ein Risiko eingehen. Nur daß normalerweise *alle* Spieler wissen, was Sache ist. Also, diese nichtsahnende Pilotin Laraway, die abgestürzt ist, ja, vielleicht ist sie durch Treibstoffdunst zusammengebrochen oder durch eine Blockierung der Auspuffanlage oder was auch immer. Jedenfalls war es so gedacht, daß sie die Sache durchsteht. Wie Miss Preston hier. Nur daß sie das nicht wußte. Ich kenne Typen, die abgestürzt sind – und es gibt immer wildeste Spekulationen. Diese Art des Wettkampfes ist ein mieser Sport und Teil des Wagnisses. Man muß eine ehrliche Crew haben. Ich werde mit meiner Beschattung von Crawford und Taggart fortfahren. Sehen, was dabei herauskommt. Und nach echten Beweisen suchen. Es wird bestimmt noch jemand abhauen. Jetzt, wo Miss Davis weg ist, haben wir keinen Anhaltspunkt mehr. Könnte sein, daß irgend jemand ihr gesagt hat, sie solle verschwinden, wissen Sie? Mit ihrem Geständnis hätten wir was in der Hand gehabt.«

»Verdammt«, seufzte Hazel. »Warum hat sie mir nicht genug vertraut, um mir alles zu erzählen? Wir hätten ihr da raushelfen und dieses ganze Durcheinander mit Hilfe ihrer Beweise aufklären können. All das Gerede über Vertrauen, Vertrauen, aber dann hat sie mir doch nicht vertraut. Es ist auch mein Fehler, daß ich mich nicht mit ihr ausgesprochen habe. Eines Nachts war ich nah dran, als du schliefst, Max. Ich dachte, wenn ich ein bißchen um den heißen Brei herumrede, kommt sie vielleicht drauf. Ich könnte mir in den Arsch beißen...«

»Jaah, wir sind alle Einzelkämpfer, sonst würden wir jetzt nicht in der Tinte sitzen«, seufzte Maxie.

Sie gingen zurück zum Hauptgebäude, und Gregory Fox verschwand in Richtung der Flugzeuge, nachdem er ihnen versprochen hatte, sie zu kontaktieren, falls er etwas herausfand.

»Ich würde gerne noch damit warten, Eleanor davon zu erzählen, wenn du nichts dagegen hast, Max. Sie hat ohnehin schon genug zu tun, wie es aussieht«, sagte Hazel.

»Alles klar... Komm, die Flugzeuge landen, und ich glaube, du mußt dich zeigen. Es wird ein verrückter Abend voller Reporter und Würdenträger werden. Und mach dir keine Sorgen wegen Verie – ich denke, wir sollten es für den Augenblick gut sein lassen. Kopf hoch!«

Leise sagte Hazel: »Ich konnte ihr nicht mal auf Wiedersehen sagen.«

»Nein, liebe alte Preston. Wir konnten auch Alli nicht auf Wiedersehen sagen.«

An diesem Abend strömte eine Unmenge von Leuten vom Flugplatz weg und eine Unmenge von Regen auf den Flugplatz nieder. Hazel mußte zulassen, daß Maxie der Bodencrew half, zusätzliche Planen über die Flugzeuge zu decken, während sie selbst zu Gesprächen mit Reportern und Sponsoren ging.

Hazel hielt immer wieder zwischen den Leuten nach Vera Ausschau. Diesmal halfen ihr die Bewunderung und das Interesse der Menge nicht. Auf der anderen Seite des Raumes gaben Jo Russell, Star des Tages, und Taggart, der lächelnd neben ihr stand, optimistische Interviews. Aber Jo schien genauso beunruhigt wie Hazel – hielt Jo über die Massen hinweg nach *ihr* Ausschau?

Schließlich schob Jo sich durch die überfüllte Empfangshalle des Grand Hotel, wo das Galadinner stattfand, und stellte sich neben sie, besorgt, aber förmlich, auf der Hut. »Haze, was um alles in der Welt ist in Terre Haute passiert? – Stimmt es, daß du glaubst, an deiner Maschine sei herummanipuliert worden?«

»Hallo, Schätzchen«, sagte Hazel und legte Jo erschöpft einen Arm um die Schultern. »Ich hatte eine ziemlich schlimme Begegnung mit Treibstoffdämpfen, fast gleich nach dem Start. Ich hatte so eine Eingebung, wenn ich die ganze Strecke schaffen würde, hätte ich einen Beweis und könnte alle bösen Ahnungen bestätigen.«

»Ich muß zugeben, das ist höchst beunruhigend. Tagg macht sich große Sorgen – ich meine, wenn jemand in der Spitzengruppe von sowas betroffen ist, dann ist das ziemlich beängstigend. Einseitige Siege helfen niemandem bei Verkaufszahlen oder Karriere.«

»Typisch«, sagte Hazel niedergeschlagen und nahm ihren Arm weg. »Alles, woran er denkt, ist, wie er dabei dasteht.«

»Oh, Haze, manchmal kannst du mich wirklich auf die Palme bringen. Du läßt mich nicht mal meinen Satz zu Ende führen. Ich wollte sagen, daß es dazu führt, daß das ganze Derby an Glaubwürdigkeit verliert. Er hat Informationen, daß da ein Wettgeschäft im Gang ist. Er denkt, daß ich nicht diejenige bin, von der die Spieler erwartet haben, daß sie in Führung gehen würde. Offen gestanden, ich finde das sehr beunruhigend.« Jo sah sie scharf an. »Ich habe da auch ein paar Fragen – warum zum Beispiel Vera Davis unbedingt in dieses Derby wollte. Und warum sie plötzlich verschwunden ist. Sweeney sagt, sie nimmt Wetten von der Crew an.«

Hazel versuchte, ihren Ärger zurückzuhalten. »Sagt er das? Nun, ich werde es dich wissen lassen, wenn ich irgendwas herausfinde. Und in der Zwischenzeit sei einfach besonders vorsichtig.«

Jo rückte näher, als Hazel gerade davonschlüpfen wollte. »Du weißt bereits was, nicht wahr? Warum erzählst du es mir nicht?«

»Ich habe so meine Theorien, aber keine Beweise. Ein paar Dinge, die mir sagen, daß etwas nicht in Ordnung ist. Alles, was du wissen möchtest, bitte sehr –«

Jo sagte ruhig und mit trauriger Stimme: »Du verdächtigst Taggart, stimmt's? Aber weißt du, er hat die ganze Zeit das ungute Gefühl gehabt, daß ihn irgend jemand aus dem Derby hinausdrängen will.«

Hazel zuckte die Schultern. »Ich weiß nicht, was ich dazu sagen soll.« Locker fügte sie hinzu: »Ich will ja nicht als Spielverderberin dastehen, nicht?«

»Verdammt, Haze!« Aber Jos Ton war versöhnlich. »Du weißt sehr gut, daß ich eine Leistung bringen will, auf die ich stolz sein kann, nicht irgendwas auf deine Kosten oder Sarahs, und ganz bestimmt nicht auf Allis. Wenn es das bedeutet, dann will ich keine Karriere in der Luftfahrt.«

»Jo, begreifst du denn nicht? Selbst wenn niemand betrügt, muß doch eine von uns gewinnen. Das weißt du. Wir alle streben vorwärts und immer weiter, und ein paar kriegen die Lorbeeren, die ewige Flamme. Wer wird das sein? Und wer wird sich an Alli erinnern? Sie wird in einem Artikel erwähnt werden, mit Sunny Cooke und all den anderen. Wer wird an Eleanor denken, wenn sie über dem Atlantik abstürzt oder wenn sie es schafft? Wer wird sich an dieses Derby erinnern oder daran, wer die Gewinnerin war? Aber jede von uns muß versuchen, das Ziel zu erreichen, wir alle müssen zeigen, was Frauen leisten können – für die Frauen in der Zukunft, damit sie nicht länger ausgeschlossen werden. In ein oder zwei Namen werden wir alle weitergetragen. Also geh und tu, was du kannst. Hilf, diesen Schritt zu tun. Selbst wenn gewettet wird. Selbst wenn jemand manipuliert – mit uns spielt –, wir dürfen nicht aufgeben.« Hazel hielt inne. Es schien plötzlich richtig zu sein, daß Jo da neben ihr stand; sie spürte, daß die Zuneigung, die sie füreinander empfanden, immer noch da war. Und wieder war sie wegen Jo verwirrt. Sie liebte sie und wußte nicht mehr, was sie damit anfangen sollte.

Jo blieb keine Zeit zu antworten, da ein Haufen Reporter herbeistürmte, begleitet von einer aufgekratzten Menschenmenge, die riefen: »Miss Russell!«

Es war zu naß, um unter dem Flugzeug zu kampieren. Außerdem hatte Hazels Problem auf der letzten Etappe ausreichend Aufsehen erregt, daß man die Polizei eingeschaltet hatte, um die Derbyflotte zu bewachen. Es war schon seltsam, aber sowohl Maxie als auch Hazel ertappten sich dabei, wie sie sich beide gerne der Bequemlichkeit eines warmen Zimmers und eines richtigen Bettes hingaben. Die Gastgeber in Cincinnati hatten den Fliegerinnen einen warmen Empfang bereitet und ihnen erstklassige Hotelunterkünfte zur Verfügung gestellt. Hazel hatte die Möglichkeit, den Luxus einer Badewanne zu nutzen, und beschloß, das zimtfarbene Oberteil ihres Seidenpyjamas zu tragen, nicht während der Nacht, sondern auf der letzten Etappe.

Die letzten Neuigkeiten vom Derby waren, daß Stevie trotz ihrer Probleme mit dem Vergaser immer noch hoffte, aufschließen zu können. Und Hannah war leider nach ihrer guten Leistung in Terre Haute ein Navigationsfehler unterlaufen, und sie war nach Columbus, Ohio geflogen. Statt noch den kurzen Flug nach Cincinnati hinter sich zu bringen, hatte sie sich entschieden, lieber an Ort und Stelle zu bleiben und die Strafpunkte zu schlucken.

Eleanor holte Hazel in der Eingangshalle ein. Sie sah ausgezehrt aus und hatte dunkle Ringe unter den Augen, legte aber weiterhin einen Eifer an den Tag, als könnte sie noch Stunden so weitermachen. »Hab' nach dir gesucht, H.P. Gladys hat mich angerufen. Al war nicht bei ihr, hat ihr aber gesagt, sie soll uns auf den Stand bringen. Sie haben an der Arctic nichts gefunden. Keine Manipulation. Das ganze wurde als Unfall deklariert.«

»Als Unfall!« explodierte Hazel. »Bist du sicher?«

Eleanor seufzte. »Beech-Experten haben die Untersuchung vorgenommen. Meinst du nicht, sie hätten was gefunden, wenn da was gewesen wäre?«

»Ich werde sie dazu bringen, den Fall wieder aufzunehmen. Ich brauche Gewißheit, ich kann das nicht so fallenlassen. Ich werde Greg Fox fragen. Es muß irgend etwas geben.«

»Feuer«, sagte Eleanor, »es gab ein Feuer. Was hätten sie da finden können? Die Tanks sind beim Aufprall explodiert. Das kann auch passieren, wenn vorher kein Leck im Tank war. Alles, was nicht verbrannt war, war zusammengebacken, geschmolzen.«

»Was ist mit ihrer Leiche?« Hazel spürte ihre Angst wieder hochkommen. »Abgase in ihren Lungenflügeln oder so etwas?«

Eleanor sah sie traurig an. »Würde man nicht in unser aller Lungen Treibstoffgifte nachweisen können, einfach durch das, was wir tun? Al kann um eine Autopsie bitten. Vielleicht hat er's schon getan. Weißt du, in gewisser Hinsicht bin ich erleichtert, daß es ein Unfall ist. Ich glaube, damit kann ich besser leben.«

Hazel dachte darüber nach. Vielleicht hatte Eleanor recht. Unfälle passierten nun einmal. »Also bleibt uns nichts weiter zu tun, als vorsichtig zu sein. Und vielleicht sind die, die uns Böses wollten, ja verscheucht worden, hm?«

Gegen Mitternacht, als der Regen aufhörte und Hazel erschöpft ins Bett gefallen war, fragte sie sich, wie es immer noch Platz in ihr geben konnte für den unverarbeiteten Schmerz, der sie vom Schlafen abhielt. Und trotz allen leiblichen Komforts und der Wohltat einer richtigen Matratze vermißte sie die körperliche Nähe ihrer Kameradinnen draußen unter der Tragfläche der Zephyr. Schließlich hielt sie es nicht mehr aus. Sie kroch aus dem Bett und fiel vor Maxies Bettkante auf die Knie.

»Max, Max, schläfst du?«

Ein gedämpfter Seufzer kam unter dem Kissen hervor.

»Bitte, Max, kann ich zu dir reinkriechen? Ich fühle mich so... schrecklich allein.«

Ohne ein Wort oder einen Laut, ohne Warnung, daß sie völlig nackt war, hob Maxie einen Arm unter der Decke wie einen Flügel und bot ihr Bett an. Noch bevor es Hazel richtig bewußt wurde, hatte sie ihr Gesicht zwischen Maxies große, ausladende Brüste gekuschelt.

Als sie sich von ihrer Überraschung erholt hatte, stützte sie sich auf den Ellenbogen und spähte durch die Dunkelheit in Maxies Gesicht. Wo Hazel knochig war, war Maxie rund, und wo Hazel rund war, war Maxie besonders rund. »Willst du mich verführen, Max?«

»Du warst doch diejenige, die in mein Bett wollte.«

»Nun ja...«

»Und jetzt bist du nicht mehr allein, also hör auf, dich zu beklagen.«

»Ich beklage mich ja gar nicht. Oh Max...« Hazel ließ ihren Kopf fallen, als Maxie ihren Arm um sie legte und sie näher zu sich heranzog. »Ich kann nicht fassen, was aus diesem Derby geworden ist. Ich hatte harte Arbeit erwartet, aber daß es korrumpiert und verdorben worden ist – unerträglich. Und Vera hat sich abgesetzt – und das Schlamassel mit Jo. Vera wollte mich, wo immer es ging, versuchte immer wieder günstige Momente zu erhaschen, hat mich immer wieder bestürmt, wie gern sie mich in einem richtigen Bett will. Jo dagegen hat mich immer von sich gestoßen, aus Angst, meine Geliebte zu sein... und jetzt liege ich hier, bequem und geborgen in deinem Bett...«

Selbst im Halbdunkel entging Hazel Maxies breites Grinsen nicht. »Ha-ha, na, versuch gar nicht erst, dich zu fragen, warum. Wie auch immer, ich glaube, du hast dich immer von Frauen angezogen gefühlt, die dir Schmerz zugefügt haben. Liebe als Qual. Das bist du, Baby, nicht ich.«

»Stimmt. Du willst immer Spaß haben. Glaubst du, wir könnten Spaß miteinander haben, Max?«

»Du und ich? Na, ich weiß nicht, ich bin so stämmig und du so dünn, wir würden wie Laurel und Hardy der Luftfahrt aussehen.«

Trotz ihres Jammers lachte Hazel in Maxies Brust.

»Ha-ha, ich hab' dich zum Lachen gebracht, stimmt's? Wir machen Fortschritte.« Maxie bohrte einen Finger in Hazels Rücken, dann wurde ihre Hand flach und klopfte beruhigend. »Komm, mach's dir gemütlich, ja, und mach ein Schläfchen. Bei mir bist du sicher, Kleine.«

Mut? Es ist keine Frage von Mut. Wir fliegen, weil wir fliegen müssen.

Eleanor Wilson, The Tribune

10

Am Morgen erreichte Hazel im Geleitschutz einiger Wettkampffunktionäre den Fluplatz. Ebenfalls dabei war ein ganzer Haufen Reporter, alles Männer mit ernsten Mienen und für diese Tageszeit erstaunlich rege, und bombardierten sie mit Fragen:

»Wie, glauben Sie, könnte die Gummidichtung entfernt worden sein, Miss Preston?«

»Entweder mit einem Schraubenzieher oder mit einem Taschenmesser.«

»Warum, glauben Sie, hat jemand Ihre Maschine manipuliert?«

»Ich habe keine Ahnung!«

»Ist es, weil Sie Stirn an Stirn mit Mrs. Morris-Newton und Miss Russell liegen?«

»Ich weiß es nicht.«

»Was ist mit Mrs. Morris-Newton, glauben Sie, daß der Ölverlust vorsätzlich herbeigeführt wurde?«

»Beide Vorfälle ereigneten sich auf derselben Etappe, das ist alles, was ich dazu sagen kann.«

»Aber Ihr Vorfall, Miss Preston, hätte weitaus eher tödlich enden können, würden Sie nicht sagen, das war lebensbedrohlich?«

»Nicht, wenn ich das Problem vor dem Start entdeckt hätte.«

»Stimmt es, daß einige von euch Mädels einen eigenen Wachtrupp gestellt haben?«

»Ein paar, ja.«

»Sie glaubten also, daß es für solche Sicherheitsmaßnahmen einen triftigen Grund gab?«

»Das will ich wohl meinen. Wir wollten auf Nummer sicher gehen.«

»Wegen Miss Laraways Unfall?«

»Danach, ja.«

»Aber Miss Preston, wurde dieser Vorfall nicht als Unfall gewertet?«

»Hört zu, Jungs, ich kann keine weiteren Fragen mehr beantworten, Ich muß ein Derby zu Ende bringen. Ich habe jetzt wirklich an anderes zu denken.«

Das Wetter, zum Beispiel, Veras merkwürdiges Verschwinden, und natürlich die Sabotage. Sie fragte sich, ob der Saboteur es wagen würde, weiterzumachen, jetzt da es Beweise gab. Ganz zu schweigen von der Präsenz der Polizei. Wie auch immer, das Vorgehen des Saboteurs hatte weder ihr noch Sarah Strafpunkte eingebracht. Sie waren unversehrt und lagen weiterhin sehr gut im Rennen.

Das Wetter gefiel Hazel nicht. Die Winde kamen aus Südosten und erreichten eine Geschwindigkeit von 20 Meilen pro Stunde. Es war frostig. Die Bäume schwankten bedenklich. Ihre einzige Beruhigung war die Vorhersage, daß der Wind sich legen würde. Sie wollte die Etappe jetzt hinter sich bringen, selbst eine Verzögerung um ein paar Stunden wäre zuviel.

Veras Abgang war genau so abrupt wie schockierend. Sie hatte ihr unwiderstehlichen Genuß bereitet. Jetzt gab es nur noch Enttäuschung und das Gefühl des Verlustes. *Wenn wir leichtsinnig sein könnten.* Hazel schnaubte verächtlich. Nun, ich hatte gesagt, ich würde jede freie Minute mit ihr verbringen. Und das habe ich auch getan. Wie zuversichtlich, wie unverfroren ich war. Leichtsinnig ist nicht das richtige Wort. Dumm trifft es eher, draufgängerischer als jede Stuntfliegerin. Was hatte Louise Gibeau gesagt, ›dem Tod trotzen, der Schwerkraft trotzen‹? – Wenn man nichts als ein paar schnelle Reflexe hat, auf die man zählen kann, und ein bißchen Glück? Verdammt nochmal, ich bin reingelegt worden.

Mit einer Tasse Kaffee stand sie im Sonnenschein und wartete, daß die Kaltfront abzog. Überraschte es sie, Sweeney unter der geöffneten Motorhaube der Rearwyn arbeiten zu sehen? Letzte Checks, letzte Feinabstimmungen. Wieder neue Zündkerzen? Ein Ölwechsel für den Endspurt?

Er war nicht der einzige. Da es wegen der Wetterlage eine Startverzögerung gab, wurde fast jedem Flugzeug noch einmal

Aufmerksamkeit zugewandt. Ihre eigene Maschine wurde von Gus nochmals rundherum überprüft.

Auch Taggart wartete, daß der Wind sich legte; sein silbernes Flugzeug stand abseits der Wettkampfmaschinen unberührt da.

Etwas später, als sie in ihrem Cockpit saß und für Gus den Motor anließ, damit er den Leerlauf prüfen konnte, sah sie Taggart auf dem Flugfeld auftauchen, gefolgt von Jo. Sie ging mit großen Schritten auf ihre Rearwyn zu, ihre Miene düster. Hatten sie eine Auseinandersetzung gehabt? Hatte er sie noch mehr unter Druck gesetzt? Jo war sichtlich erregt. Hazel sah, wie sie die Windhose beobachtete. Hm, der Wind war flacher geworden. Die schwereren Maschinen würden auf jeden Fall starten können.

Als sie aus ihrem Cockpit kletterte, sah sie Taggarts sich drehenden Propeller aufblitzen. Er flog los, die Auseinandersetzung mußte beigelegt worden sein.

Sie runzelte die Stirn, als sie in Jos Richtung blickte. Jetzt sah es nach einer Konfrontation mit Sweeney aus. Jo machte die Motorhaube zu und setzte ihren Helm auf. Es sah ganz so aus, als würde da mehr als nur ein Cockpitcheck gemacht. Ein letzter Testflug? Taggart hatte es wohl für nötig befunden, um den Druck zu verstärken.

In diesem Moment tauchte Maxie neben Hazel auf. Auch sie beobachtete wortlos, einen Kaffeebecher in der Hand, das Geschehen. Hazel stupste sie mit dem Ellenbogen an und nickte in Jos Richtung, die gerade in ihr Cockpit kletterte, wobei sie Sweeney ein Zeichen gab, die Bremsklötze zu entfernen. Zur selben Zeit raste Taggarts silberne Maschine die Startbahn entlang und hob ab. Jo wartete, spielte mit dem Gashebel und bekam dann das Zeichen zum Anschluß.

Hazel sah, wie die hinteren Höhenruder sich bogen, wie die Seitenruder sich bewegten, während Jo die Bodengeschwindigkeit erhöhte, und knurrte: »Warum um alles in der Welt machen sie jetzt noch einen Testflug? Das braucht sie doch gar nicht mehr. Ich frage mich, worüber sie gestritten haben.«

Maxie neigte den Kopf zur Seite. »Vielleicht hat es was mit dem zu tun, was Taggart laut einem Zeitungsartikel von heute morgen gesagt hat –«

»Was für ein Artikel?«

»Den hier, den ich mir unbedingt für mein Sammelalbum aufheben muß.« Sie zog ein zusammengefaltetes Papier aus der Tasche und gab es Hazel, wobei sie auf eine Stelle deutete, die sie unterstrichen hatte: ... *Beech ziemlich erfolgreich entlarvt. Ich denke, ich habe erfolgreich bewiesen, was ich mir vorgenommen hatte, daß ich ein Flugzeug gebaut habe, das so einfach und zuverlässig ist, daß sogar ein Mädchen damit fliegen kann. Wenn in ungefähr einem Jahr meine Frachtflotte fertig ist, können Sie mir selbst Ihre wertvollsten Pakete anvertrauen und sich darauf verlassen, daß sie sicher ausgeliefert werden, vor allem weil wir dann für die schwereren Maschinen gut geschulte männliche Piloten haben werden ...*

»Was für ein Haufen Pferdescheiße«, fauchte Hazel angewidert. »Und das nach dem ganzen Rummel letzte Nacht. Ich kapiere das nicht. Kein Wunder, daß sie eben so wütend aussah. Was für eine Unverfrorenheit! Er weiß eine Gewinnerin nicht mal dann zu schätzen, wenn er sie in seinen eigenen Reihen hat.«

Maxie nahm einen Schluck Kaffee. »Jetzt muß sie gewinnen, Preston. Sie muß diejenige sein, die die Siegerinnenerklärung abgibt, im Namen aller Frauen. Nicht solche wie du oder ich – wir sind eher Rüpel, sie ist das echte Mädchen, weißt du?«

Sie warteten, bis Jo auf die Startbahn gerollt und in die richtige Position gebracht wurde. Der Wind hatte nachgelassen, so weit, daß Maxie auf ihre Uhr sah und ernsthaft darüber nachdachte, ebenfalls loszufliegen.

Mit Vollgas raste die Rearwyn die ebene Startbahn hinunter, wobei sie auf der feuchten Oberfläche Spuren hinterließ, als sie schließlich abhob und vom Wind geschüttelt wurde. Schließlich griffen die Tragflächen in der Luft. Hazel sah ihrem Aufstieg nicht ohne Bewunderung nach, bis sie nur noch ein ferner Punkt am Horizont war. Verdammt, es sah trotz allem so aus, als hätte Taggart ein sehr gutes Flugzeug. Verläßlich, das ganz bestimmt, aber *einfach*? Zur Hölle, nein. Was er für einen Unsinn erzählte.

»Tja, Lappen.« Maxie gab Hazel einen zärtlichen Klaps auf den Rücken. »Ich verlasse dich nur ungern, aber ich glaube, ich sollte jetzt besser nach Columbus fliegen. Es wird die Hölle werden, weißt du – die Menschenmassen dort. Ich werde zusehen, daß ich euch den Weg ein bißchen frei machen kann. Vielleicht gibt es eine Nachricht von meinem Großvater.«

Ein leichter Windstoß ließ Hazel aufblicken, ein Gefühl der Entmutigung kroch ihr in die Glieder. Etwas Herbstliches lag bereits in dieser spätsommerlichen Luft. Wie anders war es hier als in der Wüste. Sie fröstelte.

»Gelungenen Flug, Max.«

»Kannst du drauf wetten. Na, jetzt schau doch nicht so jämmerlich drein!« Maxie faßte Hazel zärtlich unters Kinn. »Wir haben getan, was wir uns vorgenommen hatten, vergiß das nicht. Das Derby ist immer noch im Gange, immer noch ein Erfolg. Wir haben gesiegt: wir sind noch im Spiel und klüger als vorher. Wir mußten die ganze Materie halt erstmal testen, hm? Und mein Großvater wird in Zukunft seine Finger von unserem Kuchen lassen, so wahr ich hier stehe. Und was das mit Vera anbelangt: gib nicht auf!« Sie schüttelte den Kopf, dann sagte sie mit sanfterer Stimme: »Wenn ich richtig rechne, dann ist heute Allis Begräbnis ... Ich möchte immer noch so gerne was unternehmen, weißt du, herausfinden, was passiert ist. Ich frage mich, ob vielleicht jemand Al aus dem Weg haben wollte, weil er irgendwas vorhatte, und Alli war dann das Opfer ... das macht es noch schwerer zu ertragen. Wenn Al Klage erheben will oder noch genauere Nachforschungen beantragt, dann werde ich ihn unterstützen. Er gehört nicht zu denjenigen, die sich duellieren würden, aber es gibt ja auch noch andere Möglichkeiten ...«

»Dewey war so einer«, sagte Hazel sinnend, »wenn ihn jemand ernsthaft verärgert hatte. Er nahm solche Dinge sehr persönlich. Ich tue das auch, Max. Ich nehme es sehr persönlich.«

Blinzelnd beobachtete sie, wie Maxie an Bord kletterte und sich auf ihrem engen Sitz einrichtete. »Weißt du was, Max – man *nimmt* uns ernst, nicht war? Allein die Tatsache, daß man sich vorsätzlich mit allen möglichen Mitteln an uns zu schaffen macht, zeigt doch, daß wir bedrohlich genug sind, um ernstgenommen zu werden.«

Maxie hatte sich gerade in die Lüfte geschwungen, als Eleanor auf dem Weg zu ihrer Vega bei Hazel vorbeikam. Wie müde ihre Augen aussahen, das Funkeln, das sonst darinnen lag, war weg.

»Ich glaube, es geht jeden Moment los. Da wir für diesen Flug einfach nur die Staffelhälften getauscht haben, bin ich an zweiter Position hinter Madelyn, deswegen mach' ich mich lieber fertig«, sagte Eleanor, die in ihrem schmierigen, formlosen Overall mittlerweile eher wie eine Mechanikerin als wie eine Fliegerin aussah. »Sieht aus, als hätte der Wind sich beruhigt.«

»Oh, ja«, sagte Hazel unbekümmerter, als sie wirklich war. Sie hatte ihre Hände unter die Achseln geschoben und stand breitbeinig da. »Laß uns einfach dieses verdammte Derby ohne weitere Probleme zu Ende bringen. Und mach dir keine Sorgen, ich bin keine Spielverderberin ... ich werde keine Reißzwecke unter Jos Reifen legen!«

»Freut mich. Ich habe ihr von deiner Gummidichtung erzählt, weißt du. Sie wollte mit dir darüber reden – hat sie's schon?«

»Kurz, ja ...«

»Ähm«, setzte Eleanor an, »weißt du, daß ihr Motor gestern überhitzt war? Sie war sehr aufgeregt, als sie in Terre Haute ankam.«

Hazel zuckte zusammen. »Nein! – Na ja, wir reden nicht viel, weißt du – Jo und ich. Sie hat einen ziemlich soliden Vorsprung vor mir gewonnen.«

»Ja, und ich bin überrascht, daß ihr im Laufe des Derbys keine größere Sicherung durchgebrannt ist.«

»Oh, deswegen also der Testflug...«

»Wer kommt denn da?«

Hazel machte eine ausladende Handbewegung. »Na, Jo, zurück von ihrem Testflug.«

»Hm, da kommt aber nicht gerade auch Wind auf, oder?«

Sie verstummten abrupt, als Jo sich der Landebahn näherte. Irgend etwas in ihrem Motor hörte sich komisch an. Sie nahm zu schnell das Gas weg, als erwischte sie den Leerlauf nicht. Eleanor verzog das Gesicht. Im gleichen Moment erkannte Hazel die Gefahr – die Dampfwalze! Sah Jo denn die Dampfwalze nicht, massiv und unbeweglich am Ende der Landebahn? Warum zum Teufel hatte sie knapp zur Landung angesetzt? Sie hatte sich nicht genug Platz gelassen. Schnell, irgend jemand muß diese verfluchte Dampfwalze da wegfahren!

Jos Räder hüpften ein wenig, als sie den Boden berührten, beinahe als wären auch sie erstaunt. Der Wind hob die Maschine wieder an.

»Komm schon, Jo, scher aus, scher aus!« schrie Hazel und rannte los. »Nein, in die andere Richtung, die andere Richtung! Reiß das Ruder rum, verdammt!«

Das versuchte Jo auch. Oh ja, sie mußte die Dampfwalze gesehen haben. Zu spät, zu spät. Das Schwanzende der Rearwyn schleuderte herum, während die Räder schlitterten, das auf der Steuerbordseite wurde dabei zusammengedrückt.

Eleanor rannte Seite an Seite mit Hazel, die Hände dem Flugzeug entgegengestreckt, als wollte sie es anfassen, um das Unausweichliche zu verhindern. Andere kamen herbeigerannt. Das Geräusch der Tritte hallte in Hazels Kopf wider. Die vielen Füße, die mit dumpfem Hall über den Boden trampelten, waren nicht schnell genug, noch würden die atemlosen Rufe irgend etwas helfen. Ein kurzer Blick zur Seite ließ sie gerade noch sehen, daß Sweeney genauso schnell gerannt kam wie sie. Das Flugzeug rutschte langsam, beinahe sanft auf die Seite. Jo konnte das Ausbrechmanöver nicht mehr rechtzeitig vollenden. Hazel knirschte mit den Zähnen, als das Schwanzende gegen die Vorderseite der Dampfwalze prallte und zersplitterte. Und dann blieb die Rearwyn stehen wie ein begriffsstutziger Welpe beim Spielen, die Steuerbordtragfläche töricht in den den Boden gerammt.

»Warum zur Hölle hat man die Dampfwalze da stehenlassen?« brüllte Hazel in verzweifelter Wut. Sie hätte am liebsten irgend etwas geworfen. Wenn sie das Ding nicht selbst am Abend zuvor dort hätte stehen sehen, hätte sie geglaubt, daß es aus Bosheit dorthin gerollt worden war. Die Landebahn war nach dem Regen damit geebnet worden, und dann war es blödsinnigerweise einfach stehengelassen worden, wahrscheinlich um sie noch einmal vor dem Start zu glätten. Hatten nicht alle von ihren sanften Landungen geschwärmt? Es war, als landete man auf einer Wolke, hatten sie beim Essen gesagt. Ist Cincinnati nicht wunderbar? Natürlich hatte Jo das Ding gestern abend gesehen, sie alle hatten es gesehen. Nur waren sie alle von einem anderen Winkel aus eingeflogen. Und sie hätte natürlich zur anderen Seite ausweichen müssen. Es konnte sein, daß sie ein wenig vom Wind erfaßt worden war, aber wenn man die Umstände bedachte... Was war schief gelaufen? War sie in Panik geraten? Jo und Panik? Oder war sie durch irgend etwas anderes abgelenkt worden? Ihren Motor zum Beispiel?

Die beiden Frauen erreichten das Flugzeug, wo ein Mitglied der Rettungscrew ihnen befahl, zur Seite zu treten. Er sprang auf die Tragfläche, um Jos Zustand zu untersuchen.

»Ist sie in Ordnung?« rief Hazel. Sanitäter kamen mit einer Trage und Decken herbeigerannt, andere warfen Trockeneis rund um den Motor, um die Treibstoffdämpfe zu neutralisieren. Aber die Zündung war ausgeschaltet. Es gab keine Feuergefahr.

»Schock«, brüllte der Sanitäter nach unten. »Sie ist bei Bewußtsein. Haltet die Decken bereit. Ich werde ihr raushelfen.«

Die Pilotin stand mit ruckartigen Bewegungen auf. Kein

Lächeln, kein Winken. »Ich schaffe es allein«, bellte sie ihn an. »Ich bin nicht verletzt.«

Hazel seufzte und spürte Eleanors Arm, die sich bei ihr eingehakt hatte. Sie schmiegten sich aneinander. Der Sanitäter stand neben ihnen bereit, um wenn nötig zu helfen, aber Jo kletterte steif herunter und ignorierte ihn, als sie versuchte, ihren Helm abzuschnallen. Ihre Hände zitterten, und der Sanitäter griff ein und löste den Riemen. Sie fiel auf die Knie und rutschte von der Tragfläche herunter direkt vor Hazel, die eine Decke ausbreitete.

Wie schnell die Dinge sich ändern, dachte Hazel, Jos Maschine war auf dem besten Weg gewesen, sie zu besiegen.

Hazel hielt Jo fest, bedeckte ihre Schultern mit der Decke. Jo war keine, die ihre Gefühle nach außen hin zeigte. Sie zitterte zwar, verlor aber nicht die Fassung, obwohl ihr Gesicht bleich und verzerrt war. Den Arm um ihre Taille gelegt, führte Hazel sie über das Flugfeld auf einen der Schuppen zu. Eleanor schob mit sanften, aber bestimmten Kommandos die Leute zur Seite. »Machen Sie Platz, gehen Sie bitte zur Seite!«

Ein Stimme brüllte durch ein Megaphon: »Landebahn freimachen. Landebahn freimachen. Räumt die Dampfwalze aus dem Weg!«

Plötzlich drehte Eleanor sich um und umarmte die beiden anderen kurz. »Ich werde eine Erklärung abgeben.«

»Nein, warte«, hielt Jo sie zurück. Ihre Stimme klang rauh. Sie schüttelte die Decke ab, ließ dabei aber weder Hazel noch Eleanor los.

Eleanor blieb stehen, trat jedoch nervös von einem Fuß auf den anderen, während sie die Entfernung zwischen ihnen und der Menschenmenge abschätzte. »Jo?«

»Es ist besser, wenn du ihnen die Wahrheit erzählst, El.«

»Wie meinst du das?«

Hazel sah Jo mit angespanntem Gesicht an, sie traute sich kaum zu atmen. Sie spürte, wie Jo von ihr abrückte, sich nicht mehr gegen sie lehnte.

»Ihr wißt sehr gut, daß ich der Dampfwalze hätte ausweichen können. Taggart weiß ebenfalls, daß ich einen solchen Fehler nie machen würde.«

»Bitte?«

»Ich hab's mit Absicht gemacht«, sagte Jo grimmig. »Die Zeit war knapp geworden ... ich mußte schnell und effektiv handeln, um ihn zu stoppen. Zuerst dachte ich, ich fliege die letzte Etappe einfach total langsam. Aber dann hätte er weiterhin sein Flugzeug gehabt, nicht? Er hätte für sich selbst irgendwelche Entschuldigungen finden können. Nein, er sollte am Ende mit leeren Händen dastehen.«

»Doch nicht aus Rache? Wegen diesem verdammten Mist, den er in der Zeitung gesagt hat?«

»Oh, daß sein Flugzeug so simpel sei, daß selbst ein Mädchen damit fliegen könne? Nein.« Ein Ausdruck der Verachtung huschte über Jos Gesicht, in Kontrast zu ihrer zitternden Unterlippe. »Es ist viel ernster als das. El, ich will, daß du ihnen sagst, ich hätte dafür gesorgt, daß er raus ist aus dem Geschäft. Er wird es nicht mehr wagen, uns noch einmal zu nahe zu treten.« Jo hielt ihnen etwas in ihrer behandschuhten Rechten entgegen: »Das ist ihm aus der Tasche gefallen, als er die Zündkerzen überprüfte. Er war wie besessen mit den Zündkerzen. Er sagte ›Man kann nie wissen mit diesen Kerlen, diebisches Pack auf Schritt und Tritt‹, und ich fragte ›Was für Kerle? Ich habe doch diese Zündkerzen eingebaut‹. Er antwortete nicht, machte weiter, wirkte aber nervös und panisch. Und in meinem Kopf drehte sich alles. Ich begriff, daß er irgendwen verdächtigte, ein übles Spiel zu spielen, aufgrund der Motorschwächen, denen er sich gegenübersah. Und ich wußte, was Hazel passiert war. Dann, als er seinen Imbussatz aus der Tasche zog, steckte das hier auf einem. Es fiel herunter und landete geräuschlos hinter ihm auf dem Boden. Im letzten Moment hielt ich an mich, sagte nichts. Er war zu beschäftigt, um es zu bemerken. Sowie ich es sah, wußte ich, was es war. Ich stellte meinen Fuß darauf. Wir benutzen keine T-Dichtungen.«

»Er hatte das in der Tasche? – Als *Trophäe?«* Hazel befühlte die Dichtung in Jos Hand. Der charakteristische flache Ring aus gepreßtem Filz auf rotem Gummi war deutlich durch eine Querschiene in zwei Hälften geteilt. Eine vertraute Seriennummer der Beech-Ersatzteile, die darauf gestanzt war, stach ihr ins Auge. Wie typisch für Jo, dachte sie, wie typisch für Jo, einfach herzugehen und so etwas zu tun, ihr Flugzeug gegen eine Dampfwalze zu schmettern, ohne Erklärung, ohne Entschuldigung, ja, das möglicherweise schon vor dem Start geplant zu haben. Sie hätte es eigentlich an ihrem Blick erkennen müssen. Die Königin der Sicherheitsregeln in ihrer äußersten fürsorglichen Wut.

Jo fuhr fort: »Ich konnte mich nicht bewegen, Haze. Ich war wie gelähmt. Alles, was du mir erzählt hattest, traf mich wie ein Schlag. Ich hatte solche Angst, daß ich mich nicht bewegen konnte. Ich sprach ganz ruhig, hörte mir seine Anweisungen an. Als er weg war, habe ich es aufgehoben.« Sie gab das Teil Eleanor, die es sich prüfend besah.

Eleanor warf es Hazel zu und schnaubte: »Und du wolltest einen Beweis. Das wird wohl reichen. Ich denke, du solltest es Tagg im Beisein von Zeugen präsentieren, damit es irgend etwas nützt. Die Behörden können damit nichts anfangen.«

Hazel steckte die Gummidichtung ein und sagte mit erstickter Stimme: »Jo, du hättest dabei draufgehen können.«

»Nein«, antwortete Jo grimmig, und ein seltsam triumphierendes Lächeln breitete sich auf ihrem Gesicht aus. »Der Wind hat es für mich erledigt. Es war nicht schwer. Im Gegenteil, es war wunderbar. Es war ein Volltreffer, als ich gegen die Dampfwalze donnerte. Es krachte wie ein Baseballschläger gegen einen schnellen Ball. Und ich hoffe, er hat es bis nach Columbus gehört.«

Eleanor stieß einen leisen Pfiff aus, eine Warnung, daß sie woanders hingehen mußten. Der ganze Haufen folgte ihnen mit schneller werdenden Schritten. »Seht mal. Ich sollte jetzt lieber eine Erklärung abgeben. Und zwar schnell. Wie es aussieht, wird es eine Startverzögerung geben, bis sich die Dinge geklärt haben. Bring sie hier weg, H.P.!«

»Bestätigt.«

Eleanor stürzte auf einen Photographen zu, der bereits zu dem Wrack rannte, sein junger Assistent schleppte das Stativ hinterher. Um das Flugzeug herum herrschte ein großes Durcheinander; die Sicherheitsmannschaft sagte, es dürfe nichts bewegt werden, bevor ein Photo gemacht worden sei. Hazel warf noch einen Blick über ihre Schulter, bevor sie Jo wegführte, und sah die in die Luft ragenden Steuerbordtragflächen, an denen Kabel herunterhingen. Der Rest war von neugierigen Zuschauern verdeckt. Sie war froh darüber und wußte, daß sie nicht noch einmal hinschauen würde. Jo klammerte sich so fest an sie, daß Hazel sich fragte, ob sie sie würde losschweißen müssen. Sie erreichten einen nahegelegenen Schuppen, in dem sich nur ein Flugzeugrumpf befand, an dem gerade gebaut wurde. Alle, die dort gearbeitet hatten, waren bei der Aufregung nach draußen gerannt. An einer Wand entdeckte Hazel ein Feldbett und überredete Jo, sich hinzulegen. Sie zog ihr Helm und Handschuhe aus und schnürte ihr die Stiefel auf.

Dann setzte sie sich auf das Feldbett, nahm Jos Kopf in ihren Schoß und schob langsam ihre Hand unter ihren Nacken, um sie zu kraulen. Sie streichelte sanft das blonde Haar und strich die Strähnen aus der feuchten Stirn. Schließlich sagte sie: »Du bist nicht irgendwo verletzt, oder?«

»Nur mein Herz«, murmelte Jo, »aber es war nicht unser Derby – weder ging es darum, daß ich gewinne, noch daß du verlierst.«

»Vielleicht, Jo. Vielleicht hast du es uns zurückerobert. Taggart muß mittlerweile gemerkt haben, daß er den Dichtungsring verloren hat. Ich weiß nicht, ob er uns bei einer Gerichtsverhandlung nützen wird. Ich glaube, in gewisser Hinsicht ist das alles für uns zu hoch. Es ist so kompliziert ... Wußtest du, daß Vera letzte Nacht abgehauen ist?«

Jo setzte sich halb auf, dann sank sie schwer wieder zurück. »Nein, das wußte ich nicht – sie hat also mit der Sache zu tun?«

»Mit dem Wettgeschäft, ja. Wir glauben – also Max und ich –, daß sie abhauen mußte, weil natürlich alle, die in der Wetterei mit drinhängen, verdächtigt werden, sobald es eine Untersuchung gibt. Wir wissen nicht, wo sie hin ist.«

Jo seufzte. »Selbst wenn ich das Derby offen und ehrlich für Taggart gewonnen hätte, hätte er mich nicht übernommen, weißt du? Ich habe mir das bloß eingebildet. Er hätte mir die Rearwyn weggenommen. Das Derby gewonnen, alle benutzt und sich unserer dann wie ausgedienter Lumpen entledigt. Sein Pilotenmädchen, ignorant und inkonsequent. Oh Gott, wie leichtgläubig ich doch war. Aber jetzt ist er erledigt. Ich weiß, daß er ziemlich heftig war, ungeduldig, aber er hätte mit mir und seinem Flugzeug einen ehrenhaften Erfolg haben und seine Investitionen wieder reinholen können.«

»Ich weiß das«, sagte Hazel ruhig. »Und Vera hätte als Photographin des Derbys einen ehrenhaften Erfolg haben können.«

»Ach, ja.« Jo versuchte sich aufzusetzen und hielt sich den Kopf. »Und wo stehen wir jetzt? Ich hab' dich vertrieben – in die Arme einer anderen Frau. Was für ein Schlamassel. Ich kann nicht behaupten, daß ich sehr stolz auf mich bin. Ich war in meiner eigenen Verzweiflung gefangen.«

Hazel saß schweigend da. Was sollte sie sagen? Außer, daß es jetzt anders war. Sie waren auf eine problematische Art und Weise isoliert voneinander. Schließlich brachte sie heraus: »Alles, was ich weiß, ist, daß wir immer noch ein Derby zu meistern haben. Die meisten Fliegerinnen konnten unbescholten fliegen. Ich weiß nicht, wie wir Alli im Moment noch anders Genüge tun können. Es ist alles so kompliziert... Eleanor hat gestern abend einen Anruf von Gladys Jenney bekommen – in den Berichten über die Arctic wird der Absturz als Unfall gewertet.«

»Was? Das kann ich nicht glauben!« brüllte Jo. »Sie können ihren Absturz als Unfall werten, soviel sie wollen, aber er ist vorsätzlich verursacht worden – von Tagg ... Eine ganze Menge ist vorsätzlich passiert.«

»Ich werde nochmal eine andere Meinung einholen. Ich werde mich auch nicht so leicht überzeugen lassen, auch wenn Beech die Untersuchung durchgeführt hat. Aber in welchem Staat wurden die Verbrechen begangen? In mindestens zwei oder drei. Wir können unseren Verdacht irgendwelchen Regierungsbeamten mitteilen, aber wird das ausreichen, um ihn verhaften zu lassen? Wird der Dichtungsring als Beweis anerkannt werden? Er wird zweifellos ein Alibi für die Viertelstunde haben, von der wir glauben, daß er sie für mein Flugzeug genutzt hat.« Hazel warf den Ring von einer Hand in die andere. »Das hier könnte Beweisstück A sein, aber wir brauchen noch weitere Beweise, verdammt.«

»Ich glaube nicht, daß du die noch kriegst«, sagte Jo ernst. »So wenig wie mir jemand glauben wird, daß ich heute morgen vorsätzlich einen Unfall gebaut habe. Du kannst sagen, du kennst die wahre Geschichte. Aber es wird alles darauf hinauslaufen, daß Fliegen eben ein risikoreiches und heikles Unterfangen ist. Das ist es, worauf Tagg baut. Wir fliegen um unser Leben, jedes Mal, wenn wir da oben sind. Angst und kalte Berechnung. Ich habe die ganze Zeit geglaubt, das wäre der Grund für deine Verdächtigungen. Du brauchtest jemanden, den du für Allis Tod verantwortlich machen konntest.

Aber dann, gestern abend, bekam ich einen solchen Schock, es war wie ein Schlag. Ich hatte Tagg vertraut, sah in ihm jemanden, der genauso kämpft wie ich. Ich war der irrigen Annahme, das wäre eine Verbindung zwischen uns, ein gegenseitiges Sich-Verstehen. Aber er wurde mit jeder Etappe undurchschaubarer, angespannter, immer flog er voraus, traf sich mit Leuten, die ich nicht kannte und die er mir nie vorstellte. Und ich dachte, wie merkwürdig. Ich sah, wie die anderen Sponsoren sich offen zeigten, wie leicht die anderen Pilotinnen sich näherkamen. Um mich und die Rearwyn war alles so geheimnisvoll. Isoliert. Isoliert für den Erfolg, sagte ich mir. Erst begrüßte ich das. Aber als Alli abstürzte... und Maxie diesen Zusammenstoß hatte... und dann du, da fing alles an zusammenzubrechen.« Jo ergriff Hazels Hand. »Wenn ich geholfen habe, zukünftige Derbys zu ermöglichen, dann gut. Ich weiß nicht, ob ich persönlich in diesem Geschäft bleiben will. Jetzt brauche ich erst einmal eine lange Ruhepause, um die Dinge zu überdenken. Ich werde das mit meinem ›Unfall‹ durchstehen – ich bin sicher, ich werde deswegen ziemlich in die Mangel genommen –, dann möchte ich nach Hause, nach Osten. Ich denke, das wird das Beste sein... für uns beide.«

»Jo –«, protestierte Hazel.

Jo hob die Hand, um sie aufzuhalten. »Haze, ich brauche etwas Zeit. Ich habe letzte Nacht angestrengt nachgedacht. Das Ganze hat mich sehr viel Kraft gekostet. Und ich habe über uns nachgedacht, na ja, ich denke, du hast es eine ganze Zeitlang mitbekommen. Ich war mit meiner Unentschlossenheit dir gegenüber nicht fair. Durch diese ganze Sache... na ja, vielleicht war es mir auch schon vor dem Derby klar – und ich habe das Derby als letzte Schwelle benutzt –, ich weiß jedenfalls, daß ich nicht bereit bin, dem gleichen Kurs zu folgen wie du –«

»Dem gleichen Kurs?« Hazel sah sie verständnislos an.

»Weißt du... ich dachte, ich hätte die Liebesabenteuer mit Mädchen hinter mit gelassen, als ich die Schule beendet hatte, dachte, daß es mehr nicht war. Ich kann das nicht, ich kann nicht so leben wie du und Maxie. Ich weiß nicht, ob die Blicke, die ich abbekomme, die Tuscheleien, die ich höre, sich... *darauf* beziehen oder nur auf die Tatsache, daß ich Pilotin bin. Ich kann das nicht mehr unterscheiden.« Jo stand auf und lief auf und ab und ging dann zu einem Tisch im hinteren Teil des Schuppens. Dort hatte offensichtlich letzte Nacht ein Kartenspiel stattgefunden. Leere Flaschen Schwarzgebranntes standen überall herum.

Ihre Worte hatten so bitter geklungen, daß Hazel nach einer schnellen Antwort griff. Leise sagte sie: »Du hast gesagt, wir seien Abweichlerinnen.«

»Habe ich das? Hört sich nach mir an. Du dagegen gehst her und sagst, wir seien zukunftsweisend.« Jo nahm eine der unetikettierten Glasflaschen und betrachtete nachdenklich die letzten Tropfen der goldenen Flüssigkeit. Einen Augenblick lang dachte Hazel, sie würde den Rest austrinken, aber Jo stellte die Flasche mit deutlichem Abscheu wieder auf den Tisch, ihre Hände zitterten. »Ich habe die Nerven verloren. Ich habe einfach Angst, und es beschämt mich.« Sie schauderte. »Diese ganzen Artikel – alles Mist, alles falsch. Meine ganze Flugzeit – wofür? All das, nur um zu beweisen, daß ich ein Flugzeug zu Schrott geflogen habe, das so simpel und zuverlässig ist, daß selbst ein Mädchen es fliegen kann? Ich fühle mich so entwürdigt, benutzt in mehr als nur einer Hinsicht.«

Hazels Kiefermuskeln spannten sich. Zustimmend flüsterte sie: »Ah ... ich hatte dieses Gefühl auch.«

»Ja, und ich habe dich direkt in die Arme einer anderen Frau getrieben, aber natürlich – Vera. Es tut mir leid, daß es mit ihr auch nicht geklappt hat ... Wie kann ich sowas sagen –?«

Bestürzt sprang Hazel auf. »Nein. Sag nichts. Ich glaube nicht, daß das nötig ist. Es ist jetzt nicht der richtige Augenblick. Du bist meine Freundin – was du gerade getan hast, nimmt dem Ganzen die Spitze. Woran mir wirklich liegt, ist, daß wir dieses Derby nicht umsonst fliegen, daß Alli nicht umsonst gestorben ist. Du weißt, daß ich dich liebe, aber ja, ja, es hat sich was verändert. Ich weiß das jetzt.«

Jo sah sie mit einem verhaltenen Lächeln an, in dem Erlösung, Klarheit lag.

»Natürlich, Liebling, aber ich wollte sagen, daß sie nicht die Frau ist, zu der ich dich treiben wollte –«

Hazel lief auf Jo zu, um sie davon abzuhalten, weiterzusprechen. Sie wußte genau, welche Frau Jo meinte: eine, zu der sie ohne Vorbehalte ins Bett kriechen konnte. Aber das war zu nah, immer noch zu neu, denn sie hatte sich bis zu diesem Moment selbst noch kaum die Wahrheit eingestanden. Sie war noch nicht dazu bereit.

Statt dessen fegte Hazel mit einer schnellen, trotzigen Bewegung die Flaschen vom Tisch. »Was meinst du, auf wen haben sie hier letzte Nacht gewettet? Himmel, ich hoffe, sie verlieren alle. Wie kann ich weitermachen? Nebenbei, wenn Sarah gewinnt, kann sie ihre Eiscreme ausgeben.«

»Wenn du zuläßt, daß Sarah dich schlägt«, antwortete Jo entschieden, »dann trete ich dich derart in deinen Allerwertesten, daß du wünschst, du wärst niemals Pilotin geworden. Komm schon – wir haben uns damals in Phoenix ein Versprechen gegeben, erinnerst du dich? Presch vor!« Sie streckte die Hand aus und faßte Hazels Arm, wobei sie ihre Finger unter die seidene Manschette schob.

Das werde ich vermissen, dachte Hazel.

»Darf ich fragen, warum um alles in der Welt du dein Schlafanzugoberteil anhast?« Jo sah sie tadelnd an.

Hazel erbleichte. »Es war das einzig Saubere, was ich noch hatte. Ich dachte, es wäre irgendwie schick.«

»Oh, Haze, und du wunderst dich, warum ich denke, du seist bodenständig. Der Schnitt sagt alles, Schatz. Komm, ich denke, ich kann dir was leihen. Mein Koffer steht im Pilotinnenraum.«

»Ich glaube nicht, daß irgendwer den Unterschied bemerken wird.«

»Unsinn! Du kannst nicht in Cleveland siegreich in einem Schlafanzugoberteil ankommen. Das lasse ich nicht zu.«

Bevor sie auf den Flugplatz hinausgingen, nahm Jo ihren Helm und die Handschuhe vom Feldbett. »Hier, Haze, willst du deinen Handschuh zurück?«

»Nein – bitte behalt ihn.«

Draußen sah Jo sich sofort einer Flut von Interviewanträgen und Fragen ausgesetzt. Der Wind hatte sich gelegt, der Trümmerhaufen war an die Seite der Startbahn geräumt worden, und die Staffel ging bereits an den Start. Da Hannah schon in Columbus war, nahm Hazel ihren Platz hinter Eleanor ein, so daß sie ihr direkt folgen konnte, um ihr mit den zunehmenden Pressekonferenzen zu helfen.

Überraschte es Hazel, daß Sweeney ebenfalls verschwunden war? »Wenn Taggart auch nur einen Funken Verstand hat, wird er auch untertauchen, außer er ist völlig arrogant oder kapiert nicht, was Jo mit ihrem Unfall bewirken wollte«, murmelte Hazel, als sie zu ihren Flugzeugen eilten.

»Gelungenen Flug!« antwortete Eleanor knapp.

Sie waren wieder ganz bei der Sache, die letzten Vorbereitungen waren eine Wohltat.

Während sie Gus lediglich mit Frank Wilczynski und zwei leeren Sitzen in der C-175 starten sah, wurde ihr klar, warum sie am liebsten ganz mechanisch dachte. Sie mochte Teile, die zusammenpaßten und in einem vereinten Ganzen funktionierten oder auch nicht funktionierten, je nachdem, wie ausgewogen die Sache war. Aber man konnte diese Ausgewogenheit beeinflussen. In der Zephyr konnte sie diese Ausgewogenheit hören, als sie sich in den Himmel schwang. Es bereitete ihr Freude, die Kontrolle zu haben, sie zum Fliegen zu bringen. Kontrolle war es, was sie schätzte.

Die Flugmarkierungspunkte von Columbus zu finden war nicht schwer. Hazel hatte schon öfter festgestellt, daß die Markierungen östlich des Missouri wesentlich klarer erkennbar und planmäßiger gesetzt waren als auf der westlichen Seite. Aber die Eisenbahnschienen konnte man als Orientierungspunkte vergessen, sie waren zu zahlreich und verliefen in einem zu unregelmäßigen Netz, als daß sie von Nutzen hätten sein können. Es gab jedoch keinen Grund zur Sorge – Flüsse waren leicht auszumachen – der Scotio breitete sich vor ihr aus, als sie zum Sinkflug überging. Es mußte der Scotio sein. Alles, was sie tun mußte, war, ihm ein wenig nach Norden zu folgen und dann den Flugplatz im Osten zu orten. Der Flug hatte weniger als eine Stunde gedauert.

Den Flugplatz von Columbus konnte man leicht mit einem Messegelände verwechseln. Einen Moment lang war sie versucht, weiterzufliegen, wäre da nicht das Zielsignal gewesen, das aus dem Empfänger tönte. Als sie kreiste, fügte sich alles zusammen – die Windhosen, die obligaten Schuppen und eine Reihe ordentlich geparkter Flugzeuge. Sie konnte die Signalgeber mit ihren gelb-schwarz-karierten Flaggen ausmachen. Was diesen Flugplatz von allen anderen unterschied, selbst von Phoenix und Terre Haute, war die ungeheure Anzahl von Automobilen, die in mehreren Reihen hintereinander standen. Beim Kreisen war sie überwältigt, wie viele Leute gekommen waren. Als sie dann die letzten paarhundert Fuß herunterging, sah sie die Menge winken und Hüte werfen. Heiliger Ackergaul – das alles wegen des Derbys?

Sie erwartete halb, irgendwo ein Baseballfeld zu sehen, irgendein Spiel, das gerade im Gange war, aber nein, was sie überdeutlich vor sich sah, war die lange gepflasterte Landebahn, die auf sie wartete.

Diese Menschenmenge in Columbus mußte das Ergebnis von Eleanors hartnäckigen Presseartikeln sein, angeheizt durch die aktuellen Schlagzeilen. Und dann heute morgen Jos sensationeller Crash, der das Feuer noch zusätzlich geschürt hatte. Das da unten war der Höhepunkt. Nachdem sie auf einen Boxenstop zugesteuert war, kam die Bodencrew herbeigerannt, um sie in die Reihe der Wettkampfflugzeuge zu schieben. Sie stand auf und winkte mit ihrem Helm. Sie war verblüfft, als sie entdeckte, daß die Mehrzahl der Leute, die gekommen waren, Frauen waren, Frauen mit Sommerhüten und den blassen Farben eines frühmorgendlichen Himmels. Das war nun wirklich völlig ungewöhnlich, das machte beinahe den ganzen Schmerz wett – solche Unterstützung zu finden, solche Anerkennung. Woher kamen all diese wunderbaren Frauen?

Der Bereich für die Pilotinnen war mit der amerikanischen Flagge und dazu passenden farbigen Bändern geschmückt. Und um ja nicht hinter dem großen Finale in Cleveland zurückzustehen, war der Bürgermeister erschienen, um jede Pilotin, die eintraf, zu begrüßen und ihr den Stadtschlüssel zu überreichen. Erst später erfuhr Hazel, daß Eleanor heftig gegen einen Plan der Stadt protestieren mußte, die Pilotinnen mit einer

Parade durch die Straßen zu geleiten. Eleanor hatte sich nur durchsetzen können, weil die Zeit so knapp war. Die Pilotinnen waren immerhin *en route*, und ihre nächsten Gastgeber erwarteten sie vor dem Abend.

Die Zerstreuung war äußerst angenehm, und sobald Hazels Füße den Boden berührten, hielt sie in der Menge der Gratulanten nach Maxie Ausschau. Einen Augenblick lang dachte sie, sie hätte unter den Leuten, die sich um sie drängten, noch ein anderes Gesicht gesehen, und ihr Herz machte einen Sprung. Diese leicht schrägen, grünen Augen – Vera? Vera mit diesem ulkigen Topfhut, den sie damals in Santa Monica getragen hatte? Als sie versuchte, noch einmal hinzuschauen, wurden ihr Karten und Broschüren für Autogramme entgegengestreckt. Durch den Nebel aus eifrig Lächelnden verfolgte sie dieses Gesicht. War Vera wirklich hier? Sie fürchtete diese Vorstellung, und zugleich wünschte sie es sich.

Glücklicherweise traf Lila nicht allzu lange nach Hazel ein, und die überschwengliche Menge schwärmte zur nächsten Pilotin. Eleanor kam zu ihr und schnappte sie sich für eine Pressekonferenz.

Erst als alle Wettkampfteilnehmerinnen eingetroffen waren, wurde der Bereich, wo die Flugzeuge standen, abgesperrt, und die Pilotinnen konnten ihre Privatlounge verlassen und sich der vergleichsweise erholsamen Tätigkeit der Maschinenchecks widmen.

Hazel traf auf eine unbekümmerte Maxie, von der sie mit einem breiten, wenn auch müden Lächeln begrüßt wurde. Sie setzten sich zusammen auf eine Kiste neben dem Schwanzende der Zephyr und tranken eine Cola, während Hazel Jos Unfall in allen Details erklärte. Gus hörte zu, während er seine Checks durchführte. Dann verließ er sie, um eine kurze Pause zu machen.

»Meine Neuigkeiten sind weniger dramatisch – meine Sponsoren haben ein Telegramm geschickt«, sagte Maxie mürrisch lächelnd und leerte ihre Sodaflasche. »Sie erinnern mich an das

Banner, das ich hinter mir herziehen soll. Also denke ich, daß ich die Nachhut bilden und wie die letzte Versuchung nach Cleveland fliegen werde. Ich hoffe nur, daß dieses verflixte Banner sich nicht verheddert. Was soll ich machen, Preston? – Marsha ist noch nicht wieder raus aus dem Krankenhaus, und sie wollen, daß ich mit ihrer Werbetour anfange, übermorgen.«

»Vielleicht würde Stevie das gerne machen«, sagte Hazel.

Maxie zuckte mit den Schultern. »Sie ist zu klein. Die ganzen Klamotten wurden für Marsha geschneidert, und sie haben jemanden in Cleveland, die letzte Anproben mit mir macht.«

»O je!«

»Ich denke, ich sollte es von der heiteren Seite nehmen und einfach als Möglichkeit sehen, nach Kalifornien zurückzukommen, obwohl es einen kleinen Umweg über den Osten bedeutet, Pittsburgh, New York, Philadelphia...« Sie hielt inne und stieß Hazel mit dem Ellenbogen an. Taggart näherte sich. Sein perfekt gemeißeltes Gesicht wirkte erschöpft vor Anspannung, seine Augen waren rot vor Müdigkeit. Hazel stand auf.

Er trat gefährlich nah an sie heran. Seine Stimme bebte vor Wut, als er fragte: »Was ist mit meinem Flugzeug passiert?«

Sie blickte ihn kalt an. »Haben Sie die Meldungen nicht gelesen?« Zum ersten Mal seit langem hatte sie überhaupt keine Angst. Sie wußte, daß die Macht, die er einmal über ihrer aller Leben gehabt hatte, zerstört war. »Es überrascht mich, daß Sweeney sich nicht mit Ihnen in Verbindung gesetzt hat.«

»Sie wissen, daß die Meldungen nichts darüber sagen, was diese dumme Frau dazu gebracht hat, mein Flugzeug zu zerstören. Wenn ich herausfinden sollte, daß Sie oder irgend einer von Ihren Beech-Jungs an meinem Flugzeug herumgefummelt haben«, er drohte mit dem Zeigefinger, »dann mache ich Ihnen das Leben zur Hölle...«

Sie steckte die Hände unter die Achseln und baute sich vor ihm auf. »Drohen Sie mir nicht! Sie sind derjenige, der hier Sabotage betrieben hat!«

Seine Augen verengten sich. »Ich weiß nicht, wovon Sie sprechen. Es ist doch offensichtlich, daß Sie schon die ganze Zeit wollten, daß Jo verliert.«

Hazel antwortete kalt: »Sie haben Jo von Anfang an unterschätzt. Sie glaubten nicht daran, daß sie als kompetente Pilotin aus eigener Kraft gewinnen könnte – ohne daß Sie heimlich nachhalfen. Augenscheinlich wußten Sie nicht, daß sie für sich selbst denken kann, daß der Erfolg des Flugzeuges von ihrer Geschicklichkeit und ihrem Siegeswillen abhing.«

Sein Gesicht verzerrte sich. »Wovon verdammt nochmal sprechen Sie?«

Sie griff in ihre Hosentasche, zog die T-Dichtung heraus und ließ sie an ihrem ausgestreckten Finger baumeln. »Kommt Ihnen das bekannt vor? Mit schönen Grüßen von Jo!«

Er verzog keine Miene, aber seine Hand schlüpfte in seine Hosentasche.

»Sie brauchen gar nicht erst in Ihren Taschen zu suchen. Sie fiel letzte Nacht heraus, als Sie die Zündkerzen auswechselten. Jo hat sie aufgehoben. Die Frage ist nur... ist es meine oder die von Alexis Laraway?«

»Ich kann alle möglichen Motorteile mit mir herumtragen, wann immer ich will«, schnaubte er.

»Eine T-Dichtung? Das ist ein Beech-Teil. Sie benutzen keine Beech-Teile. Sie haben nichts mit Beech zu tun, es sei denn, bei Manipulationen«, beharrte Hazel.

»Das ist eine Falle.« Jetzt stand Angst in seinen Augen. »Sie können nichts beweisen.«

»Wir wissen, wann Sie es getan haben. Wir wissen es genau –«

»Lügen!« unterbrach er sie. Dann lächelte er verkniffen und streckte beide Hände aus. »Vermuten Sie doch, was Sie wollen. Das ist aber auch schon alles, was Sie tun können. Ich bin nicht unvorsichtig oder dumm –«

»Ach ja?« Hazel wußte, daß sie weitergehen mußte, und zwar schnell. »Zu dumm, daß Sie nicht alles selbst machen konnten. Es wird komplizierter, wenn man andere zu Hilfe nimmt, wie zum Beispiel die Bodencrew in Yuma, ganz zu schweigen von dem Betrunkenen, dessen Auto in Maxies Maschine gekracht ist.«

Er stutzte, eine Sekunde zu lang, dann faßte er sich. »Sie bluffen. Sie wissen gar nichts. Er kann es sich gar nicht leisten zu reden.«

»Ah, Sie wissen also zuviel über ihn? – Erpressung? Welcher, der Typ in Yuma oder der Betrunkene? Oder beide?«

Er schwieg.

Maxie, die immer noch auf der Kiste saß, sagte: »Haben Sie sich eigentlich nie bewußt gemacht, daß jemand verletzt werden könnte, wenn Sie an den Maschinen herumfummeln? Oder wollten Sie das?«

Er knurrte abwehrend. »Sie können nicht behaupten, ich hätte Sie nicht gewarnt.«

Hazel hob ihre rechte Hand, so daß das rote Mal zu sehen war. »Der freundliche Händedruck? Das war vielleicht Ihre erste unvorsichtige Handlung. Die zweite war, daß Sie meine Tankdeckeldichtung manipulierten – dasselbe, was Sie bei Alexis getan haben.«

Er schüttelte den Kopf. Sein Ton wurde großspurig, seine Lippen verzogen sich zu einem höhnischen Grinsen. »Zu dumm, daß sie nicht rechtzeitig abgesprungen ist. Ihr Mädels solltet euch eben nicht in Männersachen mischen. Daran hättet ihr denken sollen, bevor ihr mit dem Derby anfingt. Wir spielen ein hartes Spiel, um zu gewinnen.«

Ein lautes: »Zur Hölle mit Ihnen!« ertönte hinter ihm. Er fuhr herum und mußte feststellen, daß er Publikum hatte: Da stand Eleanor mit Gregory Fox und Gus.

»Warum nur klingt das für mich wie ein Geständnis?« fragte Hazel weiter. »Reden wir nicht von wiederholter Sabotage? Und das alles, um Ihre Investoren zufriedenzustellen. Deshalb flogen Sie voraus, um sich mit diesen Männern zu treffen, so daß wir nicht durchschauen konnten, was Sie im Schilde führen.«

»Ich weiß nicht, wovon Sie reden«, sagte Taggart knapp, aber seine Augen verengten sich nervös.

Gregory Fox schaltete sich ein. »Natürlich wissen Sie das. Wir alle wissen es. Sie haben andere Flugzeuge beschädigt, um sich den Sieg zu sichern.«

Taggart machte auf dem Absatz kehrt. »Das hier ist keine Gerichtsverhandlung. Sie vergeuden meine Zeit.«

Maxie brüllte ihm mit ihrer tiefen, rollenden Stimme nach: »Wir können bezeugen, daß Sie sich als Allis Mörder bekannt haben!«

Er drehte sich noch einmal kurz um und sah scharf in ihre Richtung. Maxie brüllte weiter: »Und Sie werden sich wünschen, daß Sie Geleitschutz hätten! Sie können ruhig alles zugeben. Wir sind es nicht, um die Sie sich Sorgen machen müssen, sondern die Kerle, die jetzt ihr Geld zurück wollen werden ... Ihre Investoren, mit denen Sie Ihre krummen Geschäfte gemacht haben! Sie werden nicht gerade glücklich über Jos Unfall sein, was?«

Er tauchte in der Menschenmenge unter. Mit einem Fingerschnippen gab Gregory Fox einem in der Nähe stehenden Mann im Anzug ein Zeichen, Taggart zu folgen.

Hazel stieß einen Pfiff aus. »Daran hatte ich gar nicht gedacht.«

»Ich bin eben ganz der Großvater«, flüsterte Maxie Hazel ins Ohr. »Ich glaube nicht, daß diese Sorte Investoren ihren Verlust einfach so hinnimmt.«

»Das ist alles?« Gus ließ die Schultern sinken. »Er kann einfach so weggehen?«

»Er kommt nicht weit«, sagte Gregory Fox, »und wir werden auch an seinen Komplizen dranbleiben. Ich denke, sie werden reden, wenn er erst verhaftet ist. Hoffen wir's, diese Gummidichtung allein wird nämlich nicht reichen, auch nicht unsere Bezeugung seines mündlichen Geständnisses. Das ist nicht genug.«

Ein düsteres Schweigen folgte.

»Aber«, fügte er hinzu, »ich bin auch hergekommen, um Ihnen mitzuteilen, daß ich sein Flugzeug beschlagnahmt habe, zusammen mit dem von Miss Russell. Sie werden jetzt beide bewacht –«

»Was?« fragten alle auf einmal in verschiedenen Tonlagen.

Er zuckte die Schultern. »Bei der Untersuchung des Motors in Miss Russells Flugzeug haben wir, genau wie bei seinem, Beweise gefunden, daß beide aus Teilen zweier gestohlener Curtiss-Maschinen zusammengebaut sind, aus patentierten Motorkonstruktionen.«

Ein Murren ertönte von den Umstehenden, und einige erinnerten sich an ihre eigenen Vermutungen.

»Ich wollte Ihnen noch sagen, daß ich für meine Bemühungen nichts berechne«, fuhr er fort, »ich habe nämlich für die Curtiss-Company Nachforschungen angestellt, um Beweise für diesen Konstruktionsdiebstahl zu sammeln. Als Miss Wilson nach einem Detektiv fragte, habe ich die Gelegenheit ergriffen, an Bord zu kommen, da wir Taggart in Verdacht hatten. Sweeney war unser Strohmann – er war uns noch etwas schuldig, könnte man sagen. Er schwor Stein und Bein, daß sie wie Curtiss-Motoren aussahen, allerdings mit einigen Veränderungen. Beide Motoren waren so eingestellt, daß sie ein höheres Verhältnis im Benzin-Öl-Gemisch, aber weniger Treibstoff verbrauchten. Das Problem war, daß bei höherer Geschwindigkeit Miss Russells Motor sich aufgrund des Abgassystems überhitzte. Für die normale Frachtluftfahrt wäre die Treibstoffeinsparung ideal, aber augenscheinlich wollte er seine Investoren beeindrucken. Und es wäre nichts Unrechtes daran gewesen, einen Curtiss-Motor umzubauen, wenn er ihn legal gekauft hätte. Sweeney hat für Taggart einem Mann in Pecos einen Brief überbracht, bevor er weiterflog. Wir hoffen, daß er uns helfen kann, diesen Mann zu identifizieren – könnte sein, daß es dieser betrunkene Fahrer war. Er schwört Stein und Bein, daß er nichts über dieses Wettgeschäft weiß, außer daß eines im Gange war. Taggart hat ihn nur notdürftig eingeweiht, aber

Sweeney sagt, er hat sich bei jeder Zwischenstation mit Männern getroffen, die in keiner Verbindung zum Umfeld des Derbys standen – vielleicht seine Geldgeber. Miss Davis könnte bei der Klärung dieser Angelegenheit eine Hilfe sein, wenn sie Ihnen über den Weg läuft. Unser Mann wird unter Arrest gestellt, dank Miss Russell. Durch ihren Unfall konnte ich nahe genug an den Motor herankommen, um die nötige Kontrolle zu machen. Ich denke, daß er alle Fragen beantworten wird, wenn er erstmal verhaftet ist. Dann ist er nämlich wenigstens vor seiner Gläubigerbande sicher. Miss Schulz, da Sie vorausgeflogen sind und einige dieser Spießgesellen gesehen haben, werden wir möglicherweise Ihre Hilfe bei der Identifizierung benötigen.«

»Natürlich!« Maxie nickte.

Gus sagte nichts, er grinste nur und nickte ebenfalls, beinahe so, als hätte er einen Tick. Hazel hatte das bei ihm bisher nur gesehen, wenn er wegen eines Problems mit dem Motor mit seiner Weisheit am Ende war.

»Dann haben wir ja etwas, womit wir anfangen können. Vielleicht kriegen wir durch Al Laraway noch mehr Klarheit über diesen Kerl.« Gregory Fox klopfte eine Zigarette auf sein Etui und schien darauf zu warten, daß ihm jemand Feuer gab. Er lächelte, als ihm einfiel, daß er in der Nähe der Motoren nicht rauchen durfte. So steckte er seine Zigarette wieder ein und fuhr fort: »Ich denke, Miss Preston hat Recht damit, daß wir die Trümmer der Arctic noch einmal untersuchen lassen sollten. Ich habe einen Spezialisten an der Hand, der möglicherweise bestimmen kann, wann genau die Maschine nach dem Aufprall Feuer fing. Ausgehend von diesem Faktor können wir dann feststellen, ob es eine Verdampfung von Treibstoff gab oder ob der Treibstoff sich gut eingeschlossen im Tank befand – ob es also ein Leck im Tank gab oder nicht. Er kann ebenfalls Spuren von verbranntem Gummi ausmachen, wenn die Gummidichtung im Deckel an ihrem Platz war, auch wenn alles zusammengeschmolzen ist. Wir haben eine Akte über

Mr. Taggarts Auftreten bei anderen Derbys. Vielleicht können wir diesmal etwas Aufschlußreiches finden. So, ich denke, das ist alles, was ich im Moment sagen kann. Ich danke Ihnen für Ihre Zusammenarbeit!« Mr. Fox gab allen die Hand und verabschiedete sich.

»Sein Name ist wahrscheinlich gar nicht Mr. Fox«, sagte Maxie. Alle lachten, und die Erleichterung verdrängte die Müdigkeit auf ihren Gesichtern.

Hazel setzte sich wieder auf die Kiste und nahm ihre halbleere Colaflasche vom Boden auf. Sie schwenkte den Rest ein paarmal herum und trank ihn dann aus. »Ich dachte schon, er würde sagen, daß Vera ihre verdeckte Agentin war. Warum konnte es nicht Vera sein –«

»Oh, deswegen bin ich hier!« Eleanor überreichte Hazel einen Brief mit der Rückseite nach oben. »Der Postbeamte hat dich ausrufen lassen. Ich hab' gesagt, ich würde ihn dir bringen.«

Hazel nahm den Brief und besah sich die Handschrift auf der hinteren Lasche des Umschlags. *Vera Davis* stand da mit blauer Tinte in flüssiger Handschrift, gefolgt von einer Adresse in San Francisco. »Oh nein. Ich glaube nicht, daß ich den will.«

»Ach, komm schon!« Maxie piekste Hazel mit dem Zeigefinger in die Rippen. »Tu dir selbst einen Gefallen. El und ich müssen ohnehin mit den Motorenchecks anfangen. Die letzte Etappe, Lappen!«

Hazel lächelte den beiden sich entfernenden Gestalten nach, suchte in ihrer Tasche nach ihrem kleinen Klappmesser, öffnete die Klinge und schlitzte säuberlich den Umschlag auf. Sie fand ein Blatt und einen Umschlag darin, letzteren erkannte sie wieder. Obwohl in der Mitte gefaltet, war er immer noch verschlossen: der Brief, den sie Vera zur Aufbewahrung gegeben hatte. Widerwillig faltete sie die andere Nachricht auseinander:

Liebe Hazel,
du kannst einer Frau die süßesten Träume bereiten. Aber jetzt ist dafür keine Zeit mehr. Ich wünschte, ich hätte behutsamer mit dir umgehen können, aber unsere Zeit war schneller vorbei, als ich vermutet hatte.

Eine Zeitlang habe ich fast geglaubt, daß es möglich wäre, nach Erledigung dieses Wettgeschäfts zu dir an die Westküste zu stoßen und als Photographin Karriere zu machen. Aber es hat sich herausgestellt, daß ich im tiefsten Innern immer noch Tragflächenakrobatin bin und andere Pläne habe.

Du mußt dir klar machen, daß es mit uns beiden sehr schwierig geworden wäre. Wir snd so verschieden. Ich habe dich gewarnt, daß wir uns unter strapaziösen und außergewöhnlichen Umständen kennengelernt haben. Mir ist klar geworden, daß mein Verlangen nach dir rein egoistisch war, obwohl es von Herzen kam. Als ich sah, wo du herkommst, deine Farm, deine Familie, wußte ich, daß ich dir gegenüber nicht fair gewesen war. Ja, ich habe dich in geheimen Augenblicken genommen, weil sie uns allein gehörten. Ich hoffe, daß du mit der Zeit erkennst, daß sie eine angenehme Zerstreuung waren, und ich hoffe, daß du es übers Herz bringst, mir zu verzeihen.

Ich weiß, daß du mich in jener Nacht dazu bringen wolltest, offen zu sprechen. Wenn ich allein gearbeitet hätte, dann hätte ich alles zugegeben, aber ich hatte Komplizen, die dir mittlerweile bekannt sein dürften. Zu der Zeit dachte ich immer noch, es wäre möglich, das Wettgeschäft weiterzubetreiben. Jetzt, wo alles aufgedeckt ist, muß ich weiterziehen, und zwar schnell.

Ich möchte eines klarstellen. Soweit ich weiß, hat die Wetterei in keiner Weise mit Taggart zu tun. Auch steht sie in keinerlei Zusammenhang mit Allis schrecklichem Unfall. Deshalb konnte ich dir auch helfen. Als mir klar wurde, daß du dachtest, die Wetterei hätte mit den Unfällen zu tun, weshalb du die Polizei eingeschaltet hast, mußte ich aussteigen. Glücklicherweise kann ich ins Ausland zu einer alten Freundin gehen, die mir noch den einen oder anderen Gefallen schuldet, vor allem, weil ich mich für einige Jahre bei Frauenwettkämpfen nicht mehr blicken lassen kann. Ich denke, das ist auch für uns beide das beste.

Deine V., Cincinnati

P.S.: Was ich an Photos habe, werde ich Gladys Jenney schicken, da sie vielleicht irgendwann von Nutzen sein können. Anbei auch deine versiegelte Nachricht. Falls sie von Liebe sprach, dann glaube ich nicht, daß ich die Richtige bin, sie aufzubewahren.

Warum hatte sie gehofft, daß in dem Brief so etwas stehen würde wie ›Triff mich hinter dem dritten Schuppen‹? *Wie endgültig. Unsere Zeit ist vorbei!* Während sie den Brief in der Hand zerknüllte, wußte Hazel nicht, ob es Wut oder Trauer war, was ihr die Tränen in die Augen trieb. Wut, weil Vera auch dann noch Wetten angenommen hatte, als sie bereits wußte, daß noch anderes im Gange war. Trauer, weil sie nun nie erfahren würde, was es bedeutete, ein Leben wie Vera zu führen.

Keine heimlichen Augenblicke mehr. Und doch hätte Hazel schwören können, daß Vera dort auf dem Flugplatz in Columbus gewesen war. War sie gekommen, um Hazel mit einem flüchtigen Auftauchen zu quälen – oder um einen letzten Blick zu erhaschen? Hazel warf den zerknüllten Brief in das offene Schließfach im Rumpf der Zephyr. Verdammt, bin ich geledert worden. Geschieht mir ganz recht. Was für eine Idiotin ich bin! Angenehme Zerstreuung – in der Tat. Oh, Maxie, warte, bis du das hörst!

Auf dem Flugplatz waren die Vorbereitungen voll im Gang, und die Massen versammelten sich erneut, um den Abflug zu sehen. Hazel scharrte mit den Füßen im Staub. Ob Vera nach Paris ging? Maxie behauptete, Frankreich sei *das* Land zum

Auswandern. Ein enthusiastischer Mann mit Funktionärsinsignien kam auf Hazel zugeeilt. »Noch fünf Minuten, Miss Preston. Als Siegerin führen Sie die Staffel an!«

Seine Worte rissen sie aus ihren Gedanken. Sie konnte zuerst gar nicht glauben, was sie da hörte. »Es ist also offiziell?«

»Ja, Ma'am. Sie vorneweg, an der Spitze. Die restliche DW-Klasse folgt ihnen dann –«

»In welcher Reihenfolge?«

Er sah auf seine Tabelle. »Sie selbst: offizielle Siegerinnenzeit von 19:35:04, dann Sarah Morris-Newton, Eleanor Wilson, Pamela Christy und Hannah Meyer. Gefolgt von der CW-Klasse: Lila Wilczynski mit 22:14:32, Madelyn Burnett-Eades, Louise Gibeau, Nancy Saunders – und Stevie Lamb ist noch unterwegs.«

Hazel verneigte sich kurz. »Ich danke Ihnen.«

»Oh, Miss Preston, bevor Sie an Bord gehen, wird es eine Schweigeminute für Miss Laraway geben, deren Begräbnis heute stattfindet.«

»Ja, natürlich.«

Die Frauen, die dieses Derby geflogen sind, haben unbestreitbar einen triumphalen Meilenstein gesetzt.

Gladys Jenney

11

Siegesetappe von Columbus nach Cleveland, Ohio

Die Jubelrufe der Zuschauer senkten sich zu einem Murmeln, um dann für die lange Gedenkminute gänzlich zu verstummen, beinahe als hielten alle den Atem an.

Ein Moment wie eine Ewigkeit, ein Aufflackern von Erinnerungen. Mit geschlossenen Augen erinnerte sich Hazel an Allis Beschreibung, was sie sah, wenn sie über die Tundra Alaskas flog, wenn der Sommer den Schnee schmelzen ließ und die Karibus mit ihrer Wanderung begannen.

Dann kam die Geräuschexplosion, die sie schlagartig in die Gegenwart zurückholte. Die Menschen winkten den Pilotinnen zu, die nun, bereits in Helm, Schutzbrille und Fallschirm, den Kreis auflösten und sich zu ihren Flugzeugen begaben. Das Publikum warf rote Rosen – ein Schauer aus Jubelrufen und Blütenblättern ergoß sich. Zur Zephyr hin war sogar ein roter Teppich ausgerollt. Nachdem sie ihre Schutzbrille zurechtgerückt hatte, bückte sich Hazel, um eine Rose, die im Staub lag, aufzuheben. Sie nahm sie zwischen die Zähne und riß an ihren Handschuhen. Sie dehnte den linken, bis sie spürte, daß noch mehr Stiche aufplatzten, als helfe ihr das, den Applaus entgegenzunehmen und den roten Teppich zu betreten.

Gus wartete neben der Zephyr auf sie und zeigte grinsend auf ein neues Emblem auf dem Flugzeugrumpf, die saubere, weiße Zeichnung einer T-Dichtung, sie hätte wetten mögen, daß die Farbe noch naß war. Sie grüßte ihn mit erhobenem Daumen und bekam einen schnellen Klaps auf den Rücken, bevor er losrannte, um die Vorhuteskorte zu übernehmen.

Winkend sprang sie in ihr Cockpit, gab dem Crewmann das Zeichen zum Entfernen der Bremsblöcke und machte ihre letzten Checks so gewissenhaft sie nur konnte. Als die C-175 abhob, startete sie ihren Motor. Der Lärm ihres Höhenruders durchschnitt die Jubelrufe.

Als sie dann in dreitausend Metern Höhe flog, spürte sie, wie die Belastung des Derbys von ihr abfiel. Sie mußte es nur noch körperlich hinter sich bringen. Es war zu einfach geworden, jetzt, wo Jo ihr nicht mehr dicht auf den Fersen war, ›langweilig‹, wie Pamela sagen würde. Doch beim letzten Zusammentreffen ihrer Kameradinnen hatte sie einen triumphierenden Glanz in ihren Augen gesehen. Der Übermut, den sie jetzt spürte, war genauso schön wie verliebt sein ... fast. Sie flog weiter über den schieferblauen Eriesee, die ganze Strecke mit einer Rose zwischen den Zähnen.

Ihr Magen verkrampfte sich bei ihrem letzten Landeanflug, auch hier stand eine riesige Menschenmenge um die Landebahn, die wie eine umgebaute Pferderennbahn aussah. Wie passend, dachte sie, bring den alten Klepper nach Hause. Sie ging nach Backbord in Schräglage, kreiste und ging im Steilflug nieder. Heiliger Ackergaul, wenn sie über die Landebahn hinausschoß, würde sie direkt im See landen.

Die Tribünen waren wieder voller Menschen, und sie sah eine Menge Flugzeuge, die in der Mitte des Flugplatzes standen. Ein Blick auf die Windhose sagte ihr, daß der Wind vom See kam, entsprechend justierte sie ihren Anflug. Als sie aufsetzte, hüpften ihre Räder ein wenig.

Endlich zu Hause – für Alli, für uns alle.

Mehr Leute als nur die Crew kamen auf sie zugerannt, aber Gus war an der Spitze, um ihr die Hand zum Heruntersteigen zu reichen. Er strahlte wie ein Kind. Sie stand in ihrem Cockpit auf und winkte. Die Crew fing an, die Zephyr in Richtung des Kreises zu schieben, der für die Siegerin gebildet worden war, so daß Gus nach einem Halt suchen mußte, um sich auf die Tragfläche zu ziehen. Hazel streckte eine Hand aus, um ihm durchs Haar fahren, rieb aber statt dessen die kahle Stelle auf seinem Kopf.

Gleichzeitig mit Horden von Reportern und hohen Tieren erspähte sie einen riesigen Kranz aus roten Rosen, der auf einem Sonderpodest aufgestellt war.

»Ich hoffe, ich soll mir das nicht um den Hals hängen«,

witzelte sie mit Blick auf Gus, als sie die Hände schüttelten, die sich ihnen entgegenstreckten.

Gus half ihr den Kranz an die Zephyr hängen. Dann wurde ihr der silberne Pokal mit der Aufschrift ›Nationales Frauenderby 1929‹ überreicht, mit einer kleinen Aussparung, wo – so erklärte ihr der Funktionär – ihr Name neben dem ›DW‹ eingraviert werden sollte. Außerdem bekam sie einen großen weißen Umschlag. Sie hielt beides für die Photographen hoch.

»Was werden Sie mit dem Preis machen?« kamen lautstarke Rufe.

Sie sammelte sich und antwortete: »Zum Gedenken an Alli Laraway werde ich einen Fonds zur Unterstützung unabhängiger Pilotinnen in künftigen Derbys gründen.« Warum nicht? Dafür hatte sie schließlich gesiegt – für die Zukunft der Fliegerinnen.

»Wir wissen, daß Miss Wilson im September den Atlantik überqueren will. Wie sehen Ihre Pläne aus, Miss Preston?« rief jemand.

Hazel zuckte die Schultern, dann kam es ihr plötzlich: »Ich habe vor, am Derby um die Mason-Trophäe im Frühjahr teilzunehmen.« Sie spürte, wie alle nach Luft schnappten.

»Aber Frauen sind dabei doch gar nicht zugelassen«, rief eine andere Stimme, während die Photoapparate klickten.

Sie hob die Trophäe hoch und grinste. »Jetzt werden sie es sein. Ich denke, die Pilotinnen haben in diesem Derby zur Genüge gezeigt, daß sie reif dafür sind. Die Staffel hat über alle Hindernisse bis hin zu Sabotage triumphiert. Ich meine, das war mehr als nur ein Training.«

»Sie meinen also, daß Sie nun reif sind für die echten Derbys?« rief jemand spöttisch.

»Darauf können sie Ihren letzten Dollar wetten!« rief Hazel.

»Welches Flugzeug werden Sie fliegen?«

»Einen Whirlwind-Zweisitzer.«

»Und wer wird Ihre Copilotin sein?« fragte jemand herausfordernd.

Blitzartig wurde Hazel etwas klar, und ihre Antwort kam ohne Zögern: »Maxie Schulz.«

Maxie. Sie ist stark und zuverlässig.

Hazel fand, ein Vorteil des ersten Platzes war, alle anderen landen sehen zu können. Jede wurde mit großem Trara begrüßt, Eleanor vielleicht noch ein bißchen mehr als die anderen – obwohl man das nicht so genau sagen konnte, denn Pamela hatte sozusagen ihren großen Auftritt. Und was Lila anbetraf, nun, es war ihre Heimatstadt. Die Stahlarbeiter hatten sich offensichtlich den Nachmittag frei genommen, um hierher zu kommen und sie zu sehen. Ihr Name würde ebenfalls auf der Trophäe eingraviert werden, unter ›CW‹.

Aber wenn Hazel noch im Licht der Abendsonne verweilte, so war es nicht, um Autogramme zu geben und leichte Konversation zu betreiben. Schließlich sah sie, worauf sie gewartet hatte. Wie viele andere schirmte sie ihre Augen mit der Hand ab, während sie die Spartan beobachtete, die vor ihrem Landeanflug eine große Schleife drehte und ein langes rotes Banner hinter sich herzog: *Mortons Bekleidungshaus grüßt das Derby.*

Oh, Maxiie, wie du das machst! Warte, bis du erfährst, daß du das Mason-Derby mit mir fliegst. Ich hoffe nur, die Idee gefällt dir.

Als Maxie endlich zu einer der fahrbaren Boxen rollte, lief Hazel ihr entgegen.

»Ah«, rief Maxie und zwängte sich aus ihrem Fallschirm, »endlich kommst du einmal zu mir, um *mich* zu begrüßen.«

»Ja, da ist etwas, das ich dir erklären sollte –«

Maxie kletterte herab und umarmte sie überschwenglich. »Was sagst du?«

Hazel blieb fast die Luft weg, aber sie hielt Maxie fest. »Max, Max – bitte sei mein Ollie, und laß mich dein Stan sein –«

»Was? Machst du mir einen Heiratsantrag, oder was?«

»Ja, und noch mehr – ich will, daß du mit mir am Mason-Derby teilnimmst.«

»Sind wir eingeladen?«

»Noch nicht. Aber ich wette, Sarah und Sam sind auch ganz wild darauf.«

»Hm.« Maxie zog ihren Helm und die Handschuhe aus und fuhr sich mit der Hand durch die Haare. »Also, warum habe ich mir eingebildet, du würdest dich auf eine romantische Suche nach der alten Verie begeben?«

Hazel machte ein langes Gesicht. »Ich wüßte gar nicht, wie, Max. Sie hat mir etwas vorgemacht, hat mich nie ins Vertrauen gezogen, hat mich benutzt. Und in ihrem Brief schreibt sie mir, sie ginge ins Ausland, und daß sie ohnehin andere Pläne hätte! Sie schreibt, daß sie gern behutsamer mit mir umgegangen wäre. Ich weiß, daß sie hart war... und das hat mir gefallen. Ihre Stärke. Und dann...«

»Ah, die Femme Fatale. Hat dir dein kleines Herz gebrochen – muß die wahre Liebe gewesen sein, was? Bist du sicher, daß du ihr nicht nachsetzen willst?«

»Ja, ja, will ich nicht«, sagte Hazel entschlossen. »*Du* solltest doch wissen, daß ich das nicht kann. Es würden immer Decks und Speisesäle zwischen uns liegen, so wie damals bei dir.«

Ein Glanz flackerte in den braunen Augen auf. »Ah... du glaubst, du würdest in deiner Kabine mit einer Witwe enden, die dich für seekrank hältst?«

Hazel ließ sie los und schmunzelte. »Schon eher mit einer Copilotin, die weiß, daß es nicht Flugangst ist, was mich quält.«

Maxie sah sie von der Seite an, steckte die Hände tief in die Taschen ihrer schwarzen Reithose und schaukelte auf ihren Absätzen vor und zurück. »Jaah, na ja, dann muß ich dir aber sagen, daß diese ›Witwe‹ Sex mag... sich vergnügen will – vor allem Spaß haben will. Aber bei dir bin ich mir da nicht so sicher... Danach habe ich dich schonmal gefragt, weißt du noch?«

Hazel lachte. »Ja, ich erinnere mich, irgendwas mit ›aah, ooh‹ und so.«

»Du denkst, daß dein Herz gebrochen ist, obwohl die alte Verie dir nur ein bißchen Vergnügen bereitet hat. Und du hast es sehr wohl genossen. Und weil du letzte Nacht zu mir ins Bett gekrochen bist, willst du jetzt eine anständige Frau aus mir machen. Du wirst drüber wegkommen.«

»Max, wie du das darstellst. Vielleicht will ich gar nicht drüber wegkommen.«

»Na, ich weiß nicht, Preston. Ich für meinen Teil habe meine Lektion auf diesem Schiff gelernt. Ich verfolge eine Sache erst weiter, wenn ich weiß, daß ich was davon habe, weißt du – nicht nur –«

»Ich auch, Max!« sagte Hazel eifrig, denn Maxie griff ihr zärtlich unters Kinn und ließ ihre Hand dort verweilen. »Und wir haben schon ein paar Vertraulichkeiten miteinander, zum Beispiel einen ganzen Sack voll schmutziger Lappen! Ernsthaft Maxie, ich möchte mit dir zusammensein...«

»Ich dachte schon, du wärst blind wie eine Fledermaus, daß du nicht gesehen hast, daß ich die ganze Zeit vor dir stand. Ich habe mich gefragt, wie ich dich ein bißchen aufrütteln könnte, da du ja auf sowas stehst. Ob ich ein bißchen Parfum auflegen sollte... Schau mal, wenn du Kraft willst, fühl meine Muskeln!« Maxie spannte mit vorgeschobenem Kinn ihre Muskeln an.

Hazel mußte lachen. »Ich weiß, ich weiß.«

»Genau das, was ich mag, eine Frau, die lachen kann. Gib's zu, ich war doch wirklich höflich zu Vera... und auch zu Jo, obwohl ich euch damals nicht wegen ihr auf meine Farm eingeladen habe.«

»Oh«, sagte Hazel gedehnt.

»Aber wenn du lieber fliegst, dann können wir, na ja, fliegen – als Tandem!« Maxie nahm Hazels Arm und ging mit ihr zusammen auf die Zuschauertribüne zu. »Klare Sache.«

Hazel drehte Maxies Gesicht zu sich und drückte einen langen feuchten Kuß auf ihre vollen Lippen.

Maxie schloß die Augen, kostete diesen Kuß. »Mmm, das ist mein Mädchen.«

»Mußt du wirklich für die Mortons diese Tour machen?« fragte Hazel sanft.

Maxie riß die Augen auf. »Jetzt brich du mir aber nicht *mein* Herz. Ich bin keine Idiotin. Ich werde warten, bis du wirklich meinst, was diese Lippen verheißen.«

»Ich meine es ernst, Max. Ich war blind und dumm.«

»Ich bin sicher, daß du es ernst meinst. Aber wäre ich nicht die dritte Geliebte in einer Woche? – Das kann nicht sein, nein, nicht bevor du Zeit hattest, deine Gefühle ein bißchen zu ordnen.« Maxie ließ ihr dröhnendes Lachen ertönen. »Da fällt mir ein – ich habe mit Nancy gesprochen, die ja immer für einen Spaß zu haben ist. Und es hat sich herausgestellt, daß sie mehr als glücklich wäre, die Morton-Tour zu machen. Das bedeutet, daß ich eine freie Frau bin! Ich glaube, du und ich, wir brauchen ein bißchen Urlaub, meinst du nicht? Wir sollten nach New York gehen und Eleanor besuchen, um dein Herz zu kurieren. Dann fahren wir nach Westen und besuchen Al und sichern uns alle Beweise, die wir brauchen, um Taggart zu überführen. Wir haben eine Menge zu tun, Preston. Erst muß ich mal diese Mortons erwischen.«

»Max, ich muß noch auf ein paar Verkaufskonferenzen, und dann bin ich dazu ausersehen, Hannahs Whirlwind zu testen – in vier Tagen ...«

»Na und? Nichts, was wir nicht geregelt bekämen, Lappen, komm schon –«

»Eins möchte ich noch wissen, ähm, wenn ... wenn ... wir ein Liebespaar sind – welche von uns beiden liegt dann oben?«

»Das sieht dir ähnlich, daran zu denken, ha-ha! Ich hab' die Reithosen an ...«

»Nie und nimmer ...«

P.S.

Eleanor Wilsons für den September geplantes Vorhaben einer Atlantik-Überquerung wurde wegen der schlechten Wetterbedingungen nach dreitägigem Warten abgeblasen. Aufgrund der Ungewißheit über die Herbststürme gab es eine Verzögerung bis zum Frühjahr 1930. Im Oktober 1929 kam es zum Börsenkrach, Sponsoren und Spekulanten zogen ihre Gelder zurück. So konnte sie erst 1932 einen weiteren Versuch starten.

Jo Russell blieb Hazel Preston freundschaftlich verbunden, verfolgte aber ihre Karriere als Fliegerin nicht weiter. Sie heiratete schließlich einen Rechtsanwalt und ließ sich in New York nieder.

Die Ursache für Alli Laraways Verunglücken wurde nie endgültig geklärt.

Maxie Schulz und Hazel Preston belegten 1930 im Mason-Derby unter fünzig Teilnehmerteams den zweiten Platz, als erstes Frauenteam überhaupt. Mit Maxies Farm als Basis verfolgten sie unterschiedliche Interessen in der Luftfahrt.

R.Q. Taggart bekam drei Jahre Gefängnis wegen Diebstahls von Flugzeugteilen, ausgesetzt auf Bewährung. Er wurde für fünf Jahre von allen Derbys ausgeschlossen. Es konnten keine stichhaltigen Beweise gefunden werden, die ihn mit Manipulationen in Verbindung brachten. Seine Projekte brachen, wie viele andere zu dieser Zeit auch, mit dem Börsenkrach im Oktober 1929 zusammen.

Vera Davis kehrte nie wieder in die Vereinigten Staaten zurück, verfolgte aber eine Laufbahn als Photographin und Auslandskorrespondentin in Europa. Unter anderem berichtete sie über Eleanors triumphale Ankunft in Paris nach deren erfolgreichem Flug 1932. Sie starb 1944 in Frankreich, nachdem sie als Mitglied der Résistance verhaftet wurde.